概率论与数理统计学习指导

第3版

高等院校通识教育系列教材

王琼 王峰 吴春青 王世飞/主编

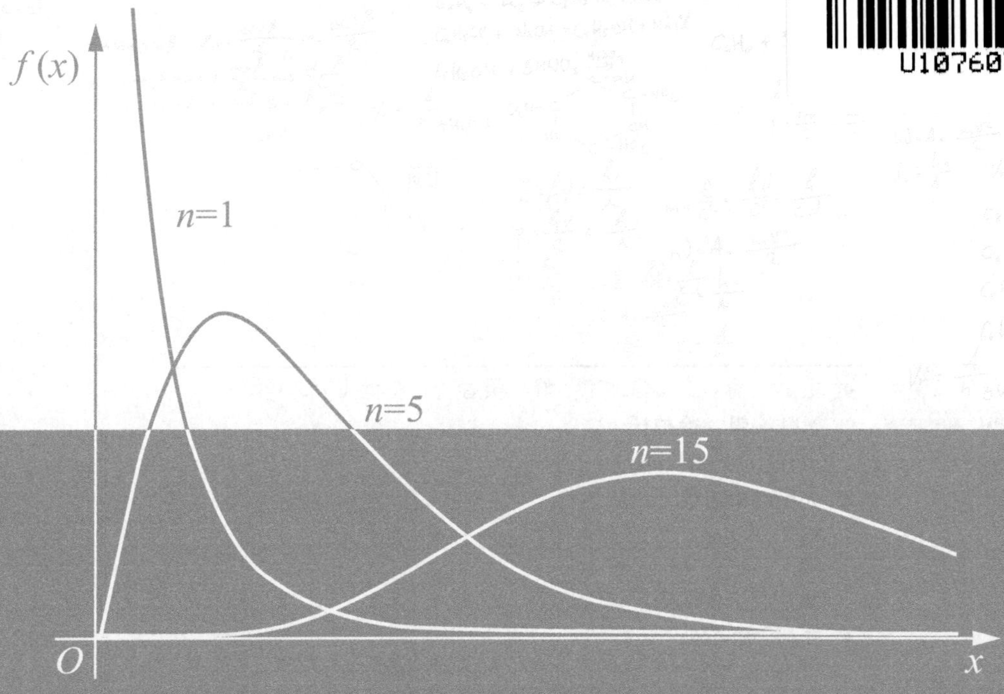

人民邮电出版社
北京

图书在版编目（CIP）数据

概率论与数理统计学习指导 / 王琼等主编. -- 3 版.
北京 : 人民邮电出版社, 2025. -- (高等院校通识教育
系列教材). -- ISBN 978-7-115-67526-2

Ⅰ. O21

中国国家版本馆 CIP 数据核字第 202530LP65 号

内容提要

本书是编者编写的《概率论与数理统计》的配套学习指导书，按主教材章节顺序编排，系统地介绍了概率论与数理统计的基本内容．主要内容包括随机事件与概率、随机变量及其分布、多维随机变量、随机变量的数字特征、大数定律与中心极限定理、数理统计的基本概念、参数估计、假设检验、方差分析和回归分析．本书通过对各章知识的梳理与典型例题的分析解答，帮助学生澄清一些易混淆和易理解错误的概念，熟悉概率论与数理统计的解题方法与技巧，提高分析问题和解决问题的能力．

本书可作为高等院校理工科各专业学生的辅导教材或复习参考书，也可作为全国硕士研究生招生考试强化复习训练的指导书．

◆ 主　　编　王　琼　王　峰　吴春青　王世飞
责任编辑　徐柏杨
责任印制　胡　南

◆ 人民邮电出版社出版发行　　北京市丰台区成寿寺路 11 号
邮编　100164　　电子邮件　315@ptpress.com.cn
网址　https://www.ptpress.com.cn
北京天宇星印刷厂印刷

◆ 开本：787×1092　1/16
印张：12.25　　2025 年 8 月第 3 版
字数：313 千字　　2025 年 9 月北京第 2 次印刷

定价：40.00 元

读者服务热线：(010) 81055256　印装质量热线：(010) 81055316
反盗版热线：(010) 81055315

前　　言

概率论与数理统计是研究随机现象统计规律性的数学学科，是高等院校理工科各专业的一门重要基础理论课. 作为一门应用数学学科，概率论与数理统计不仅理论严谨，应用广泛，更有其独特的概念和方法. 将概率论的结果深入地分析、统计，观察某些现象并发现其内在规律性，再加以研究，从而做出相应的判断和预测，然后将这些结果归纳整理得到一定的数学模型，这是数理统计所研究的内容. 为使初学者尽快熟悉这种独特的思维方法，更好地掌握概率论与数理统计的基本概念、基本理论、基本运算以及处理随机数据的基本思想和方法，培养其运用概率统计方法分析、解决实际问题的能力和创造性思维能力，我们编写了本书.

本书参照近年来《全国硕士研究生招生考试数学考试大纲》的基本要求编写，与编者编写的《概率论与数理统计》相配套. 本书在第 2 版的基础上增加了方差分析和回归分析的内容，并根据使用情况修订了部分内容。本书针对学生在学习过程中经常遇到的诸如对题目的理解、解决问题的思路和方法，以及如何使用公式或理论等问题，精心挑选了一些既符合教学要求，又具有代表性的典型例题，进行了分析和详细的解答，以展示解决各类问题的一般途径和方法，帮助学生正确理解概率统计的思想的实质，达到举一反三的效果. 本书对各章知识点分别给出了同步练习，以供学生检查学习效果. 同时，为满足不同层次学生的需要，本书还挑选了历年全国硕士研究生招生考试的部分试题，以期对有志于考研或提高自己解题能力的学生提供帮助.

本书的出版得到了常州大学各级领导及老师们的大力支持，特别得到了学校教材委员会的大力支持，借此机会向他们表示由衷的感谢. 同时也诚恳地欢迎读者对本书提出批评与建议.

编者

2025 年 2 月

目　　录

第一章　随机事件与概率

一、基本要求

1. 了解随机试验、基本事件空间（样本空间）的概念，理解随机事件的概念，掌握事件的关系和运算及其基本性质.

2. 理解事件概率、条件概率和独立性的概念；掌握概率的基本性质和基本运算公式；掌握与条件概率有关的三个基本公式（乘法公式、全概率公式和贝叶斯公式）.

3. 掌握事件概率的基本计算方法：

（1）概率的直接计算：古典型概率和几何型概率；

（2）概率的推算：利用概率的基本性质、基本公式和事件的独立性，由较简单事件的概率推算较复杂事件的概率.

4. 理解两个或多个（随机）试验的独立性的概念，理解独立重复试验，特别是伯努利试验的基本特点，以及重复伯努利试验中有关事件概率的计算.

二、知识网络图

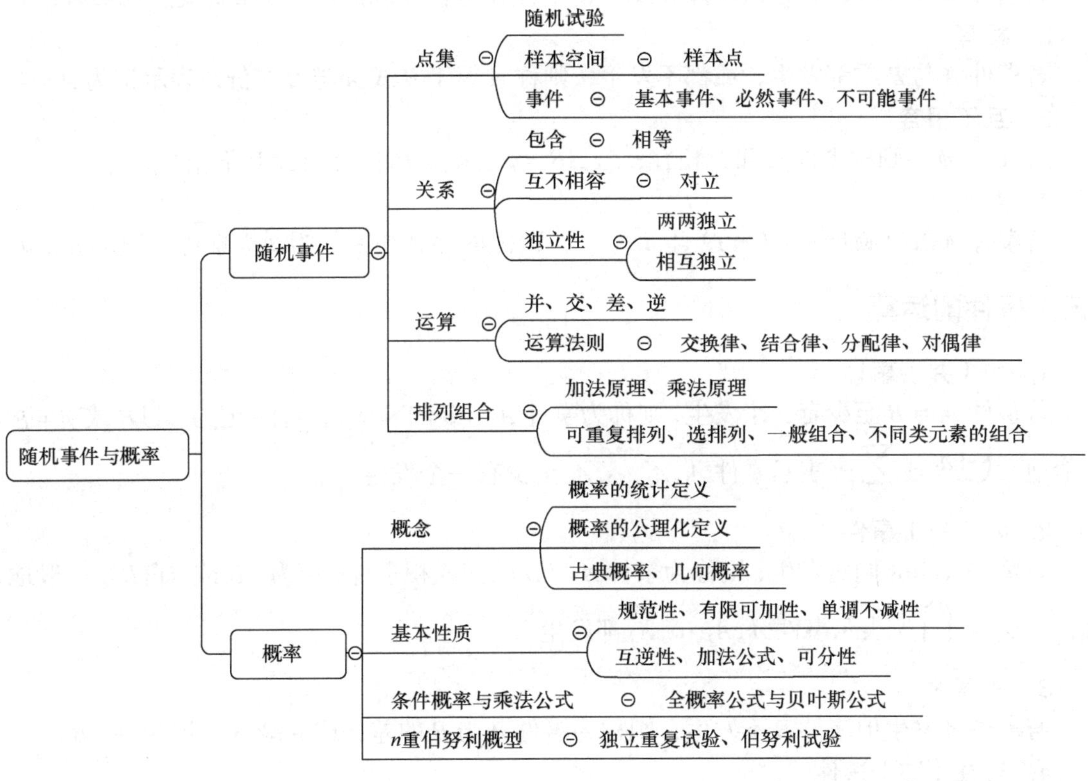

三、知识总结

（一）点集

1. 随机试验

具有以下三个特点的试验称为随机试验，记为E.

（1）试验可在相同的条件下重复进行；

（2）每次试验的结果具有多种可能性，但试验之前可确知试验的所有可能结果；

（3）每次试验前不能确定哪一个结果会出现.

2. 样本空间

随机试验E的所有可能结果组成的集合称为E的样本空间，记为Ω；试验的每一个可能结果，即Ω中的元素，称为样本点，记为ω.

3. 事件

在一定条件下，可能出现也可能不出现的事件称为随机事件，简称事件；也可表述为事件就是样本空间的子集．必然事件记为Ω，不可能事件记为ϕ.

（二）事件的关系

1. 包含

若事件A发生时，必导致事件B发生，则称B包含A或A包含于B，记为$A\subset B$.

2. 相等

若事件A与B或都发生，或都不发生，则称A等于B或A与B等价，表示记为$A=B$.

3. 互不相容

若$AB\neq\phi$，则称事件A和B相容；若$AB=\phi$，则称事件A与B互不相容.

4. 对立

若事件A与B满足$A+B=\Omega$且$AB=\phi$，则称事件A和B互为对立事件，记为$B=\overline{A}$.

（三）事件的运算

1. 和（并）事件

若事件A与B至少有一个发生，则称为事件A与B的和或并事件，记为$A\cup B$或$A+B$；一般地，$\bigcup\limits_i A_i$或$\sum\limits_i A_i$表示事件$A_1,A_2,\cdots,A_n$至少有一个发生.

2. 积（交）事件

若事件A与B同时发生，则称为事件A与B的交或积事件，记为AB或$A\cap B$；一般地，$A_1A_2\cdots A_n$或$\bigcap\limits_i A_i$表示事件$A_1,A_2,\cdots,A_n$都发生.

3. 差事件

若事件A发生但事件B不发生，则称为事件A与B的差，或A减B，记为$A-B$.

4. 对立（逆）事件

若$A+\overline{A}=\Omega$，$A\overline{A}=\phi$，则称为事件A和$\overline{A}$互为对立事件或逆事件，即$\overline{A}$表示A不发生.

5. 文氏图

事件的关系和运算可以用文氏图形象地表示出来（如图 1-1 所示，矩形表示必然事件 Ω ）.

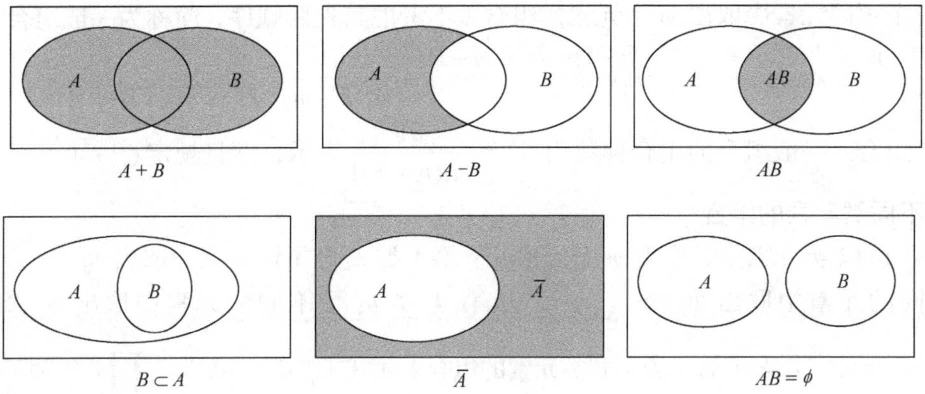

图 1-1　文氏图

（四）事件的运算法则

对于任意事件 $A,B,C,A_1,A_2,\cdots,A_n$ ，有

（1）交换律：$A+B=B+A$ ； $AB=BA$.

（2）结合律：$A+B+C=A+(B+C)=(A+B)+C$ ； $ABC=A(BC)=(AB)C$.

（3）分配律：$A(B+C)=AB+AC$ ； $A\left(A_1+\cdots+A_n\right)=AA_1+\cdots+AA_n$.

（4）对偶律：$\overline{A+B}=\overline{A}\,\overline{B}$ ； $\overline{AB}=\overline{A}+\overline{B}$ ；

$\overline{A_1+\cdots+A_n}=\overline{A_1}\cdots\overline{A_n}$ ； $\overline{A_1\cdots A_n}=\overline{A_1}+\cdots+\overline{A_n}$.

（五）排列组合

1. 加法原理

完成一件事有 n 类方法，只要选择任何一类中的一种方法，这件事就可以完成. 若第一类方法有 m_1 种，第二类方法有 m_2 种，……，第 n 类方法有 m_n 种，并且这 $m_1+m_2+\cdots+m_n$ 种方法里，任何两种方法都不相同，则完成这件事就有 $m_1+m_2+\cdots+m_n$ 种方法.

2. 乘法原理

若完成一件事有 n 个步骤，第一步有 m_1 种方法，第二步有 m_2 种方法，……，第 n 步有 m_n 种方法，并且完成这件事必须经过每一步，则完成这件事共有 $m_1m_2\cdots m_n$ 种方法.

3. 可重复排列

从 n 个不同元素中有放回地逐一取出 m 个元素进行排列，称为可重复排列，共有 n^m 种不同的排列.

4. 选排列

从 n 个不同元素中无放回地取出 $m(m\leqslant n)$个元素进行排列，称为选排列，共有

$$n(n-1)\cdots(n-m+1)=\frac{n!}{(n-m)!}$$

种不同的排列. 选排列的种数用 $\mathrm{A}_n^m=\dfrac{n!}{(n-m)!}$ 表示. 特别地，当 $m=n$ 时，称为全排列，共

有 $n(n-1)\cdots\times 2\times 1=n!$ 种不同排列．全排列的种数用 $\mathrm{A}_n^n=n!$ 表示，并规定 $0!=1$.

5. 一般组合

从 n 个不同元素中取出 m 个元素的组合（不考虑其先后顺序，简称为一般组合），共有

$$\frac{n(n-1)\cdots(n-m+1)}{m!}=\frac{n!}{m!(n-m)!}$$

种不同的组合．一般组合的组合种数用 $\mathrm{C}_n^m=\dfrac{n!}{m!(n-m)!}$ 表示，并且规定 $\mathrm{C}_n^0=1$.

6. 不同类元素的组合

从不同的 k 类元素中，取出 m 个元素．从第 1 类 n_1 个不同元素中取出 m_1 个，从第 2 类 n_2 个不同的元素中取出 m_2 个，……，从第 k 类 n_k 个不同的元素中取出 m_k 个，并且 $n_i\geqslant m_i>0\ (i=1,2,\cdots,k)$（简称为**不同类元素的组合**），共有 $\mathrm{C}_{n_1}^{m_1}\mathrm{C}_{n_2}^{m_2}\cdots\mathrm{C}_{n_k}^{m_k}=\prod\limits_{i=1}^{k}\mathrm{C}_{n_i}^{m_i}$ 种不同取法.

（六）概率的概念

1. 频率

若事件 A 在 n 次重复试验中出现 n_A 次，则比值 $\dfrac{n_A}{n}$ 称为事件 A 在 n 次重复试验中出现的频率，记为 $f_n(A)$，即 $f_n(A)=\dfrac{n_A}{n}$.

2. 概率的统计定义

若频率具有稳定性，即 $f_n(A)=\dfrac{n_A}{n}$ 随 n 的增大逐渐接近某个常数 p，则称 p 为事件 A 的概率．在实际问题中，当 n 很大时，取 $P(A)=p\approx\dfrac{n_A}{n}$，称 $P(A)$ 为（统计）概率.

3. 概率的公理化定义

设 E 是随机试验，Ω 是它的样本空间，对于 E 的每一个事件 A，赋予一个实数 $P(A)$，如果满足以下条件，则称 $P(A)$ 为事件 A 的概率.

（1）非负性：$0\leqslant P(A)\leqslant 1$；

（2）规范性：$P(\Omega)=1$；

（3）可列可加性：设 $A_1,A_2,\cdots$ 是可列个互不相容事件，则 $P\left(\sum\limits_{i=1}^{\infty}A_i\right)=\sum\limits_{i=1}^{\infty}P(A_i)$，

4. 古典概率

若随机试验的基本结果数为有限个，且每个事件发生的可能性相等（即随机试验所对应的概率模型为古典概型），则事件 A 发生的概率为

$$P(A)=\frac{A\text{中所含样本点数}}{\Omega\text{中所含样本点数}}=\frac{m}{n}.$$

5. 几何概率

若随机试验的基本结果数无限，随机点落在某区域 G 的概率与区域 G 的度量（如长度、面积、体积等）成正比，而与其位置及形状无关（即随机试验所对应的概率模型为几何概型），则“在区域 Ω 中随机地取一点落在区域 G 中”这一事件 A 发生的概率为

$$P(A)=\frac{\mu(G)}{\mu(\Omega)},$$

其中 $\mu(G)$ 为区域（或区间）G 的度量（如长度、面积、体积等）.

（七）概率的基本性质

1. 规范性：$0\leqslant P(A)\leqslant 1$（特别地，$P(\Omega)=1$，$P(\phi)=0$）.

2. 有限可加性：对于任意有限个两两不相容事件 $A_1,A_2,\cdots,A_n$，即 $A_iA_j=\phi\ (i\neq j,i,j=1,2,\cdots,n)$，有 $P(A_1+A_2+\cdots+A_n)=P(A_1)+P(A_2)+\cdots+P(A_n)$.

3. 单调不减性：若事件 $B\supset A$，则 $P(B)\geqslant P(A)$，且 $P(B-A)=P(B)-P(A)$.

4. 互逆性：$P(\bar{A})=1-P(A)$.

5. 加法公式：对任意两个事件 A 和 B，有 $P(A+B)=P(A)+P(B)-P(AB)$. 此性质可推广到任意 n 个事件 $A_1,A_2,\cdots,A_n$ 的情形.

6. 可分性：对任意两事件 A 和 B，有 $P(A)=P(AB)+P(A\bar{B})$，且 $P(A+B)\leqslant P(A)+P(B)$.

（八）条件概率与乘法公式

1. 条件概率

设 A,B 是两个事件，即 $A,B\subset\Omega$，且 $P(A)>0$，则 $P(B\mid A)=\dfrac{P(AB)}{P(A)}$ 称为在事件 A 发生的条件下，事件 B 发生的条件概率.

2. 乘法公式

设 $A,B\subset\Omega$ 且 $P(A)>0$，$P(B)>0$，则 $P(AB)=P(A)P(B\mid A)=P(B)P(A\mid B)$ 称为事件 A,B 的概率乘法公式.

（九）全概率公式与贝叶斯（Bayes）公式

1. 完备事件组

已知 $A_1,A_2,\cdots,A_n$ 构成完备事件组，即 $A_1+A_2+\cdots+A_n=\Omega$，$A_iA_j=\phi\ (i\neq j)$.

如果有限个或可数个事件 $A_1,A_2,\cdots,A_n$ 两两不相容，并且所有事件的和是必然事件，那么称它们构成一个完备事件组.

2. 全概率公式

设 $A_1,A_2,\cdots,A_n$ 是 Ω 的一个完备事件组，且 $P(A_i)>0, i=1,2,\cdots,n$，则对任何事件 B，有

$$P(B)=\sum_{i=1}^{n}P(A_i)P(B\mid A_i),$$

称为全概率公式.

3. 贝叶斯（Bayes）公式

设 $A_1,A_2,\cdots,A_n$ 是 Ω 的一个完备事件组，且 $P(A_i)>0, i=1,2,\cdots,n$，则对任何事件 B，有

$$P(A_i\mid B)=\frac{P(A_i)P(B\mid A_i)}{\sum\limits_{i=1}^{n}P(A_i)P(B\mid A_i)},$$

称为贝叶斯公式或逆概率公式.

（十）事件的独立性和 n 重伯努利概型

1. 事件的独立性

若 $P(AB)=P(A)P(B)$，则称事件 A 和 B 独立；若事件 $A_1,A_2,\cdots,A_n$ 之中任意 $m(2\leqslant m\leqslant n)$ 个事件的交的概率都等于各事件概率的乘积，则称事件 $A_1,A_2,\cdots,A_n$ 相互独立.

2. 事件的独立性的性质

若事件 $A_1,A_2,\cdots,A_n$ 相互独立，则

（1）任意 $m(2\leqslant m\leqslant n)$ 个事件也相互独立；

（2）任意一个事件与其余任意 $m(2\leqslant m\leqslant n)$ 个事件运算仍独立；

（3）将任意 $m(2\leqslant m\leqslant n)$ 个事件换成其对立事件后，所得 n 个事件仍独立.

3. n 重伯努利概型

若分别与各个试验相联系的任意 n 个事件之间相互独立，则称试验 $E_1,E_2,\cdots,E_n$ 为相互独立的.

（1）独立重复试验

独立表示“与各试验相联系的事件之间相互独立”，其中“重复”表示“每个事件在各次试验中出现的概率不变”.

（2）伯努利试验

只统计“成功”和“失败”两种对立结果的试验，称做**伯努利试验**.

将伯努利试验独立地重复做 n 次，称做 n 重（n 次）伯努利试验. n 重伯努利试验的特点是：①只有两种对立的结果；②各次试验相互独立；③各次试验成功的概率相同.

设每次试验中事件 A 发生的概率为 p，则 n 重伯努利试验中事件 A 发生 k 次的概率为

$$\mathrm{C}_n^k p^k(1-p)^{n-k},\ (k=0,1,\cdots,n).$$

四、典型例题

【例 1.1】写出下列随机试验的样本空间及下列事件包含的样本点.

（1）掷一枚骰子，出现奇数点.

（2）投掷一枚质地均匀的硬币两次：

①第一次出现正面；②两次出现同一面；③至少有一次出现正面.

【分析】可对照集合的概念来理解样本空间和样本点：样本空间可指全集，样本点是元素，事件则是包含在全集中的子集.

【解】（1）掷一枚骰子，有六种可能结果，若用“1”表示“出现 1 点”这个样本点，其余类似，则样本空间为 $\Omega=\{1,2,3,4,5,6\}$，出现奇数点的事件为 $\{1,3,5\}$.

（2）投掷一枚质地均匀的硬币两次，其结果有四种可能，若用（正,反）表示“第一次出现正面，第二次出现反面”这一样本点，其余类似，则样本空间为 $\Omega=\{$（正,正），（正,反），（反,正），（反,反）$\}$，

用 A,B,C 分别表示上述事件①、②、③，则

$A=\{$（正,正），（正,反）$\}$；

$B=\{$（正,正），（反,反）$\}$；

$C=\{$（正,正），（正,反），（反,正）$\}$.

【例 1.2】以 A,B,C 分别表示某城市居民订阅日报、晚报和体育报．试用 A,B,C 表示以下事件：

（1）只订阅日报；　（2）只订日报和晚报；　（3）只订一种报；

（4）正好订两种报；　（5）至少订阅一种报；　（6）不订阅任何报；

（7）至多订阅一种报；　（8）三种报纸都订阅；　（9）三种报纸不全订阅．

【分析】利用事件的运算关系及性质来描述事件．

【解】（1）$A\overline{B}\overline{C}$；　（2）$AB\overline{C}$；　（3）$A\overline{B}\overline{C}+\overline{A}B\overline{C}+\overline{A}\overline{B}C$；

（4）$AB\overline{C}+A\overline{B}C+\overline{A}BC$；　（5）$A+B+C$；　（6）$\overline{A}\overline{B}\overline{C}$；

（7）$\overline{A}\overline{B}\overline{C}+\overline{A}\overline{B}C+\overline{A}B\overline{C}+A\overline{B}\overline{C}$ 或 $\overline{A}\overline{B}+\overline{A}\overline{C}+\overline{B}\overline{C}$；

（8）ABC；　（9）$\overline{A}+\overline{B}+\overline{C}$．

【例 1.3】设 $P(A)=\dfrac{1}{3}$，$P(B)=\dfrac{1}{2}$，试就以下四种情况分别求 $P(B\overline{A})$：

（1）$AB=\phi$；　（2）$A\subset B$；　（3）$P(AB)=\dfrac{1}{8}$；　（4）A,B 独立．

【分析】按概率的性质进行计算．

【解】（1）$P(B\overline{A})=P(B-AB)=P(B)-P(AB)=\dfrac{1}{2}$；

（2）$P(B\overline{A})=P(B-A)=P(B)-P(A)=\dfrac{1}{6}$；

（3）$P(B\overline{A})=P(B-AB)=P(B)-P(AB)=\dfrac{1}{2}-\dfrac{1}{8}=\dfrac{3}{8}$；

（4）$P(B\overline{A})=P(B)P(\overline{A})=\dfrac{1}{2}\times\left(1-\dfrac{1}{3}\right)=\dfrac{1}{3}$．

【例 1.4】已知 $P(A)=P(B)=P(C)=\dfrac{1}{4}$，$P(AC)=P(BC)=\dfrac{1}{16}$，$P(AB)=0$．求事件 A,B,C 全不发生的概率．

【技巧】同时利用事件运算的对偶律及逆事件概率公式，是解概率题中常用的技巧之一．

【解】

$$\begin{aligned}P(\overline{A}\overline{B}\overline{C})&=P(\overline{A+B+C})=1-P(A+B+C)\\&=1-[P(A)+P(B)+P(C)-P(AB)-P(AC)-P(BC)+P(ABC)]\\&=1-\left(\frac{1}{4}+\frac{1}{4}+\frac{1}{4}-0-\frac{1}{16}-\frac{1}{16}+0\right)=\frac{3}{8}.\end{aligned}$$

【例 1.5】一个小孩用 13 个字母 $A,A,A,C,E,H,I,I,M,M,N,T,T$ 做组字游戏．如果字母的各种排列是随机的（等可能的），问恰好组成“MATHEMATICIAN”一词的概率为多大？

【分析】此题考查的是古典概型概率的计算．

【解】显然样本点总数为 13!，事件 A 恰好组成“MATHEMATICIAN”包含 $3!2!2!2!$ 个样本点．所以 $P(A)=\dfrac{3!2!2!2!}{13!}=\dfrac{48}{13!}$．

【例 1.6】袋中有 α 个白球及 β 个黑球．

① 从袋中任取 $a+b$ 个球，试求所取的球恰含有 a 个白球和 b 个黑球的概率 $(a\leqslant\alpha,b\leqslant\beta)$；

② 从袋中任意地接连取出 $k+1$ $(k+1\leqslant\alpha+\beta)$ 个球，如果每个球被取出后不放回，试求最后取出的球是白球的概率.

【分析】这是一个古典概型概率的计算问题.

【解】①从 $\alpha+\beta$ 个球中取出 $a+b$ 个球，这种取法总共有 $\mathrm{C}_{\alpha+\beta}^{a+b}$ 种.

设 $A=\{$恰好取中 a 个白球和 b 个黑球$\}$，故 A 中所含样本总数为 $\mathrm{C}_{\alpha}^{a}\cdot\mathrm{C}_{\beta}^{b}$，从而

$$P(A)=\frac{\mathrm{C}_{\alpha}^{a}\cdot\mathrm{C}_{\beta}^{b}}{\mathrm{C}_{\alpha+\beta}^{a+b}}.$$

② 从 $\alpha+\beta$ 个球中接连不放回地取出 $k+1$ 个球，由于具有次序，所以应考虑排列问题，因此，共有 $\mathrm{A}_{\alpha+\beta}^{k+1}$ 种取法.

设 $B=\{$最后取出的球为白球$\}$，则 B 中所含样本点数可以通过乘法原理来计算：考虑有 $k+1$ 个位子，编号分别为 $1,2,\cdots,k,k+1$，将第 n 次取出的球放入第 n 号位子. 第 $k+1$ 次取出的球是白球，相当于第 $k+1$ 号位子是白球. 为保证第 $k+1$ 号位子是白球，可以先从 α 个白球中任意取一个放入第 $k+1$ 号位子，有 α 种取法；而其余的 k 个位子随便放，共有 $\mathrm{A}_{\alpha+\beta-1}^{k}$ 种不同的取法（同样要考虑排列）. 因而 B 中包含的样本点共有 $\alpha\cdot\mathrm{A}_{\alpha+\beta-1}^{k}$ 个，故

$$P(B)=\frac{\alpha\cdot\mathrm{A}_{\alpha+\beta-1}^{k}}{\mathrm{A}_{\alpha+\beta}^{k+1}}=\frac{\alpha}{\alpha+\beta}.$$

【注】① 从上例知，在计算样本点总数以及事件所含样本点的数目时，必须在同一确定的样本空间中考虑，如果一个考虑了顺序，那么另一个也必须按同样的方法考虑顺序.

② 如果我们将“白球”和“黑球”换成“合格品”和“次品”等，就得到各种各样的摸球问题，这就是摸球问题原型的意义所在.

③ 在上例的两个问题中，我们采取的抽样方式实际上都是不放回抽样，如果我们改用有放回抽样，即每次摸出球后仍放回袋中，则容易知道

$$P(A)=\mathrm{C}_{a+b}^{a}\left(\frac{\alpha}{\alpha+\beta}\right)^{a}\left(\frac{\beta}{\alpha+\beta}\right)^{b},\quad P(B)=\frac{\alpha}{\alpha+\beta}.$$

对第一个问题（即事件 A），在“不放回抽样”与“放回抽样”情形下问题的答案恰好是我们以后要介绍的“超几何分布”与“二项分布”的实际背景. 对第二个问题（即事件 B），无论是“不放回抽样”，还是“放回抽样”，答案都是 $\dfrac{\alpha}{\alpha+\beta}$，其结果与 k 无关，此结果说明了日常生活中抓阄、分票的合理性.

【例1.7】将 n 个人等可能地分配到 $N(n\leqslant N)$ 间房中去，试求下列事件的概率：

$A=\{$某指定的 n 间房中各有一个人$\}$；

$B=\{$恰有 n 间房，其中各有一人$\}$；

$C=\{$某指定的房中恰有 $m(m\leqslant n)$ 个人$\}$.

【分析】这是一个典型的古典概型概率的计算问题.

【解】把 n 个人等可能地分配到 N 间房中去，由于并没有限定每一间房中的人数，因此这是一个可重复的排列问题，这样的分法共有 N^n 种，对于事件 A，固定某 n 间房，第一个人可分配到 n 间房中的任一间，有 n 种方法；第二个人可分配到余下的 $(n-1)$ 间房中的任一

间，有 $(n-1)$ 种分法，依次类推，得到 A 共含有 $n!$ 个样本点，故 $P(A)=\dfrac{n!}{N^n}$.

对于事件 B，因为 n 间房没有指定，所以可先在 N 间房中任意选出 n 间房（共有 C_N^n 种选法），然后对于选出来的这 n 间房，按照上面的分析分配 n 个人，可知 B 共含有 $C_N^n\cdot n!$ 个样本点，从而 $P(B)=\dfrac{C_N^n\cdot n!}{N^n}$.

对于事件 C，由于 m 个人可自 n 个人中任意选出，并不是指定的，因此有 C_n^m 种选法，而其余的 $(n-m)$ 个人可任意地分配到其余的 $(N-1)$ 间房中，共有 $(N-1)^{n-m}$ 种分配方法，故 C 中共含有 $C_n^m\cdot(N-1)^{n-m}$ 个样本点，因此

$$P(C)=\frac{C_n^m\cdot(N-1)^{n-m}}{N^n}=C_n^m\left(\frac{1}{N}\right)^m\left(1-\frac{1}{N}\right)^{n-m}.$$

【注】可归入“分房问题”处理的古典概型的实际问题非常多，例如：

① 生日问题：n 个人的生日的可能情形，这时 $N=365$ 天 $(n\leqslant 365)$；

② 旅客下站问题：一客车上有 n 名旅客，它在 N 个站上都停靠，旅客下站的各种可能情形；

③ 印刷错误问题：n 个印刷错误在一本有 N 页的书中的一切可能的分布（n 一般不超过每一页的字符数）；

④ 放球问题：将 n 个球放入 N 个盒子的可能情形.

值得注意的是，在处理这类问题时，要分清楚什么是“人”，什么是“房”，一般不能颠倒.

【例 1.8】从 $0,1,2,\cdots,9$ 这 10 个数字中，任意选出 3 个不同的数字，试求下列事件的概率：$A_1=\{3$ 个数字中不含 0 和 $5\}$；$A_2=\{3$ 个数字中不含 0 或 $5\}$.

【分析】这是一个古典概率的计算问题，综合运用概率的性质进行计算.

【解】随机试验是从 10 个数字中任取 3 个数字，故样本空间 Ω 的样本总数为 C_{10}^3.

如果取得的 3 个数字不含 0 和 5，那么这 3 个数字必须在其余的 8 个数字中取得，故事件 A_1 所含的样本点的个数为 C_8^3，从而 $P(A_1)=\dfrac{C_8^3}{C_{10}^3}=\dfrac{7}{15}$.

对事件 A_2，我们引入下列事件：$B_1=\{3$ 个数字中含 0，不含 $5\}$；$B_2=\{3$ 个数字中含 5，不含 $0\}$；$B_3=\{3$ 个数字中既不含 0，又不含 $5\}$，则 $A_2=B_1\cup B_2\cup B_3$ 且 B_1,B_2,B_3 两两互不相容，于是有 $P(A_2)=P(B_1)+P(B_2)+P(B_3)=\dfrac{C_8^2}{C_{10}^3}+\dfrac{C_8^2}{C_{10}^3}+\dfrac{C_8^3}{C_{10}^3}=\dfrac{14}{15}$.

【注】① 事件 A_2 的概率，还有另外两种方法可以求得.

方法一：利用逆事件进行计算.

若注意到 $\overline{A}_2=\{3$ 个数字中既含有 0 又含 $5\}$，则有

$$P(A_2)=1-P(\overline{A}_2)=1-\frac{C_8^1}{C_{10}^3}=1-\frac{1}{15}=\frac{14}{15}.$$

方法二：利用加法公式进行计算．设 $C_1=\{3$ 个数字中不含 $0\}$；$C_2=\{3$ 个数字中不含

5}．则 $A_2 = C_1 \cup C_2$，从而有

$$P(A_2) = P(C_1) + P(C_2) - P(C_1C_2) = \frac{C_9^3}{C_{10}^3} + \frac{C_9^3}{C_{10}^3} - \frac{C_8^3}{C_{10}^3} = \frac{7}{10} + \frac{7}{10} - \frac{7}{15} = \frac{14}{15}.$$

② 由此例可见，如果能利用事件间的运算关系，先将一个较为复杂的事件分解成若干个比较简单的事件的和、差、积等，再利用相应的概率公式，就能比较简便地计算较复杂事件的概率，这种思想与方法希望读者熟练掌握.

【例 1.9】在区间 $(0,1)$ 内，随机地取出两个数，求两数之和小于 1.2 的概率.

【分析】本题的难点是把所求问题归结为一个几何概型的问题，这类问题其实在考虑均匀分布的相关概率时是比较常见的. 读者可以将它理解成这样一个问题：设 X 与 Y 相互独立，且 X,Y 等可能地在区间 $(0,1)$ 内取值，于是随机点 (X,Y) 等可能地落在正方形 $(0,1)\times(0,1)$ 区域内. 于是，相当于 $\Omega=(0,1)\times(0,1)$，$A=\{(X,Y)\mid X+Y<1.2\}\subset\Omega$，虽然题目中没有明确给出“独立性”这一条件，但一般“随机地”除了表示试验结果是等可能的外，还表示取出的两个数是相互独立的. 同时，由于问题所涉及的区域往往是较为规则的几何图形，因此，许多情形下，只需利用初等数学的方法就能求出这些图形的面积.

【解】设 x,y 为在区间 $(0,1)$ 内随机取出的两个数，则试验的样本空间 $\Omega=\{(x,y):0<x<1,0<y<1\}$，而所求的事件 $A=\{(x,y):(x,y)\in\Omega,x+y<1.2\}$.

从而，由几何概率的计算公式知 $P(A)=\dfrac{A\text{的面积}}{\Omega\text{的面积}}=\dfrac{1-\frac{1}{2}\times 0.8^2}{1}=0.68$.

【例 1.10】设 10 件产品中有 4 件不合格品，从中任取 2 件，已知所取的 2 件产品中有 1 件不合格品，求另一件也是不合格品的概率.

【分析】在已知“所取的 2 件产品中有 1 件不合格品”的条件下求“另一件也是不合格品”的概率，是条件概率问题. 根据公式 $P(B\mid A)=\dfrac{P(AB)}{P(A)}$，必须求出 $P(A)$ 和 $P(AB)$.

【解】令 $A=$“2 件产品中至少有一件不合格品”，$B=$“2 件都不合格”，

$$P(B\mid A)=\frac{P(AB)}{P(A)}=\frac{P(B)}{1-P(\overline{A})}=\frac{\dfrac{C_4^2}{C_{10}^2}}{1-\dfrac{C_6^2}{C_{10}^2}}=\frac{1}{5}.$$

【例 1.11】11 个人用轮流抽签的方法分配 7 张电影票（每张电影票只能分给一个人），试求事件“在第三个人抽中的情况下，第一个人抽中而第二个人没有抽中”的概率.

【分析】此题考查条件概率的应用.

【解】设 $A_i(i=1,2,3)$ 表示“第 i 个人抽中”，则 $P(A_3)=\dfrac{7}{11}$，

$$P(A_1\overline{A}_2\mid A_3)=\frac{P(A_1\overline{A}_2A_3)}{P(A_3)}=\frac{P(A_1)P(\overline{A}_2\mid A_1)P(A_3\mid A_1\overline{A}_2)}{P(A_3)}=\frac{\dfrac{7}{11}\times\dfrac{4}{10}\times\dfrac{6}{9}}{\dfrac{7}{11}}=\frac{4}{15}.$$

【例 1.12】加工零件需要经过两道工序，第一道工序出现合格品的概率为 0.85，出现次品的概率为 0.15，第一道工序加工出来的合格品，在第二道工序中出现合格品的概率为

0.75，出现次品的概率为 0.25，第一道工序加工出来的次品，在第二道工序中出现次品的概率为 0.65，出现废品的概率为 0.35，求经过两道工序加工出来的零件是合格品、次品及废品的概率.

【分析】本题考查加法公式和乘法公式的应用.

【解】设 $A_i(i=1,2)$ 分别表示第一道工序加工出合格品及次品的事件，$B_i(i=1,2,3)$ 分别表示第二道工序加工出合格品、次品及废品的事件，$C_i(i=1,2,3)$ 分别表示经两道工序加工出零件为合格品、次品及废品的事件，则

$$P(C_1)=P(A_1B_1)=P(A_1)P(B_1|A_1)=0.85\times 0.75=0.6375,$$

$$P(C_3)=P(A_2B_3)=P(A_2)P(B_3|A_2)=0.15\times 0.35=0.0525\text{，}P(C_2)=1-[P(C_1)+P(C_3)]=0.31.$$

另一种解法：

$$P(C_2)=P(A_1B_2+A_2B_2)=P(A_1)P(B_2|A_1)+P(A_2)P(B_2|A_2)=0.85\times 0.25+0.15\times 0.65=0.31.$$

【例 1.13】设有白球和黑球各 4 个，从中任取 4 个放入甲盒，余下 4 个放入乙盒，然后分别在两盒中各任取一个，颜色正好相同，试问放入甲盒的 4 个球中有几个白球的概率最大，且求出此概率.

【分析】本题应用全概率公式和贝叶斯公式计算.

【解】设 A={从甲、乙两盒中各取一球，颜色相同}，$B_i=$ {甲盒中有 i 个白球}，$i=0,1,2,3,4$.

显然 $B_0,B_1,\cdots,B_4$ 构成一个完备事件组，又由题设知 $P(B_i)=\dfrac{C_4^iC_4^{4-i}}{C_8^4}$，$i=0,1,\cdots,4$.

且 $P(A|B_1)=\dfrac{3}{8}$，$P(A|B_2)=\dfrac{1}{2}$，$P(A|B_3)=\dfrac{3}{8}$，$P(A|B_0)=P(A|B_4)=0$.

从而由全概率公式得 $P(A)=\sum\limits_{i=0}^{4}P(B_i)P(A|B_i)=\dfrac{C_4^1C_4^3}{C_8^4}\times\dfrac{3}{8}+\dfrac{C_4^2C_4^2}{C_8^4}\times\dfrac{1}{2}+\dfrac{C_4^3C_4^1}{C_8^4}\times\dfrac{3}{8}=\dfrac{3}{7}$.

再由贝叶斯公式得

$$P(B_1|A)=\frac{P(B_1)P(A|B_1)}{P(A)}=\frac{\frac{8}{35}\times\frac{3}{8}}{\frac{3}{7}}=\frac{1}{5},\quad P(B_2|A)=\frac{P(B_2)P(A|B_2)}{P(A)}=\frac{\frac{18}{35}\times\frac{4}{8}}{\frac{3}{7}}=\frac{3}{5},$$

$$P(B_3|A)=\frac{P(B_3)P(A|B_3)}{P(A)}=\frac{\frac{8}{35}\times\frac{3}{8}}{\frac{3}{7}}=\frac{1}{5},\quad P(B_0|A)=P(B_4|A)=0.$$

所以放入甲盒的 4 个球中有 2 个白球的概率最大，最大值为 $\dfrac{3}{5}$.

【例 1.14】玻璃杯成箱出售，每箱 20 只，假设各箱含 0、1、2 只残次品的概率相应为 0.8、0.1 和 0.1，一顾客欲购一箱玻璃杯，在购买时，售货员随意取一箱，而顾客开箱随机地查看 4 只，若无残次品，则买下该箱玻璃杯，否则退回. 试求：

（1）顾客买下该箱的概率 α；

（2）在顾客买下的一箱中，确实没有残次品的概率 β.

【分析】由于玻璃杯箱总共有 3 类，分别含 0、1、2 只残次品，而售货员取的那一箱可

以是这 3 类中的任意一箱，顾客是在售货员取的一箱中检查的，因此顾客是否买下这一箱是与售货员取的哪一类的箱子有关，这类问题的概率计算一般可用全概率公式解决，第二个问题是条件概率问题.

【解】设事件 A={顾客买下所查看的一箱}；$B_i=\{$售货员取的箱中恰好有 i 只残次品$\}$，$i=0,1,2$．显然，B_0,B_1,B_2 构成一个完备事件组，且

$$P(B_0)=0.8,\ P(B_1)=0.1,\ P(B_2)=0.1,\ P(A\mid B_0)=1,\ P(A\mid B_1)=\frac{\mathrm{C}_{19}^4}{\mathrm{C}_{20}^4}=\frac{4}{5},\ P(A\mid B_2)=\frac{\mathrm{C}_{18}^4}{\mathrm{C}_{20}^4}=\frac{12}{19}.$$

（1）由全概率公式得 $\alpha=P(A)=\sum\limits_{i=0}^{2}P(B_i)P(A\mid B_i)=0.8\times1+0.1\times\frac{4}{5}+0.1\times\frac{12}{19}\approx0.94$.

（2）由贝叶斯公式得 $\beta=P(B_0\mid A)=\frac{P(B_0)P(A\mid B_0)}{P(A)}\approx\frac{0.8\times1}{0.94}\approx0.85$.

【技巧】本题是考查全概率公式与贝叶斯公式典型试题. 一般来说，在应用上述两个公式计算概率时，关键是寻找出试验的一个完备事件组 $B_1,B_2,\cdots,B_n$． 在一次试验中，这组事件中能且只能有一个发生. 因此，事件 A 只能与 $B_1,B_2,\cdots,B_n$ 中之一的事件同时发生. 直观地讲，$B_1,B_2,\cdots,B_n$ 中的每一个都可看成导致事件 A 发生的“原因”. 而在问题中，$P(B_i)$ 与 $P(A\mid B_i)$ 是容易知道的，于是事件 A 的概率恰为在各种“原因”下，A 发生的条件概率 $P(A\mid B_i)$ 的加权平均，权重恰为各“原因”出现的概率，这就是全概率公式解决问题的思路. 而贝叶斯公式实际上是在已知结果发生的条件下，来找各“原因”发生的概率大小，即求条件概率 $P(B_i\mid A)(i=1,2,\cdots,n)$．通常我们称 $P(B_i)$ 为先验概率，$P(B_i\mid A)$ 为后验概率，前者往往是根据以往经验确定的一种“主观概率”，而后者是在事件 A 发生之后来判断 B_i 发生的概率. 因此，贝叶斯公式实际上是利用先验概率来求后验概率.

【例 1.15】设三次独立试验中，事件 A 出现的概率相等，若已知 A 至少出现一次的概率等于 $\frac{19}{27}$，则事件 A 在一次试验中出现的概率多大？

【分析】若直接由“已知 A 至少出现一次的概率为 $\frac{19}{27}$”，来求解本题，则要考虑 A 可能出现一次、二次、三次等情况，工作量大，所以利用逆事件较方便.

【解】记 $A_i=\{$事件 A 在第 i 次试验中出现$\}$，则 $P(A_i)=p,i=1,2,3$.

故由三次试验独立知

$$P(A_1\cup A_2\cup A_3)=1-P(\overline{A}_1\overline{A}_2\overline{A}_3)=1-P(\overline{A}_1)P(\overline{A}_2)P(\overline{A}_3)=1-(1-p)^3=\frac{19}{27}.$$

因此 $p=\frac{1}{3}$.

【例 1.16】由射手对飞机进行 4 次独立射击，每次射击命中的概率为 0.3，一次命中飞机被击落的概率为 0.6，至少两次命中时飞机必被击落，求飞机被击落的概率.

【分析】由于飞机是否被击落是与飞机被命中几次有关联的，因此，这个问题首先是一个利用全概率公式计算概率的问题，而飞机被命中几次又是一个伯努利概型的问题，故本题是一个全概率公式与伯努利公式的综合应用题.

【解】设 A={飞机被击落}；$B_i=\{$飞机被命中 i 次$\}$，$i=0,1,2,3,4$.

显然，B_i 的概率可由 4 重伯努利概型问题来计算，即

$$P(B_i)=C_4^i(0.3)^i0.7^{4-i}, i=0,1,2,3,4.$$

又由题设知

$$P(\overline{A}\mid B_0)=1, P(\overline{A}\mid B_1)=1-P(A\mid B_1)=1-0.6=0.4, P(\overline{A}\mid B_i)=0, i=2,3,4.$$

因此由全概率公式可得

$$\begin{aligned}P(\overline{A})&=\sum_{i=0}^{4}P(B_i)P(\overline{A}\mid B_i)=P(B_0)P(\overline{A}\mid B_0)+P(B_1)P(\overline{A}\mid B_1)\\&=0.7^4\times1+C_4^1\times0.3\times0.7^3\times0.4\approx0.405,\end{aligned}$$

故 $P(A)=1-P(\overline{A})=0.595$.

【例 1.17】假设一厂家生产的仪器，有 0.7 的概率可以直接出厂，有 0.3 的概率需进一步调试，经调试后有 0.8 的概率可以出厂，并有 0.2 的概率定为不合格品不能出厂. 现该厂新生产了 $n(n\geqslant2)$ 台仪器（假设各台仪器的生产过程相互独立），求：

（1）全部能出厂的概率；

（2）其中恰有 2 台不能出厂的概率；

（3）其中至少有 2 台不能出厂的概率.

【分析】此问题考查的是概率的加法公式、乘法公式与伯努利公式的综合应用.

【解】令 $A=$ “仪器能直接出厂”，$\overline{A}=$ “仪器需进一步调试”，$B=$ “仪器能出厂”，$\overline{A}B=$ “仪器经调试后能出厂”，显然 $B=A+\overline{A}B$ ，

那么 $P(A)=0.7, P(\overline{A})=0.3, P(B\mid\overline{A})=0.8, P(\overline{A}B)=P(\overline{A})P(B\mid\overline{A})=0.3\times0.8=0.24$ ，

所以 $P(B)=P(A)+P(\overline{A}B)=0.7+0.24=0.94$.

令 $B_i=$ “n 台仪器中恰有 i 台能出厂”，$i=0,1,\cdots,n$ ，则

（1）$P(B_n)=(0.94)^n$ ；

（2）$P(B_{n-2})=C_n^{n-2}(0.94)^{n-2}(0.06)^2=C_n^2(0.94)^{n-2}(0.06)^2$ ；

（3）$P\left(\sum\limits_{k=0}^{n-2}B_k\right)=1-P(B_{n-1})-P(B_n)=1-C_n^1 0.06(0.94)^{n-1}-(0.94)^n$.

【例 1.18】某人向同一目标独立重复射击，每次射击命中目标的概率为 $p(0<p<1)$ ，则此人第 4 次射击恰好第 2 次命中目标的概率为（　　）.

A. $3p(1-p)^2$　　B. $6p(1-p)^2$　　C. $3p^2(1-p)^2$　　D. $6p^2(1-p)^2$

【分析】此题考查伯努利概型的概率计算.

【解】“第 4 次射击恰好第 2 次命中”表示 4 次射击中第 4 次命中目标，前 3 次射击中有 1 次命中目标. 由独立重复性知所求概率为 $C_3^1p^2(1-p)^2$. 故选 C.

第二章　随机变量及其分布

一、基本要求

1. 理解随机变量的概念，掌握分布函数的定义与性质.
2. 理解离散型随机变量及其分布律的概念与性质，会求分布律.
3. 理解连续型随机变量及其密度函数的概念与性质.
4. 掌握密度函数与分布函数的关系.
5. 掌握三个离散型分布：0-1 分布、二项分布和泊松分布.
6. 掌握三个连续型分布：均匀分布、指数分布和正态分布.
7. 会利用随机变量的概率分布进行有关概率计算.
8. 会求随机变量的简单函数的概率分布.

二、知识网络图

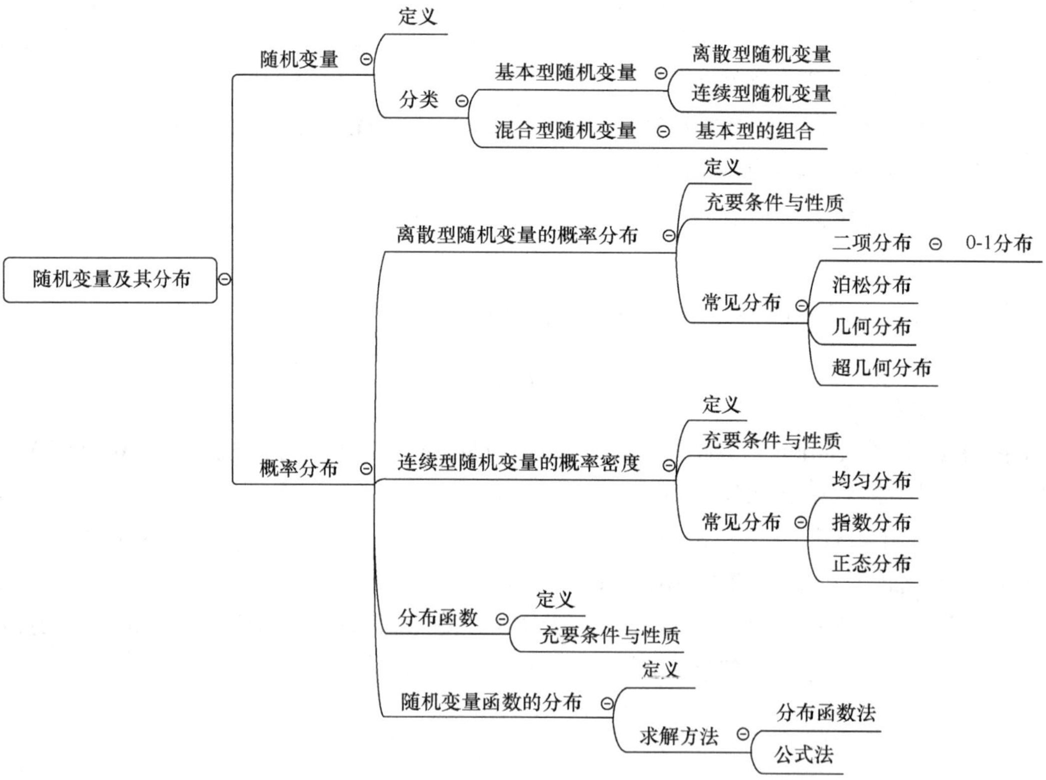

三、知识总结

（一）随机变量的概念

设随机试验的样本空间为$\Omega=\{\omega\}$，$X=X(\omega)$是定义在Ω上的实值（单值）函数，则

称 $X=X(\omega)$ 为随机变量.

随机变量的取值随试验结果而定. 试验前不能预知它取什么值，且它的取值有一定的概率，这是随机变量与普通函数的本质差异. 引入随机变量，使我们可利用微积分的方法对随机试验的结果进行广泛而深入的研究.

随机变量因取值方式不同，通常分为离散型和非离散型两类，而非离散型随机变量中最重要的是连续型随机变量. 今后，我们主要讨论离散型随机变量和连续型随机变量.

（二）离散型随机变量

1. 离散型随机变量及分布律的定义

如果随机变量 X 仅可能取有限个或无限可列个，则称 X 为离散型随机变量.

（1）分布律

离散型随机变量 X 的分布可用下列分布律表示.

$$P\{X=x_k\}=p_k,\quad k=1,2,3,\cdots.$$

（2）分布列

X 的概率分布可由下列列表的形式给出.

X	x_1	x_2	$\cdots$	x_k	$\cdots$
$P\{X=x_k\}$	p_1	p_2	$\cdots$	p_k	$\cdots$

（3）分布矩阵

X 的概率分布可由下列矩阵的形式给出.

$$\begin{bmatrix} x_1 & x_2 & \cdots & x_k & \cdots \\ p_1 & p_2 & \cdots & p_k & \cdots \end{bmatrix}$$

这里 p_k 有下列性质.

① $p_k\geqslant 0, k=1,2,\cdots$;

② $\sum\limits_{k=1}^{+\infty}p_k=1$.

一般来说，对于实数集 $\mathbf{R}$ 中任一个区间 D，都有 $P\{X\in D\}=\sum\limits_{x_i\in D}P\{X=x_i\}$.

2. 常见的离散型随机变量的分布

（1）0-1 分布 $B(1,p)$： $P\{X=k\}=p^k(1-p)^{1-k}\ (0<p<1, k=0,1)$.

（2）二项分布 $B(n,p)$： $P\{X=k\}=\mathrm{C}_n^k p^k(1-p)^{n-k}\ (k=0,1,2,\cdots,n;\ 0<p<1)$.

注意： ① 当 $n=1$ 时，二项分布即为 0-1 分布.

② 在 n 重伯努利试验中，事件 A 发生 k 次的概率为 $\mathrm{C}_n^k p^k(1-p)^{n-k}$.

（3）泊松分布 $P(\lambda)$： $P\{X=k\}=\dfrac{\lambda^k\mathrm{e}^{-\lambda}}{k!}(k=0,1,2,\cdots)$，其中参数 $\lambda>0$.

泊松分布可以用来近似二项分布，当二项分布中 n 很大、p 很小，而 np 又是一个大小合适的数时，可以用泊松分布来近似二项分布.

（4）几何分布 $G(p)$：$P\{X=k\}=pq^{k-1}(k=1,2,\cdots,n,\cdots;\ 0<p<1,\ q=1-p)$.

几何分布与二项分布都是基于独立的伯努利试验. 二项分布描述的是给定 n 次试验中成功 k 次的概率. 几何分布描述的是第一次成功发生在第 k 次的概率.

（5）超几何分布 $H(n,M,N)$：$P\{X=k\}=\dfrac{C_M^k C_{N-M}^{n-k}}{C_N^n}$（$k=0,1,\cdots,l;\ n<N-M,\ l=\min(M,n)$）.

超几何分布与二项分布都是基于抽样试验，区别在于超几何分布是不放回抽样，而二项分布是有放回抽样. 当超几何分布中 N 很大而 n 很小时，不放回抽样可以近似看成有放回抽样，也就是超几何分布可以用二项分布近似.

（三）连续型随机变量

1. 连续型随机变量及概率密度函数的定义

对于随机变量 X，如果存在非负可积函数 $f(x)$，使得对任意实数 $a,b\ (a<b)$ 都有

$$P\{a\leqslant X\leqslant b\}=\int_a^b f(x)\mathrm{d}x,$$

则称 X 为连续型随机变量，并称 $f(x)$ 为连续型随机变量 X 的概率密度函数，简称概率密度，可记为 $X\sim f(x)$.

2. 概率密度的基本性质

（1）$f(x)\geqslant 0$；

（2）$\int_{-\infty}^{+\infty} f(x)\mathrm{d}x=1$；

（3）连续型随机变量 X 在任意指定点 x_0 处概率为 0，即 $P\{X=x_0\}=0$. 所以有

$$P\{a\leqslant X\leqslant b\}=P\{a\leqslant X<b\}=P\{a<X\leqslant b\}=P\{a<X<b\}=\int_a^b f(x)\mathrm{d}x.$$

3. 常见的连续型随机变量的分布

（1）均匀分布

设连续型随机变量 X 在有限区间 $[a,b]$ 上取值 $(a<b)$，且它的概率密度为 $f(x)=\begin{cases}\dfrac{1}{b-a}, & a\leqslant x\leqslant b,\\ 0, & \text{其他},\end{cases}$ 则称 X 服从区间 $[a,b]$ 上的均匀分布，记作 $X\sim U[a,b]$.

（2）指数分布

设连续型随机变量 X 的概率密度为 $f(x)=\begin{cases}\lambda \mathrm{e}^{-\lambda x}, & x>0,\\ 0, & x\leqslant 0\end{cases}(\lambda>0)$，则称 X 服从参数为 λ 的指数分布，记作 $X\sim E(\lambda)$.

（3）正态分布

设连续型随机变量 X 的概率密度为 $f(x)=\dfrac{1}{\sqrt{2\pi}\sigma}\mathrm{e}^{-\frac{(x-\mu)^2}{2\sigma^2}},-\infty<x<+\infty$，其中 $\mu,\sigma\ (\sigma>0)$ 为参数，则称 X 服从参数为 μ,σ 的正态分布，记作 $X\sim N(\mu,\sigma^2)$.

特别地，如果正态分布 $N(\mu,\sigma^2)$ 中的两个参数 $\mu=0,\sigma=1$，则称 X 服从标准正态分布，记作 $X\sim N(0,1)$.

（四）分布函数

1. 分布函数的定义

设 X 是一个随机变量，x 是任意实数，则称函数 $F(x)=P\{X\leqslant x\}\ (-\infty<x<+\infty)$ 为随机变量 X 的分布函数．它在点 x 处的值是事件 $\{X\leqslant x\}$ 的概率，即 X 在 $(-\infty,x]$ 上取值的概率.

2. 利用分布函数求事件的概率

$P\{a<X\leqslant b\}=F(b)-F(a)$；　$P\{X=a\}=F(a)-F(a^-)$；　$P\{a\leqslant X\leqslant b\}=F(b)-F(a^-)$；

$P\{a<X<b\}=F(b^-)-F(a)$；　$P\{X\leqslant a\}=F(a)$；　$P\{X>a\}=1-F(a)$；

$P\{X\geqslant a\}=1-F(a^-)$；　$P\{X<a\}=F(a^-)$.

其中 $F(a^-)=\lim\limits_{x\to a^-}F(x)$.

3. 分布函数的基本性质

（1）$F(x)$ 是单调不减的函数，即对任意 $x_1<x_2$，有 $F(x_1)\leqslant F(x_2)$.

（2）$0\leqslant F(x)\leqslant 1(-\infty<x<+\infty)$，且 $F(-\infty)=\lim\limits_{x\to-\infty}F(x)=0$，$F(+\infty)=\lim\limits_{x\to+\infty}F(x)=1$.

（3）$F(x^+)=F(x)$，即 $F(x)$ 是右连续的.

注意：这三条性质是检验 $F(x)$ 是否为某个随机变量的分布函数的充分必要条件.

4. 离散型随机变量 X 的分布函数

设 X 的分布律为 $P\{X=x_k\}=p_k\ (k=1,2,\cdots)$，分布函数为 $F(x)$，则

（1）$F(x)=\sum\limits_{x_k\leqslant x}P\{X=x_k\}=\sum\limits_{x_k\leqslant x}p_k$；

（2）$F(x)$ 是阶梯函数；

（3）$P\{X=x_k\}=F(x_k)-F(x_k^-)$.

5. 连续型随机变量 X 的分布函数

设连续型随机变量 X 的概率密度为 $f(x)$，分布函数为 $F(x)$，则

（1）$F(x)=\int_{-\infty}^{x}f(t)\,\mathrm{d}t$；

（2）$F(x)$ 是 x 的连续函数 $(-\infty<x<+\infty)$；

（3）在密度函数 $f(x)$ 的连续点 x 处有 $F'(x)=f(x)$.

6. 正态分布的概率计算

（1）设 $X\sim N(0,1)$，其概率密度为

$$\varphi(x)=\frac{1}{\sqrt{2\pi}}\mathrm{e}^{-\frac{x^2}{2}},-\infty<x<+\infty,$$

分布函数为

$$\Phi(x)=\frac{1}{\sqrt{2\pi}}\int_{-\infty}^{x}\mathrm{e}^{-\frac{t^2}{2}}\mathrm{d}t,-\infty<x<+\infty.$$

（2）标准正态分布的性质：$\Phi(-x)=1-\Phi(x)$，$\Phi(0)=\dfrac{1}{2}$.

（3）设 $X\sim N(\mu,\sigma^2)$，则有 $P\{a<X\leqslant b\}=\Phi\left(\dfrac{b-\mu}{\sigma}\right)-\Phi\left(\dfrac{a-\mu}{\sigma}\right)$.

（五）随机变量函数的分布

设 X 为随机变量，$Y=g(X)$ 为 X 的函数，则 Y 的概率分布的求解方法如下.

1. X 为离散型随机变量

若 X 的分布列为

X	x_1	x_2	$\cdots$	x_k	$\cdots$
$P\{X=x_i\}$	p_1	p_2	$\cdots$	p_k	$\cdots$

记 $y_i=g(x_i)\ (i=1,2,\cdots)$，则

Y	y_1	y_2	$\cdots$	y_k	$\cdots$
$P\{Y=y_i\}$	p_1'	p_2'	$\cdots$	p_k'	$\cdots$

其中，若有 $g(x_i)=g(x_l)=\cdots=y_k$，则把相应的概率 $p_i,p_l,\cdots$ 之和记为 p_k'.

2. X 为连续型随机变量

如果 X 是一个连续型随机变量，其概率密度为 $f_X(x)$，若 $g(x)$ 为连续函数，则 $Y=g(X)$ 也是一个连续型随机变量. 求 Y 的概率密度 $f_Y(y)$ 的一般方法如下.

第一步：求出 Y 的分布函数 $F_Y(y)$

$$F_Y(y)=P\{Y\leqslant y\}=P\{g(X)\leqslant y\}=\int_{g(x)\leqslant y}f_X(x)\mathrm{d}x\,;$$

第二步：求 Y 的概率密度 $f_Y(y)$：

$$f_Y(y)=\frac{\mathrm{d}}{\mathrm{d}y}[F_Y(y)].$$

四、典型例题

【例 2.1】 有三个球、四个盒子，盒子的编号为 1，2，3，4. 将球逐个地、随机地放入四个盒子中去. 设 X 表示在四个盒子中至少有一个球的盒子的最小号码（如 $X=3$ 表示第 1 号、第 2 号的盒子是空的，第 3 号盒子中至少有一个球）. 求 X 的分布列.

【分析】 本题考查离散型随机变量分布列的计算问题.

【解】 $P\{X=1\}$ 即第 1 号盒子至少有一个球的概率，设 A 表示第 1 号盒子是空的事件，则

$$P(A)=\frac{3^3}{4^3}\,,\quad P\{X=1\}=1-P(A)=\frac{37}{64}.$$

设 B 表示第 2 号盒子至少有一个球，则

$$P\{X=2\}=P(AB)=P(A)\ P(B\mid A)=\frac{3^3}{4^3}\left(1-\frac{2^3}{3^3}\right)=\frac{19}{64},$$

同理，$P\{X=3\}=\dfrac{3^3}{4^3}\cdot\dfrac{2^3}{3^3}\left(1-\dfrac{1}{2^3}\right)=\dfrac{7}{64}$，$P\{X=4\}=\dfrac{1}{64}$.

所以 X 的分布列为

X	1	2	3	4
P	$\frac{37}{64}$	$\frac{19}{64}$	$\frac{7}{64}$	$\frac{1}{64}$

【例 2.2】 进行某项试验，成功的概率为 $\frac{3}{4}$，失败的概率为 $\frac{1}{4}$. 以 X 表示试验首次成功所需试验的次数，试写出 X 的分布律，并计算 X 取偶数的概率.

【分析】 本题考查离散型随机变量的分布律以及相关的概率计算问题.

【解】 X 的分布律为

$$P(X=k)=\left(\frac{1}{4}\right)^{k-1}\frac{3}{4}，\ k=1,2,\cdots.$$

X 取偶数的概率为

$$\begin{aligned}&P(X=2)+P(X=4)+\cdots+P(X=2k)+\cdots\\&=\frac{1}{4}\cdot\frac{3}{4}+\left(\frac{1}{4}\right)^3\cdot\frac{3}{4}+\cdots+\left(\frac{1}{4}\right)^{2k-1}\cdot\frac{3}{4}+\cdots\\&=\frac{3}{4}\cdot\frac{\frac{1}{4}}{1-\left(\frac{1}{4}\right)^2}=\frac{1}{5}.\end{aligned}$$

【例 2.3】 已知 $P\{X=k\}=\dfrac{\lambda^k}{c\cdot k!}\ (k=1,2,\cdots)$ 为随机变量 X 的分布律，其中 $\lambda>0$，试确定常数 c.

【分析】 本题考查离散型随机变量分布律的性质.

【解】 由分布律的性质可知 $c>0$ 和 $\sum\limits_{k=1}^{+\infty}P\{X=k\}=\sum\limits_{k=1}^{+\infty}\dfrac{\lambda^k}{c\cdot k!}=1$. 又因为

$$\sum_{k=1}^{+\infty}\frac{\lambda^k}{c\cdot k!}=\frac{1}{c}\sum_{k=1}^{+\infty}\frac{\lambda^k}{k!}=\frac{1}{c}\left(\sum_{k=0}^{+\infty}\frac{\lambda^k}{k!}-1\right)=\frac{1}{c}(\mathrm{e}^{\lambda}-1)=1,$$

所以 $c=\mathrm{e}^{\lambda}-1$.

【例 2.4】 从学校到汽车站途中有 6 个交通岗，假设在各个交通岗遇到红灯的事件是相互独立的，并且概率都是 $\frac{1}{3}$.

（1）设 X 为途中遇到的红灯的次数，求 X 的分布律；

（2）求从学校到汽车站途中至少遇到一次红灯的概率.

【分析】 本题是考查利用伯努利概型求解离散型随机变量的相关概率问题.

【解】（1）由题意可知 X 服从二项分布 $B\left(6,\frac{1}{3}\right)$. 于是其分布律为

$$P\{X=k\}=\mathrm{C}_6^k\left(\frac{1}{3}\right)^k\left(\frac{2}{3}\right)^{6-k},\ k=0,1,2,\cdots,6.$$

（2）由题意知所求概率为 $P\{X \geqslant 1\}=1-P\{X=0\}=1-\dfrac{64}{729}=\dfrac{665}{729}$.

【例 2.5】如果每次试验成功的概率为 0.5，问需要多少次试验，才能使至少成功一次的概率不小于 0.9？

【分析】本题是考查利用伯努利概型求解离散型随机变量的相关概率问题.

【解】假设需要 n 次试验才能保证至少成功一次的概率不小于 0.9，设 X 为 n 次试验中成功的次数，于是 $X \sim B(n,0.5)$.

"至少成功一次"就是"去除全不成功"，亦即 $P\{X \geqslant 1\}=1-P\{X=0\}=1-\left(\dfrac{1}{2}\right)^n \geqslant 0.9$，解此不等式有 $n \geqslant \dfrac{1}{\lg 2} \approx 3.3$. 所以需要试验至少 4 次.

【例 2.6】设有 80 台同类型设备，其工作是相互独立的，发生故障的概率都是 0.01，且一台设备的故障能由一个人处理. 考虑两种配备维修工人的方法，其一是由 4 人维护，每人负责 20 台；其二是由 3 人共同维护 80 台. 试比较这两种方法在设备发生故障时不能及时维修的概率的大小.

【分析】本题是考查利用伯努利概型求解离散型随机变量的相关概率问题.

【解】按第一种方法. 以 X 表示"第 1 人维护的 20 台设备中同一时刻发生故障的台数"，以 $A_i(i=1,2,3,4)$ 表示"第 i 人维护的 20 台设备中发生故障不能及时维修"，则知 80 台设备中发生故障不能及时维修的概率为

$$P\{A_1 \cup A_2 \cup A_3 \cup A_4\} \geqslant P\{A_1\}=P\{X \geqslant 2\},$$

其中 $X \sim B(20,0.01)$，故有

$$P\{X \geqslant 2\}=1-\sum_{k=0}^{1} P\{X=k\}=1-\sum_{k=0}^{1} \mathrm{C}_{20}^{k}(0.01)^k(0.99)^{20-k} \approx 0.0169.$$

$$P\{A_1 \cup A_2 \cup A_3 \cup A_4\} \geqslant 0.0169.$$

按第二种方法. 以 Y 表示"80 台设备中同一时刻发生故障的台数". 此时，$Y \sim B(80,0.01)$，故 80 台中发生故障而不能及时维修的概率为

$$P\{Y \geqslant 4\}=1-\sum_{k=0}^{3} \mathrm{C}_{80}^{k}(0.01)^k(0.99)^{80-k} \approx 0.0087.$$

结果表明，第二种方法尽管任务更重了（每人平均维护约 27 台），但工作效率不仅没有降低，反而提高了.

【例 2.7】设随机变量 X 和 Y 同分布，X 的概率密度为

$$f(x)=\begin{cases}\dfrac{3}{8}x^2, & 0<x<2, \\ 0, & \text{其他}.\end{cases}$$

若已知事件 $A=\{X>a\}$ 和 $B=\{Y>a\}$ 独立，且 $P(A \cup B)=\dfrac{3}{4}$，求常数 a.

【分析】利用事件 A 与 B 的独立性和概率的加法公式，可以计算出 $P(A)$ 或 $P(B)$，然后与概率 $P(X>a)$ 进行比较便可确定常数 a.

【解】由题设知 $P(A)=P(B)$ 且 $P(AB)=P(A)P(B)$，又

$$P(A\cup B)=P(A)+P(B)-P(AB)=2P(A)-[P(A)]^2=\frac{3}{4},$$

所以 $P(A)=\frac{1}{2}$，又根据题设知 $0<a<2$，因此

$$\frac{1}{2}=P(A)=P\{X>a\}=\int_a^{+\infty}f(x)\,\mathrm{d}x=\frac{3}{8}\int_a^2 x^2\mathrm{d}x=\frac{1}{8}(8-a^3),$$

于是 $a=\sqrt[3]{4}$.

【例 2.8】已知随机变量 X 的概率密度为

$$f(x)=\begin{cases}ax+b, & 1<x<3,\\ 0, & \text{其他}.\end{cases}$$

又知 $P\{2<X<3\}=2P\{-1<X<2\}$，试求 $P\left\{0\leqslant X\leqslant\frac{3}{2}\right\}$.

【分析】问题的关键是确定密度函数中的常数 a 和 b，而 a 与 b 的确定需要两个条件，其一为题设条件，另一个为 $\int_{-\infty}^{+\infty}f(x)\,\mathrm{d}x=1$.

【解】由概率密度 $f(x)$ 的性质知

$$1=\int_{-\infty}^{+\infty}f(x)\mathrm{d}x=\int_1^3(ax+b)\mathrm{d}x=4a+2b,$$

又

$$P\{2<X<3\}=\int_2^3 f(x)\mathrm{d}x=\int_2^3(ax+b)\mathrm{d}x=\frac{5}{2}a+b,$$

$$P\{-1<X<2\}=\int_{-1}^2 f(x)\mathrm{d}x=\int_{-1}^1 0\mathrm{d}x+\int_1^2(ax+b)\mathrm{d}x=\frac{3}{2}a+b,$$

因为 $P\{2<X<3\}=2P\{-1<X<2\}$，所以 $\frac{5}{2}a+b=2\left(\frac{3}{2}a+b\right)$，即 $a+2b=0$，故得

$$\begin{cases}4a+2b=1,\\ a+2b=0.\end{cases}$$

解得 $\begin{cases}a=\frac{1}{3},\\ b=-\frac{1}{6}.\end{cases}$ 从而

$$P\left\{0\leqslant X\leqslant\frac{3}{2}\right\}=\int_0^{\frac{3}{2}}f(x)\mathrm{d}x=\int_0^1 0\mathrm{d}x+\int_1^{\frac{3}{2}}\left(\frac{1}{3}x-\frac{1}{6}\right)\mathrm{d}x=\frac{1}{8}.$$

【例 2.9】设随机变量 X 的密度函数为

$$f(x)=\begin{cases}\frac{A}{\sqrt{1-x^2}}, & |x|<1,\\ 0, & |x|\geqslant 1.\end{cases}$$ 求：

（1）常数 A；（2）X 落入 $\left(-\frac{1}{2},\frac{1}{2}\right)$ 的概率.

【分析】确定随机变量的概率密度 $f(x)$ 中的参数时，一般要用到性质 $\int_{-\infty}^{+\infty} f(x)\,\mathrm{d}x=1$ 来求解.

【解】（1）由密度函数性质 $\int_{-\infty}^{+\infty} f(x)\,\mathrm{d}x=1$ 知

$$\int_{-1}^{1}\frac{A}{\sqrt{1-x^2}}\mathrm{d}x=2\int_{0}^{1}\frac{A}{\sqrt{1-x^2}}\mathrm{d}x=2A\cdot\arcsin x\Big|_0^1=A\pi=1,$$

故 $A=\dfrac{1}{\pi}$.

（2）$P\left\{-\dfrac{1}{2}<X<\dfrac{1}{2}\right\}=\dfrac{1}{\pi}\displaystyle\int_{-\frac{1}{2}}^{\frac{1}{2}}\frac{1}{\sqrt{1-x^2}}\mathrm{d}x=\frac{1}{\pi}\arcsin x\Big|_{-\frac{1}{2}}^{\frac{1}{2}}=\frac{1}{\pi}\left(\frac{\pi}{6}+\frac{\pi}{6}\right)=\frac{1}{3}$.

【例 2.10】设 $f_1(x)$ 为标准正态分布的概率密度，$f_2(x)$ 为 $[-1,3]$ 上均匀分布的概率密度，若 $f(x)=\begin{cases}af_1(x), & x\leqslant 0,\\ bf_2(x), & x>0.\end{cases}$ $(a>0,b>0)$ 为概率密度，则 a,b 应满足（　　）.

A. $2a+3b=4$　　B. $3a+2b=4$　　C. $a+b=1$　　D. $a+b=2$

【答案】A.

【分析】本题考查连续型随机变量概率密度的性质.

【解】由已知有 $f_1(x)=\dfrac{1}{\sqrt{2\pi}}\mathrm{e}^{-\frac{x^2}{2}}$，$f_2(x)=\begin{cases}\dfrac{1}{4}, & -1<x<3,\\ 0, & 其他.\end{cases}$ 由概率密度的性质有

$$1=\int_{-\infty}^{+\infty} f(x)\,\mathrm{d}x=\int_{-\infty}^{0} af_1(x)\mathrm{d}x+\int_{0}^{+\infty} bf_2(x)\mathrm{d}x=\frac{a}{2}\int_{-\infty}^{+\infty} f_1(x)\,\mathrm{d}x+b\int_{0}^{3}\frac{1}{4}\mathrm{d}x=\frac{a}{2}+\frac{3}{4}b,$$

所以 $3a+2b=4$，故选 A.

【例 2.11】设随机变量 ξ 在区间 $[1,6]$ 上服从均匀分布，求方程 $x^2+\xi x+1=0$ 有实根的概率.

【分析】方程 $x^2+\xi x+1=0$ 有实根当且仅当 $\varDelta=\xi^2-4\geqslant 0$，即 $|\xi|\geqslant 2$，故所求问题即为已知 $\xi\sim U[1,6]$，求 $P\{|\xi|\geqslant 2\}$.

【解】由 ξ 在 $[1,6]$ 上服从均匀分布，知 ξ 的概率密度函数为 $f(x)=\begin{cases}\dfrac{1}{5}, & 1\leqslant x\leqslant 6,\\ 0, & 其他.\end{cases}$

方程 $x^2+\xi x+1=0$ 有实根当且仅当 $\varDelta=\xi^2-4\geqslant 0$，即 $|\xi|\geqslant 2$，故

$$P\{|\xi|\geqslant 2\}=P\{\xi\leqslant -2\text{或}\xi\geqslant 2\}=\int_{-\infty}^{-2} f(x)\mathrm{d}x+\int_{2}^{+\infty} f(x)\mathrm{d}x=0+\int_{2}^{6}\frac{1}{5}\mathrm{d}x=\frac{4}{5}.$$

【例 2.12】某元件的寿命 X 服从指数分布，已知其参数 $\lambda=\dfrac{1}{1000}$，求 3 个这样的元件使用 1000 小时后，至少有一个损坏的概率.

【分析】本题考查指数分布的密度函数、概率计算以及伯努利概型的应用. 对立事件的概率公式的应用对解题往往会有很大的帮助.

【解】X 的密度函数为 $f(x)=\begin{cases}\dfrac{1}{1000}e^{-\frac{1}{1000}x}, & x>0,\\ 0, & x\leqslant 0.\end{cases}$ 由此得到

$$P\{X>1000\}=\int_{1000}^{+\infty}\frac{1}{1000}e^{-\frac{1}{1000}x}dx=e^{-1}.$$

各元件的寿命是否超过 1 000 小时是独立的，用 Y 表示三个元件中使用 1000 小时损坏的元件数，则 $Y\sim B(3,1-e^{-1})$．所求概率为

$$P\{Y\geqslant 1\}=1-P\{Y=0\}=1-C_3^0(1-e^{-1})^0(e^{-1})^3=1-e^{-3}.$$

【例 2.13】设随机变量 X 服从正态分布 $N(\mu,\sigma^2)$ $(\sigma>0)$，且二次方程 $y^2+4y+X=0$ 无实根的概率为 0.5，则 $\mu=$________.

【分析】二次方程无实根的概率即其判别式小于 0 的概率，则问题转化为随机变量 X 取值的概率，而求正态分布随机变量在一定范围内取值的概率，应通过标准化进行计算.

【解】二次方程 $y^2+4y+X=0$ 无实根的充要条件是 $4-X<0$，故由条件知有

$$P\{4-X<0\}=P\{X>4\}=0.5.$$

由 $X\sim N(\mu,\sigma^2)$，知 $P\{X>\mu\}=P\{X<\mu\}=0.5$，因此必有 $\mu=4$.

【例 2.14】设随机变量 X 服从正态分布 $N(0,1)$，对给定的 α $(0<\alpha<1)$，数 u_α 满足 $P\{X>u_\alpha\}=\alpha$．若 $P\{|X|<x\}=\alpha$，则 x 等于（　　）.

A. $u_{\alpha/2}$　　B. $u_{1-\alpha/2}$　　C. $u_{(1-\alpha)/2}$　　D. $u_{1-\alpha}$

【分析】这是已知随机变量取值的概率，反求随机变量取值范围的问题．此类问题的求解可通过 u_α 的定义进行分析，也可由标准正态分布密度函数曲线的对称性和几何意义直观地得到结论.

【解】由 $P\{|X|<x\}=\alpha$ 以及标准正态分布密度曲线的对称性可得 $P\{X<-u_\alpha\}=\alpha$，于是

$$\alpha=P\{|X|<x\}=1-P\{|X|\geqslant x\}=1-[P\{X\geqslant x\}+P\{X\leqslant -x\}]=1-2P\{X\geqslant x\},$$

即有 $P\{X\geqslant x\}=\dfrac{1-\alpha}{2}$，则根据定义有 $x=u_{(1-\alpha)/2}$，故选 C.

【例 2.15】从学校到火车站的途中有 3 个交通岗，假设在各个交通岗遇到红灯的事件是相互独立的，并且概率都是 $\dfrac{2}{5}$．设 X 为途中遇到红灯的次数，求：

（1）随机变量 X 的分布函数 $F(x)$；（2）$F\left(\dfrac{5}{2}\right)$；（3）$P\{X>2\}$；（4）$P\left\{\dfrac{3}{2}<X\leqslant 7\right\}$.

【分析】本题考查离散型随机变量的分布列的求解问题.

【解】（1）X 服从二项分布 $B\left(3,\dfrac{2}{5}\right)$，其分布列为

$$P\{X=k\}=C_3^k\left(\frac{2}{5}\right)^k\left(1-\frac{2}{5}\right)^{3-k},\quad k=0,1,2,3.$$

即为

X	0	1	2	3
P	$\frac{27}{125}$	$\frac{54}{125}$	$\frac{36}{125}$	$\frac{8}{125}$

X 的分布函数为 $F(x)=P\{X\leqslant x\}$.

当 $x<0$ 时，$F(x)=P\{\phi\}=0$；

当 $0\leqslant x<1$ 时，$F(x)=P\{X=0\}=\frac{27}{125}$；

当 $1\leqslant x<2$ 时，$F(x)=P\{X=0\}+P\{X=1\}=\frac{27}{125}+\frac{54}{125}=\frac{81}{125}$；

当 $2\leqslant x<3$ 时，$F(x)=P\{X=0\}+P\{X=1\}+P\{X=2\}=\frac{27}{125}+\frac{54}{125}+\frac{36}{125}=\frac{117}{125}$；

当 $x\geqslant 3$ 时，$F(x)=P\{X=0\}+P\{X=1\}+P\{X=2\}+P\{X=3\}=1$.

故

$$F(x)=\begin{cases}0, & x<0,\\ 27/125, & 0\leqslant x<1,\\ 81/125, & 1\leqslant x<2,\\ 117/125, & 2\leqslant x<3,\\ 1, & x\geqslant 3.\end{cases}$$

（2）因为 $2\leqslant\frac{5}{2}<3$，所以 $F\left(\frac{5}{2}\right)=\frac{117}{125}$.

（3）$P\{X>2\}=1-P\{X\leqslant 2\}=1-F(2)=1-\frac{117}{125}=\frac{8}{125}$.

（4）$P\left\{\frac{3}{2}<X\leqslant 7\right\}=F(7)-F\left(\frac{3}{2}\right)=1-\frac{81}{125}=\frac{44}{125}$.

【例 2.16】设随机变量 X 的分布函数为 $F(x)=\begin{cases}0, & x<-1,\\ 0.4, & -1\leqslant x<1,\\ 0.8, & 1\leqslant x<3,\\ 1, & x\geqslant 3.\end{cases}$ 求 X 的分布列.

【分析】本题考查利用离散型随机变量的分布函数求概率分布列问题.

【解】显然 $F(x)$ 的间断点即为 X 的可能取值 $-1,1,3$，从而

$$P\{X=-1\}=F(-1)-F(-1^-)=0.4-0=0.4,$$
$$P\{X=1\}=F(1)-F(1^-)=0.8-0.4=0.4,$$
$$P\{X=3\}=F(3)-F(3^-)=1-0.8=0.2.$$

即 X 的概率分布列为

X	-1	1	3
P	0.4	0.4	0.2

【技巧】实际上我们还可以通过作图求分布列，因为 X 在 $F(x)$ 的间断点 x_i 处的概率恰好为 $F(x)$ 的图形在 x_i 点处跳跃的跃度.

【例 2.17】设随机变量 X 具有密度函数 $f(x)=\begin{cases} kx, & 0\leqslant x<3, \\ 2-\dfrac{x}{2}, & 3\leqslant x<4, \\ 0, & 其他. \end{cases}$（1）确定常数 k；（2）求 X 的分布函数 $F(x)$；（3）求 $P\left\{1<X\leqslant\dfrac{7}{2}\right\}$.

【分析】本题考查连续型随机变量的密度函数性质、分布函数的求法以及利用密度函数或分布函数求概率的问题.

【解】（1）由 $\int_{-\infty}^{+\infty} f(x)\mathrm{d}x=1$，得 $\int_0^3 kx\mathrm{d}x+\int_3^4\left(2-\dfrac{x}{2}\right)\mathrm{d}x=1$，解得 $k=\dfrac{1}{6}$.

（2）当 $x<0$ 时，$F(x)=\int_{-\infty}^{x} 0\,\mathrm{d}t=0$；

当 $0\leqslant x<3$ 时，$F(x)=\int_{-\infty}^{0} 0\,\mathrm{d}t+\int_0^x \dfrac{t}{6}\mathrm{d}t=\dfrac{x^2}{12}$；

当 $3\leqslant x<4$ 时，$F(x)=\int_{-\infty}^{0} 0\,\mathrm{d}t+\int_0^3 \dfrac{t}{6}\mathrm{d}t+\int_3^x\left(2-\dfrac{t}{2}\right)\mathrm{d}t=-\dfrac{x^2}{4}+2x-3$；

当 $x\geqslant4$ 时，$F(x)=1$.

所以有 $F(x)=\begin{cases} 0, & x<0, \\ \dfrac{x^2}{12}, & 0\leqslant x<3, \\ -\dfrac{x^2}{4}+2x-3, & 3\leqslant x<4, \\ 1, & x\geqslant 4. \end{cases}$

（3）$P\left\{1<X\leqslant\dfrac{7}{2}\right\}=\int_1^{\frac{7}{2}} f(x)\mathrm{d}x=\int_1^3 \dfrac{x}{6}\mathrm{d}x+\int_3^{\frac{7}{2}}\left(2-\dfrac{x}{2}\right)\mathrm{d}x=\dfrac{41}{48}$，

或 $P\left\{1<X\leqslant\dfrac{7}{2}\right\}=F\left(\dfrac{7}{2}\right)-F(1)=\dfrac{41}{48}$.

【例 2.18】设连续型随机变量 X 的分布函数为 $F(x)=\begin{cases} Ae^{x}, & x<0, \\ B, & 0\leqslant x\leqslant 1, \\ 1-Ae^{-(x-1)}, & x>1. \end{cases}$

求：（1）A,B 的值；（2）X 的概率密度；（3）$P\left\{X>\dfrac{1}{3}\right\}$.

【分析】我们可以先通过分布函数 $F(x)$ 的性质确定 A,B 的值，然后就可以利用分布函数与概率密度的关系来确定 X 的密度函数. 第三个问题可化为简单的积分计算或利用分布函数来计算.

【解】（1）由于 X 是连续型随机变量，对应的分布函数 $F(x)$ 为连续函数，因此由 $F(x)$ 在 $x=0,x=1$ 两点的连续性，有

$$\lim_{x\to0^-} F(x)=\lim_{x\to0^-} Ae^{x}=A,\quad \lim_{x\to0^+} F(x)=\lim_{x\to0^+} B=B,$$

$$\lim_{x\to1^-}F(x)=\lim_{x\to1^-}B=B,\quad \lim_{x\to1^+}F(x)=\lim_{x\to1^+}\left(1-A\mathrm{e}^{-(x-1)}\right)=1-A,$$

解得 $A=B=\dfrac{1}{2}$，于是 $F(x)=\begin{cases}\dfrac{1}{2}\mathrm{e}^x, & x<0,\\ \dfrac{1}{2}, & 0\leqslant x\leqslant 1,\\ 1-\dfrac{1}{2}\mathrm{e}^{-(x-1)}, & x>1.\end{cases}$

（2）X 的概率密度为 $f(x)=F'(x)=\begin{cases}\dfrac{1}{2}\mathrm{e}^x, & x<0,\\ 0, & 0\leqslant x<1,\\ \dfrac{1}{2}\mathrm{e}^{-(x-1)}, & x>1.\end{cases}$

（3）$P\left\{X>\dfrac{1}{3}\right\}=1-P\left\{X\leqslant\dfrac{1}{3}\right\}=1-F\left(\dfrac{1}{3}\right)=1-\dfrac{1}{2}=\dfrac{1}{2}$，

或 $P\left(X>\dfrac{1}{3}\right)=\int_{\frac{1}{3}}^{+\infty}f(x)\mathrm{d}x=\int_{\frac{1}{3}}^{1}0\mathrm{d}x+\int_{1}^{+\infty}\dfrac{1}{2}\mathrm{e}^{-(x-1)}\mathrm{d}x=\dfrac{1}{2}$.

【技巧】确定连续型随机变量的分布函数中的未知参数，通常要用到 $F(x)$ 的连续性和 $F(+\infty)=1$，$F(-\infty)=0$ 这两个性质.

【例 2.19】在电源电压不超过 200 V、200 V~240 V 和超过 240 V 三种情形下，某种电子元件损坏的概率分别为 0.1、0.001 和 0.2，假设电源电压服从正态分布 $N(220,25^2)$（单位：V），试求：（1）该电子元件损坏的概率 α；（2）该电子元件损坏时，电源电压在 200 V~240 V 的概率 β.

【分析】该问题实际上是一个全概率公式的应用问题，其中包含了正态分布的概率计算.

【解】假设 $A_1=\{$电压低于 200 V$\}$；$A_2=\{$电压在 200 V~240 V$\}$；$A_3=\{$电压超过 240 V$\}$；$B=\{$电子元件损坏$\}$.

由题设条件 $X\sim N(220,25^2)$，因此

$$P(A_1)=P\{X\leqslant 200\}=P\left\{\frac{X-220}{25}\leqslant\frac{200-220}{25}\right\}=\varPhi(-0.8)=1-\varPhi(0.8)\approx1-0.788=0.212;$$

$$P(A_2)=P\{200<X\leqslant 240\}=\varPhi\left(\frac{240-220}{25}\right)-\varPhi\left(\frac{200-220}{25}\right)=\varPhi(0.8)-\varPhi(-0.8)\approx0.576;$$

$$P(A_3)=P\{X>240\}=1-P\{X\leqslant 240\}=1-\varPhi(0.8)\approx0.212.$$

（1）由题设条件知

$$P(B\mid A_1)=0.1,\ P(B\mid A_2)=0.001,\ P(B\mid A_3)=0.2.$$

由全概率公式

$$\alpha=P(B)=\sum_{i=1}^{3}P(A_i)P(B\mid A_i)=0.212\times0.1+0.576\times0.001+0.212\times0.2\approx0.064\,2.$$

（2）由条件概率公式（或贝叶斯公式）知

$$\beta = P(A_2 \mid B) = \frac{P(A_2)P(B \mid A_2)}{P(B)} = \frac{0.576 \times 0.001}{0.0642} \approx 0.009 .$$

【技巧】利用全概率公式解决问题的关键是一定要找全“原因”及“结果”.

【例 2.20】设 $X \sim N(108,3^2)$，求：（1）a，使 $P\{X \leqslant a\} = 0.9$；（2）b，使 $P\{|X-b|>b\} = 0.1$.

【分析】非标准正态分布的概率计算关键在于将其化为标准正态分布的计算.

【解】（1）$P\left\{\frac{X-108}{3} \leqslant \frac{a-108}{3}\right\} = \Phi\left(\frac{a-108}{3}\right) = 0.9$.

又由 $\Phi(1.282) = 0.9$，得到 $\frac{a-108}{3} = 1.282$，所以 $a = 111.846$.

（2）由于 $P\{0 \leqslant X \leqslant 2b\} = P\{|X-b| \leqslant b\} = 1 - P\{|X-b|>b\} = 1-0.1 = 0.9$，而

$$P\{0 \leqslant X \leqslant 2b\} = P\left\{\frac{0-108}{3} \leqslant \frac{X-108}{3} \leqslant \frac{2b-108}{3}\right\} = \Phi\left(\frac{2b-108}{3}\right) - \Phi\left(\frac{0-108}{3}\right) = 0.9 .$$

所以 $\Phi\left(\frac{2b-108}{3}\right) = \Phi(-36) + 0.9 \approx 0.9$. 又由 $\Phi(1.282) = 0.9$，得 $\frac{2b-108}{3} = 1.282$，$b = 55.923$.

【例 2.21】某单位招聘 2 500 人，按考试成绩从高分到低分依次录用，共有 10 000 人报名. 假设报名者的成绩 $X \sim N(\mu,\sigma^2)$，已知 90 分以上有 359 人，60 分以下有 1 151 人，问被录用者中最低分为多少?

【分析】先由已知条件“90 分以上有 359 人，60 分以下有 1 151 人”确定参数 μ,σ 的取值，再由录取率 $\frac{2500}{10000}$ 确定最低分.

【解】根据题意：

$$P\{X>90\} = \frac{359}{10000} = 0.0359 ,$$

故

$$P\{X \leqslant 90\} = 1 - P\{X>90\} = 0.9641 ,$$

而

$$P\{X \leqslant 90\} = P\left\{\frac{X-\mu}{\sigma} \leqslant \frac{90-\mu}{\sigma}\right\} = \Phi\left(\frac{90-\mu}{\sigma}\right) = 0.9641 ,$$

反查标准正态分布表得

$$\frac{90-\mu}{\sigma} = 1.8 . \qquad (1)$$

同样

$$P\{X<60\} = \frac{1151}{10000} = 0.1151 ,$$

而

$$P\{X<60\} = P\{X \leqslant 60\} = P\left\{\frac{X-\mu}{\sigma} \leqslant \frac{60-\mu}{\sigma}\right\} = \Phi\left(\frac{60-\mu}{\sigma}\right) = 0.1151 ,$$

通过反查标准正态分布表得

$$\frac{60-\mu}{\sigma} = 1.2 \qquad (2)$$

由（1）、（2）两式解得 $\mu = 72, \sigma = 10$，所以 $X \sim N(72,10^2)$.

已知录用率为 $\frac{2500}{10000} = 0.25$，设被录用者中最低分为 x_0，则

$$P\{X<x_0\} = 1 - P\{X \geqslant x_0\} = 0.75 ,$$

而 $P\{X<x_0\} = P\left\{\frac{X-72}{10} < \frac{x_0-72}{10}\right\} = \Phi\left(\frac{x_0-72}{10}\right) = 0.75$，

反查标准正态分布表得 $\frac{x_0-72}{10}\approx 0.675$，解得 $x_0\approx 78.75$，故被录用者中最低分为 79 分.

【例 2.22】设随机变量 X 的分布列为

X	-1	0	1	2
P	0.2	0.3	0.1	0.4

求：（1）$Y=X-1$ 的分布列；（2）$Y=(X-1)^2$ 的分布列.

【解】（1）X 取 -1、0、1、2 分别对应于 $Y=X-1$ 取 -2、-1、0、1. Y 的取值中没有相等的，故 $Y=X-1$ 的分布列为

Y	-2	-1	0	1
P	0.2	0.3	0.1	0.4

（2）X 取 -1、0、1、2 分别对应于 $Y=(X-1)^2$ 取 4、1、0、1. Y 的取值有相同的，如 $X=0$ 或 $X=2$，都对应于 $Y=1$. 故

$$P\{Y=1\}=P\{X=0 \text{ 或 } X=2\}=P\{X=0\}+P\{X=2\}=0.7.$$

$$P\{Y=0\}=P\{X=1\}=0.1,\ P\{Y=4\}=P\{X=-1\}=0.2.$$

故 $Y=(X-1)^2$ 的分布列为

Y	0	1	4
P	0.1	0.7	0.2

【例 2.23】设随机变量 X 的密度函数为 $f_X(x)=\begin{cases}2x^3\mathrm{e}^{-x^2}, & x\geqslant 0,\\ 0, & x<0.\end{cases}$ 求：（1）$Y=2X+3$；（2）$Y=X^2$；（3）$Y=\ln X$ 的密度函数 $f_Y(y)$.

【解】设 X,Y 的分布函数为 $F_X(x),F_Y(y)$.

（1）$F_Y(y)=P\{Y\leqslant y\}=P\{2X+3\leqslant y\}=P\left\{X\leqslant \frac{y-3}{2}\right\}=F_X\left(\frac{y-3}{2}\right)$.

将上式两边对 y 求导，得 $Y=2X+3$ 的概率密度函数

$$f_Y(y)=F_X'\left(\frac{y-3}{2}\right)=f_X\left(\frac{y-3}{2}\right)\cdot\left(\frac{y-3}{2}\right)'=\frac{1}{2}f_X\left(\frac{y-3}{2}\right)=\begin{cases}\frac{(y-3)^3}{8}\mathrm{e}^{-\left(\frac{y-3}{2}\right)^2}, & y\geqslant 3,\\ 0, & y<3.\end{cases}$$

（2）$F_Y(y)=P\{Y\leqslant y\}=P\{X^2\leqslant y\}$.

当 $y\leqslant 0$ 时，因为 $F_Y(y)=P\{X^2\leqslant y\}\leqslant P\{X^2\leqslant 0\}=P\{X=0\}=0$，所以 $f_Y(y)=0$.

当 $y>0$ 时，$F_Y(y)=P\{X^2\leqslant y\}=P\left\{-\sqrt{y}\leqslant X\leqslant\sqrt{y}\right\}=F_X(\sqrt{y})-F_X(-\sqrt{y})$.

将上式两边对 y 求导，得

$$f_Y(y)=\frac{1}{2\sqrt{y}}\left[f_X(\sqrt{y})+f_X(-\sqrt{y})\right]=\frac{1}{2\sqrt{y}}f_X(\sqrt{y})=y\mathrm{e}^{-y}.$$

综上，$Y=X^2$ 的概率密度函数为 $f_Y(y)=\begin{cases}y\mathrm{e}^{-y}, & y>0,\\ 0, & y\leqslant 0.\end{cases}$

（3）$F_Y(y)=P\{Y\leqslant y\}=P\{\ln X\leqslant y\}=P\{X\leqslant \mathrm{e}^y\}=F_X(\mathrm{e}^y)$.

将上式两边对 y 求导，得 $Y=\ln X$ 的密度函数为

$$f_Y(y)=\mathrm{e}^y f_X(\mathrm{e}^y)=\mathrm{e}^y\cdot 2\mathrm{e}^{3y}\mathrm{e}^{-\mathrm{e}^{2y}}=2\mathrm{e}^{4y-\mathrm{e}^{2y}}\ (-\infty<y<+\infty).$$

【**例 2.24**】设随机变量 X 在 $[0,1]$ 上服从均匀分布，求：（1）$Y=\mathrm{e}^X$ 的密度函数 $f_Y(y)$；（2）$Y=-2\ln X$ 的密度函数 $f_Y(y)$；（3）$Y=\mathrm{e}^X$ 的分布函数.

【**解**】设 X,Y 的分布函数为 $F_X(x),F_Y(y)$. 由题设知，X 的密度函数为

$$f_X(x)=\begin{cases}1, & 0\leqslant x\leqslant 1,\\ 0, & \text{其他}.\end{cases}$$

（1）$F_Y(y)=P\{Y\leqslant y\}=P\{\mathrm{e}^X\leqslant y\}$.

当 $y\leqslant 0$ 时，因为 $F_Y(y)=P\{\mathrm{e}^X\leqslant y\}\leqslant P\{\mathrm{e}^X\leqslant 0\}=P\{\phi\}=0$，所以 $f_Y(y)=0$.

当 $y>0$ 时，$F_Y(y)=P\{\mathrm{e}^X\leqslant y\}=P\{X\leqslant \ln y\}=F_X(\ln y)$.

将上式两边对 y 求导，得 $f_Y(y)=\dfrac{1}{y}f_X(\ln y)=\begin{cases}\dfrac{1}{y}, & 1\leqslant y\leqslant \mathrm{e},\\ 0, & y>\mathrm{e}.\end{cases}$

因此 $Y=\mathrm{e}^X$ 的密度函数为 $f_Y(y)=\begin{cases}\dfrac{1}{y}, & 1\leqslant y\leqslant \mathrm{e},\\ 0, & \text{其他}.\end{cases}$

（2）由 $Y=-2\ln X$ 知，Y 的取值必为非负.

当 $y\leqslant 0$ 时，因为 $F_Y(y)=P\{Y\leqslant y\}=0$，所以 $f_Y(y)=0$.

当 $y>0$ 时，$F_Y(y)=P\{-2\ln X\leqslant y\}=P\left\{X\geqslant \mathrm{e}^{-\frac{y}{2}}\right\}=1-P\left\{X<\mathrm{e}^{-\frac{y}{2}}\right\}=1-F_X\left(\mathrm{e}^{-\frac{y}{2}}\right)$.

将上式两边对 y 求导，得 $f_Y(y)=\dfrac{1}{2}\mathrm{e}^{-\frac{y}{2}}f_X\left(\mathrm{e}^{-\frac{y}{2}}\right)=\dfrac{1}{2}\mathrm{e}^{-\frac{y}{2}}$.

故 $Y=-2\ln X$ 的密度函数为 $f_Y(y)=\begin{cases}\dfrac{1}{2}\mathrm{e}^{-\frac{y}{2}}, & y>0,\\ 0, & y\leqslant 0.\end{cases}$

（3）当 $y\leqslant 0$ 时，$F_Y(y)=P\{Y\leqslant y\}=P\{\mathrm{e}^X\leqslant y\}=0$.

当 $y>0$ 时，$F_Y(y)=P\{\mathrm{e}^X\leqslant y\}=P\{X\leqslant \ln y\}=F_X(\ln y)$.

当 $0<y<1$ 时，$F_Y(y)=0$.

当 $1\leqslant y\leqslant \mathrm{e}$ 时，$F_Y(y)=\int_{-\infty}^{\ln y}f_X(x)\mathrm{d}x=\int_{-\infty}^{0}0\mathrm{d}x+\int_0^{\ln y}1\mathrm{d}x=\ln y$.

当 $y>\mathrm{e}$ 时，$F_Y(y)=1$.

故分布函数为 $F_Y(y)=\begin{cases}0, & y<1,\\ \ln y, & 1\leqslant y\leqslant \mathrm{e},\\ 1, & y>\mathrm{e}.\end{cases}$

第三章　多维随机变量

一、基本要求

1. 理解二维随机变量的分布函数的基本概念和性质；理解离散型随机变量的联合概率分布、边缘分布和条件分布的概念；理解连续型随机变量的联合概率密度、边缘密度和条件密度的概念；会利用二维概率分布求有关事件的概率.

2. 理解随机变量的独立性及不相关性的概念及其联系和区别，掌握随机变量独立的条件.

3. 掌握二维均匀分布；了解二维正态分布的概率密度，理解其中参数的概率意义.

4. 掌握根据两个随机自变量的联合分布，求其较简单函数的分布的基本方法；会根据两个或多个独立随机变量的分布求其较简单函数的分布.

二、知识网络图

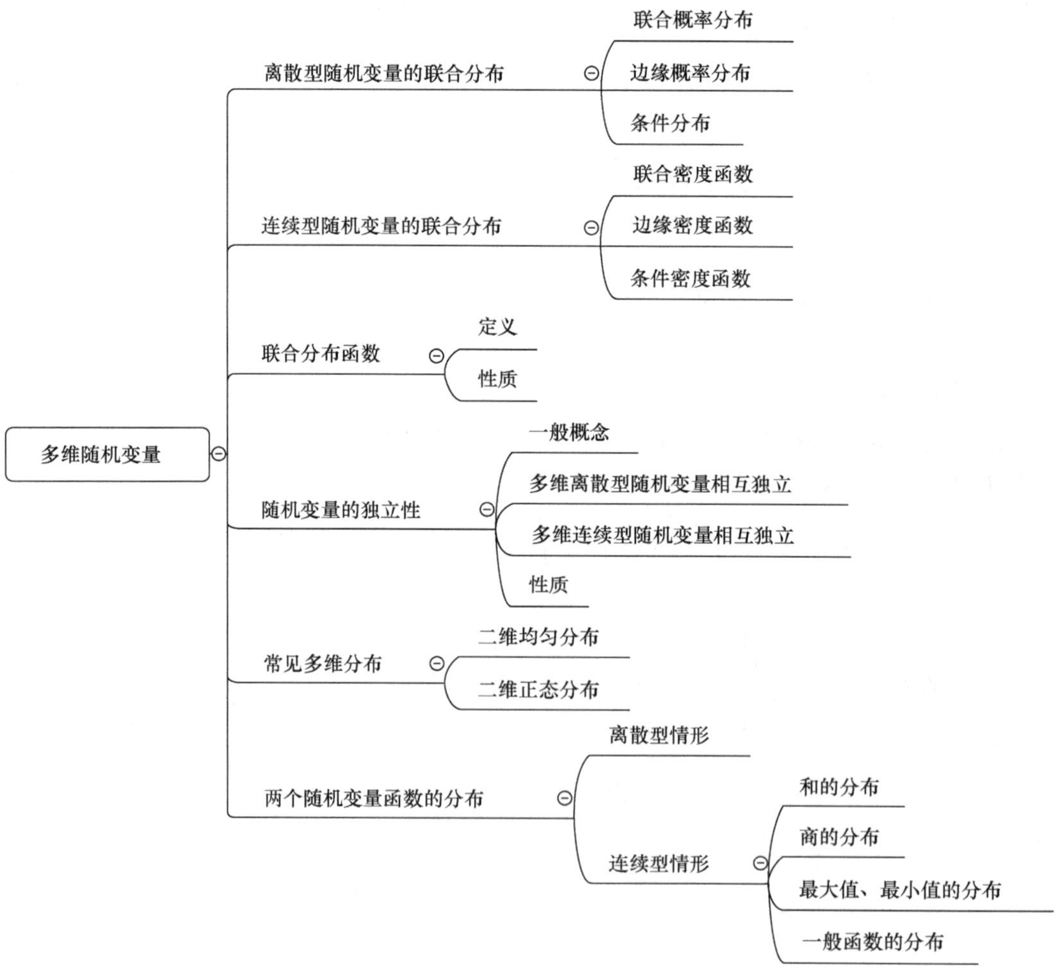

三、知识总结

(一)离散型随机变量的联合分布

主要讨论两个离散型随机变量的联合分布，多个随机变量的情形完全类似.

1. 联合概率分布

设离散型随机变量 X 和 Y 的一切可能取值的集合为 $\{x_i\}$ 和 $\{y_j\}$，则 X 和 Y 的联合概率分布表示为 $P\{X=x_i, Y=y_j\}=p_{ij}$. 有时以列表的形式表示，如表 3-1 所示.

表 3-1　联合概率分布

X	Y					$p_{i\cdot}=\sum_j p_{ij}$
	y_1	y_2	$\cdots$	y_t	$\cdots$	
x_1	p_{11}	p_{12}	$\cdots$	p_{1t}	$\cdots$	$p_{1\cdot}$
x_2	p_{21}	p_{22}	$\cdots$	p_{2t}	$\cdots$	$p_{2\cdot}$
$\vdots$	$\vdots$	$\vdots$		$\vdots$	$\vdots$	$\vdots$
x_s	p_{s1}	p_{s2}	$\cdots$	p_{st}	$\cdots$	$p_{s\cdot}$
$\vdots$	$\vdots$	$\vdots$	$\cdots$	$\vdots$	$\vdots$	$\vdots$
$p_{\cdot j}=\sum_i p_{ij}$	$p_{\cdot 1}$	$p_{\cdot 2}$	$\cdots$	$p_{\cdot t}$	$\cdots$	1

其中 $p_{ij}\geqslant 0, \sum_i\sum_j p_{ij}=1$.

2. 边缘概率分布

随机变量 X 或 Y 的概率分布称作其联合分布的边缘分布：

$$P\{X=x_i\}=\sum_j P\{X=x_i,Y=y_j\}=\sum_j p_{ij}=p_{i\cdot},$$

$$P\{Y=y_j\}=\sum_i P\{X=x_i,Y=y_j\}=\sum_i p_{ij}=p_{\cdot j}.$$

表 3.1 的左右两列恰好是其中一个随机变量的概率分布，上下两行恰好是另一个随机变量的概率分布.

3. 条件分布

随机变量 Y 在 $\{X=x_k\}$ 条件下的条件概率分布为

$$P\{Y=y_j \mid X=x_i\}=\frac{P\{X=x_i,Y=y_j\}}{P\{X=x_k\}}=\frac{P_{kj}}{P_{k\cdot}}=\frac{P_{kj}}{\sum_i P_{ki}}\ (j=1,2,\ldots).$$

亦称“Y 关于 $\{X=x_k\}$ 的条件分布”. 对于给定的 x_k，只要 $P\{X=x_k\}\neq 0$，条件分布就有定义，并且具有（无条件）概率分布的一切性质.

(二)连续型随机变量的联合分布

连续型随机变量的联合概率分布由联合密度表示.

1. 联合密度函数

对于两个连续型随机变量 X 和 Y，(X,Y) 可视为平面上的点. 对于平面上的任意区域 G，称函数 $f(x,y)$ 为 (X,Y) 的概率密度或 X 和 Y 的联合（概率）密度函数，那么点 (X,Y) 属于 G 的概率可以通过非负函数 $f(x,y)$ 的积分表示为

$$P\{(X,Y)\in G\}=\iint_G f(x,y)\,\mathrm{d}x\mathrm{d}y.$$

特别地，对于矩形区域 $G=\{(x,y)\mid a<x<b,c<y<d\}$，有

$$P\{a<X<b,c<Y<d\}=\int_a^b\int_c^d f(x,y)\mathrm{d}x\mathrm{d}y.$$

联合概率密度具有如下性质：

$$f(x,y)\geqslant 0,\quad \int_{-\infty}^{+\infty}\int_{-\infty}^{+\infty} f(x,y)\mathrm{d}x\mathrm{d}y=1.$$

2. 边缘密度函数

随机变量 X 和 Y 的概率密度 $f_X(x)$ 和 $f_Y(y)$ 可由其联合密度 $f(x,y)$ 表示为

$$f_X(x)=\int_{-\infty}^{+\infty} f(x,y)\mathrm{d}y,\quad f_Y(y)=\int_{-\infty}^{+\infty} f(x,y)\mathrm{d}x,$$

称作联合密度 $f(x,y)$ 的边缘密度函数.

3. 条件密度函数

对于任意 x，若 $f_X(x)>0$，则称 $f_{Y|X}(y\mid x)=\dfrac{f(x,y)}{f_X(x)}$ $(-\infty<y<+\infty)$ 为 Y 关于 $\{X=x\}$ 的条件密度函数. 同样可以定义 X 关于 $\{Y=y\}$ 的条件密度函数. 由上式，得密度乘法公式

$$f(x,y)=f_X(x)f_{Y|X}(y\mid x)=f_Y(y)f_{X|Y}(x\mid y).$$

（三）联合分布函数

1. 定义

（1）称 n 元函数 $F(x_1,x_2,\cdots,x_n)=P\{X_1\leqslant x_1,X_2\leqslant x_2,\cdots,X_n\leqslant x_n\}$ 为随机变量 $X_1,X_2,\cdots,X_n$ 的联合分布函数，或随机向量 $\boldsymbol{X}=(X_1,X_2,\cdots,X_n)$ 的分布函数.

（2）随机变量 $X_1,X_2,\cdots,X_n$ 中每个变量的分布函数以及其中任意个变量的联合分布函数，称为 $F(x_1,x_2,\cdots,x_n)$ 的边缘分布函数.

2. 联合分布函数 $F(x,y)$ 的性质

（1）$0\leqslant F(x,y)\leqslant 1$，且对于每一自变量单调不减.

（2）$F(x,y)$ 对于每一自变量右连续.

（3）$F(x,-\infty)=F(-\infty,y)=0$，$F(+\infty,+\infty)=1$.

（4）对于任意实数 $a<b$，$c<d$，有

$$P\{a<X\leqslant b,\ c<Y\leqslant d\}=F(b,d)-F(b,c)-F(a,d)+F(a,c).$$

（5）已知随机变量 X 和 Y 的联合分布函数 $F(x,y)$，可得分别关于随机变量 X,Y 的边缘分布函数 $F_X(x)$ 和 $F_Y(y)$：$F_X(x)=F(x,+\infty)$，$F_Y(y)=F(+\infty,y)$.

（6）二维连续型随机变量 X,Y 的联合分布函数 $F(x,y)$，可由联合密度函数 $f(x,y)$ 表示：

$$F(x,y)=\int_{-\infty}^{x}\int_{-\infty}^{y}f(u,v)\mathrm{d}u\mathrm{d}v\ (-\infty<x,y<+\infty).$$

且对于 $f(x,y)$ 的连续点 (x,y)，有 $\dfrac{\partial^2 F(x,y)}{\partial x\partial y}=f(x,y)$.

注意，联合分布函数完全决定多维随机变量的联合分布，但是它不便于描绘具体的随机变量，多用于一般性研究，况且联合分布函数很少有简单的数学表达式. 实际中遇到的分布有离散型和连续型两大类，分别描绘离散型和连续型随机变量.

（四）随机变量的独立性

1. 一般概念

（1）随机变量相互独立

若多维随机变量 $X_1,X_2,\cdots,X_m$ 的联合分布函数

$$F(x_1,x_2,\cdots,x_m)=F_{X_1}(x_1)F_{X_2}(x_2)\cdots F_{X_m}(x_m),$$

其中 $F_{X_k}(x_k)\ (k=1,2,\cdots,m)$ 是随机变量 X_k 的分布函数，则称随机变量 $X_1,X_2,\cdots,X_m$ 为相互独立的.

（2）随机向量相互独立

若 $F(x_1,\cdots,x_m,x_{m+1},\cdots,x_n)=F_1(x_1,\cdots,x_m)\ F_2(x_{m+1},\cdots,x_n)$ 成立，则称随机向量 $(X_1,\cdots,X_m)$ 与随机向量 $(X_{m+1},\cdots,X_n)$ 相互独立.

（3）随机变量列相互独立

若对于任意 $m\geqslant 2$，变量 $X_1,X_2,\cdots,X_m$ 相互独立，则称随机变量列 $X_1,X_2,\cdots,X_n,\cdots$ 相互独立.

2. 多维离散型随机变量相互独立

若对于其一切可能值 $a,b,\cdots,h$，有

$$P\{X_1=a,X_2=b,\cdots,X_m=h\}=P\{X_1=a\}P\{X_2=b\}\cdots P\{X_m=h\},$$

则称离散型随机变量 $X_1,X_2,\cdots,X_m$ 相互独立.

3. 多维连续型随机变量相互独立

若多维连续型随机变量的联合密度函数等于各随机变量密度函数的乘积：

$$f(x_1,x_2,\cdots,x_m)=f_{X_1}(x_1)f_{X_2}(x_2)\cdots f_{X_m}(x_m),$$

则称连续型随机变量 $X_1,X_2,\cdots,X_m$ 相互独立.

4. 性质

（1）若 $X_1,X_2,\cdots,X_m$ 相互独立，则其中任意 $k(2\leqslant k\leqslant m)$ 个随机变量也相互独立.

（2）若随机变量 $X_1,X_2,\cdots,X_m$ 相互独立，则它们的函数也相互独立.

（3）若两个随机变量独立，则一个随机变量关于另一个随机变量的条件分布就是其无条件分布.

（五）常见多维分布

1. 二维均匀分布

设 D 为有界的平面闭区域，其面积为 S. 若随机变量 X,Y 的联合密度函数为

$$f(x,y)=\begin{cases}1/S, & (x,y)\in D,\\ 0, & (x,y)\notin D,\end{cases}$$

则称(X,Y)服从区域D上的二维均匀分布.

2. 二维正态分布

如果二维随机变量(X,Y)的概率密度为

$$f(x,y)=\frac{1}{2\pi\sigma_1\sigma_2\sqrt{1-\rho^2}}\mathrm{e}^{-\frac{1}{2(1-\rho^2)}\left[\frac{(x-\mu_1)^2}{\sigma_1^2}-2\rho\frac{(x-\mu_1)(y-\mu_2)}{\sigma_1\sigma_2}+\frac{(y-\mu_2)^2}{\sigma_2^2}\right]}\ (-\infty<x<+\infty,-\infty<y<+\infty),$$

其中$\mu_1,\mu_2,\sigma_1^2,\sigma_2^2,\rho$都是参数，且$\sigma_1>0$，$\sigma_2>0$，$|\rho|<1$，则称$(X,Y)$服从二维正态分布，记为$(X,Y)\sim N(\mu_1,\sigma_1^2;\mu_2,\sigma_2^2;\rho)$.

（六）两个随机变量函数的分布

1. 离散型情形

设二维随机变量X,Y的联合概率为$P\{X=x_i,Y=y_j\}=p_{ij}$，则函数$Z=g(X,Y)$的概率分布为$P\{Z=z_k\}=\sum\limits_{g(x_i,y_j)=z_k}P\{X=x_i,Y=y_j\}$.

2. 连续型情形

（1）和的分布

设二维随机变量X,Y的联合密度函数为$f(x,y)$，则函数$Z=X+Y$的分布函数为

$$F_Z(z)=P\{Z\leqslant z\}=P\{X+Y\leqslant z\}=\iint\limits_{x+y\leqslant z}f(x,y)\mathrm{d}x\mathrm{d}y,$$

密度函数为$f_Z(z)=\frac{\mathrm{d}}{\mathrm{d}z}(F_Z(z))=\frac{\mathrm{d}}{\mathrm{d}z}(\iint\limits_{x+y\leqslant z}f(x,y)\mathrm{d}x\mathrm{d}y)$.

一般地，若$X\sim N(\mu_1,\sigma_1^2),Y\sim N(\mu_2,\sigma_2^2)$且相互独立，则$X+Y\sim N(\mu_1+\mu_2,\sigma_1^2+\sigma_2^2)$.

（2）商的分布

若二维随机变量X,Y的概率密度函数为$f(x,y)$，则$Z=X/Y$的概率密度函数为

$$f_z(z)=\int_{-\infty}^{+\infty}|y|f(yz,y)\mathrm{d}y.$$

（3）最大值、最小值的分布

设X与Y相互独立，分布函数分别为$F_X(x)$和$F_Y(y)$，令$M=\max(X,Y)$，$N=\min(X,Y)$，则M的分布函数为

$$F_M(z)=P\{M\leqslant z\}=P\{X\leqslant z,Y\leqslant z\}=F_X(z)F_Y(z),$$

而N的分布函数为

$$F_N(z)=1-P\{N>z\}=1-P\{X>z\text{且}Y>z\}=1-[1-F_X(z)][1-F_Y(z)].$$

（4）一般函数的分布

二维连续型随机变量X,Y的联合密度函数为$f(x,y)$，则随机变量函数$Z=g(X,Y)$的分布函数为

$$F_Z(z)=P\{Z\leqslant z\}=P\{g(X,Y)\leqslant z\}=\iint\limits_{g(x,y)\leqslant z} f(x,y)\mathrm{d}x\mathrm{d}y$$

四、典型例题

【例 3.1】已知 (X,Y) 的联合分布函数为 $F(x,y)=\begin{cases}\frac{1}{2}x(1-\mathrm{e}^{-y}), & 0\leqslant x\leqslant 2, y>0,\\ 1-\mathrm{e}^{-2y}, & x>2, y>0,\\ 0, & \text{其他}.\end{cases}$ 求边缘分布函数.

【分析】应用 $F_X(x)=\lim\limits_{y\to+\infty}F(x,y)$ 求解 $F_X(x)$，注意对 x 进行讨论.

【解】当 $0\leqslant x\leqslant 2$ 时，$F_X(x)=\lim\limits_{y\to+\infty}F(x,y)=\lim\limits_{y\to+\infty}\dfrac{x(1-\mathrm{e}^{-y})}{2}=\dfrac{x}{2}$，

当 $x>2$ 时，$F_X(x)=\lim\limits_{y\to+\infty}F(x,y)=\lim\limits_{y\to+\infty}(1-\mathrm{e}^{-y})=1$，

所以 $F_X(x)=\begin{cases}\dfrac{x}{2}, & 0\leqslant x\leqslant 2,\\ 1, & x>2,\\ 0, & x<0.\end{cases}$ 同理，$F_Y(y)=\begin{cases}1-\mathrm{e}^{-2y}, & y>0,\\ 0, & y\leqslant 0.\end{cases}$

【例 3.2】设 (X,Y) 的联合分布列为

Y	X		
	x_1	x_2	x_3
y_1	a	$1/9$	c
y_2	$1/9$	b	$1/3$

若 X,Y 独立，求 a,b,c .

【分析】根据独立性的定义，注意到 p_{22} 的特殊性，可先求出 b，这样余下的未知数就容易求得了.

【解】 $p_{22}=\left(b+\dfrac{1}{9}\right)\left(b+\dfrac{4}{9}\right)=b\Rightarrow b=\dfrac{2}{9}$，

$p_{12}=\left(a+\dfrac{1}{9}\right)\left(b+\dfrac{4}{9}\right)=\dfrac{1}{9}\Rightarrow a=\dfrac{1}{18}$，$\sum\sum p_{ij}=1\Rightarrow c=\dfrac{1}{6}$.

【例 3.3】已知随机变量 X_1 和 X_2 满足 $P\{X_1X_2=0\}=1$，且概率分布列分别为

X_1	-1	0	1
P	$1/4$	$1/2$	$1/4$

X_2	0	1
P	$1/2$	$1/2$

（1）求 X_1 和 X_2 的联合分布；

（2）X_1 和 X_2 是否独立？为什么？

【分析】$P\{X_1X_2=0\}=1$的意思是“X_1与X_2至少有一个为0”，也就是说X_1与X_2不能独立取值，故知二者不独立，此式也反映了X_1与X_2的相互依赖关系，自然能想到从此式着手解此题.

【解】（1）由$P\{X_1X_2=0\}=1$知$P\{X_1X_2\neq 0\}=0$，即$P\{X_1=-1,X_2=1\}=P\{X_1=1,X_2=1\}=0$. 于是$X_1$和$X_2$的联合分布列为

X_1	X_2		$P_{i\cdot}$
	0	1	
−1	p_{11}	0	1/4
0	p_{21}	p_{22}	1/2
1	p_{31}	0	1/4
$P_{\cdot j}$	1/2	1/2	1

从而利用边缘分布律与联合分布律的关系知

$$P\{X_1=-1\}=P\{X_1=-1,X_2=0\}+P\{X_1=-1,X_2=1\},$$

即$p_{11}+0=\dfrac{1}{4}$，从而得$p_{11}=\dfrac{1}{4}$.

同理可知$p_{31}=\dfrac{1}{4}, p_{22}=\dfrac{1}{2}, p_{21}=0$.故$X_1$和$X_2$的联合分布列为

X_1	X_2		$P_{i\cdot}$
	0	1	
−1	1/4	0	1/4
0	0	1/2	1/2
1	1/4	0	1/4
$P_{\cdot j}$	1/2	1/2	1

（2）由以上结果知$P\{X_1=0,X_2=0\}=0$，而$P\{X_1=0\}P\{X_2=0\}=\dfrac{1}{2}\times\dfrac{1}{2}=\dfrac{1}{4}\neq 0$.

可见，X_1与X_2不独立.

【例3.4】设随机变量X_1,X_2,X_3相互独立，且有相同的概率分布：

$$P\{X_i=1\}=p,\ P\{X_i=0\}=q,\ i=1,2,3,\ p+q=1.$$

记$Y_1=\begin{cases}0, & X_1+X_2\text{为偶数},\\1, & X_1+X_2\text{为奇数},\end{cases}$ $Y_2=\begin{cases}0, & X_1+X_3\text{为偶数},\\1, & X_1+X_3\text{为奇数}.\end{cases}$ 求$Z=Y_1Y_2$的概率分布.

【分析】注意Z的值是离散的且只取有限个值，因此根据X，Y的分布，Z的定义转化为X的情形可最终求出分布律.

【解】根据定义和独立性知：

$$\begin{aligned}P\{Z=1\}&=P\{Y_1Y_2=1\}=P(X_1+X_2\text{为奇数},X_1+X_3\text{为奇数})\\&=P\{X_1=0\}P\{X_2=1\}P\{X_3=1\}+P\{X_1=1\}P\{X_2=0\}P\{X_3=0\}=pq.\end{aligned}$$

同理可得$P\{Z=0\}=1-pq$，而Z只能取0和1，因而分布律已求出.

【例 3.5】 设 U 在 $[-2,2]$ 上服从均匀分布，随机变量 $X=\begin{cases}-1, & U\leqslant -1,\\ 1, & U>-1,\end{cases}$ $Y=\begin{cases}-1, & U\leqslant 1,\\ 1, & U>1.\end{cases}$ 试求（1）X 和 Y 的联合概率分布；（2）X 与 Y 是否独立？

【分析】 X，Y 各有 2 种可能取值，因而搭配有 4 种可能.

【解】 $P\{X=-1,Y=-1\}=P\{U\leqslant -1,U\leqslant 1\}=P\{U\leqslant -1\}=\dfrac{1}{4}$，

同理可求得 $P\{X=-1,Y=1\}=0$，$P\{X=1,Y=-1\}=\dfrac{1}{2}$，$P\{X=1,Y=1\}=\dfrac{1}{4}$.

易得 X 和 Y 的边缘分布列为

X	-1	1
P	$1/4$	$3/4$

Y	-1	1
P	$3/4$	$1/4$

由于 $P\{X=-1,Y=1\}\neq P\{X=-1\}P\{Y=1\}$，故 X 和 Y 不独立.

【例 3.6】 若 ξ_1,ξ_2,ξ_3,ξ_4 独立同分布，且 $P\{\xi_i=0\}=0.6,\ P\{\xi_i=1\}=0.4,\ i=1,2,3,4.$

求：行列式 $\xi=\begin{vmatrix}\xi_1 & \xi_2\\ \xi_3 & \xi_4\end{vmatrix}$ 的概率分布.

【分析】 注意到 $\xi_i\xi_j$ 只能取 0 或 1，ξ 只能取 -1、0 或 1，分别讨论即可.

【解】 记 $\eta_1=\xi_1\xi_4,\eta_2=\xi_2\xi_3$，则 $\xi=\xi_1\xi_4-\xi_2\xi_3=\eta_1-\eta_2$. 由于 ξ_1,ξ_2,ξ_3,ξ_4 相互独立，故 η_1,η_2 也相互独立，且 η_1,η_2 都只能取 0 或 1，而

$$P\{\eta_1=1\}=P\{\eta_2=1\}=P\{\xi_2=1,\xi_3=1\}=P\{\xi_2=1\}P\{\xi_3=1\}=0.16,$$
$$P\{\eta_1=0\}=P\{\eta_2=0\}=1-0.16=0.84.$$

随机变量 $\xi=\eta_1-\eta_2$ 有 3 个可能取值 -1、0 或 1，易见

$$P\{\xi=-1\}=P\{\eta_1=0,\eta_2=1\}=P\{\eta_1=0\}P\{\eta_2=1\}=0.84\times 0.16=0.134\,4,$$
$$P\{\xi=1\}=P\{\eta_1=1,\eta_2=0\}=P\{\eta_1=1\}P\{\eta_2=0\}=0.16\times 0.84=0.134\,4,$$
$$P\{\xi=0\}=1-P\{\xi=-1\}-P\{\xi=1\}=0.731\,2.$$

于是行列式 ξ 的概率分布为

ξ	-1	0	1
P	0.134 4	0.731 2	0.134 4

【例 3.7】 设二维随机变量 (X,Y) 的概率密度为 $f(x,y)=\begin{cases}A\mathrm{e}^{-Ay}, & 0<x<y,\\ 0, & \text{其他}.\end{cases}$（1）确定常数 A；（2）求随机变量 X 的密度 $f_X(x)$；（3）求概率 $P\{X+Y\leqslant 1\}$.

【分析】 对于二维连续型求边缘分布，计算 $f_X(x)=\int_{-\infty}^{+\infty}f(x,y)\mathrm{d}y$ 时要注意对 x 进行讨论，方法是把 $f(x,y)$ 非零时的自变量区域向 x 轴投影即得所求讨论区间. 同理可求出 $f_Y(y)$. 求满足一定条件（不论这个条件为等式还是不等式）的概率时，只须将 $f(x,y)$ 在此条件下求积分即可，如 $P\{g(X,Y)\leqslant z_0\}=\iint\limits_{g(x,y)\leqslant z_0}f(x,y)\mathrm{d}x\mathrm{d}y$，$P\{Y\geqslant X^2\}=\iint\limits_{y\geqslant x^2}f(x,y)\mathrm{d}x\mathrm{d}y$.

【解】（1）记 D 为 $f(x,y)$ 的零区域，即 $D=\{(x,y)\mid 0<x<y\}$，其图形如图 3-1 所示.

由联合密度的性质得 $\int_{-\infty}^{+\infty}\int_{-\infty}^{+\infty} f(x,y)\mathrm{d}x\mathrm{d}y=1$，

从而有 $1=\int_{-\infty}^{+\infty}\int_{-\infty}^{+\infty} f(x,y)\mathrm{d}x\mathrm{d}y=\iint_D A\mathrm{e}^{-Ay}\mathrm{d}x\mathrm{d}y=\int_0^{+\infty}\mathrm{d}x\int_x^{+\infty}A\mathrm{e}^{-Ay}\mathrm{d}y=\frac{1}{A}$.

因此，$A=1$.

（2）X 的边缘密度函数为

$$f_X(x)=\int_{-\infty}^{+\infty} f(x,y)\mathrm{d}y=\begin{cases}\int_x^{+\infty}\mathrm{e}^{-y}\mathrm{d}y, & x>0,\\ 0, & x\leqslant 0,\end{cases}=\begin{cases}\mathrm{e}^{-x}, & x>0,\\ 0, & x\leqslant 0.\end{cases}$$

（3）设 $G=\{(x,y)\mid x+y\leqslant 1\}$，则 $D\cap G$ 如图 3-2 所示．故

$$P\{X+Y\leqslant 1\}=\iint_G f(x,y)\mathrm{d}x\mathrm{d}y=\iint_{D\cap G}\mathrm{e}^{-y}\mathrm{d}x\mathrm{d}y=\int_0^{\frac{1}{2}}\mathrm{d}x\int_x^{1-x}\mathrm{e}^{-y}\mathrm{d}y=1+\mathrm{e}^{-1}-2\mathrm{e}^{-\frac{1}{2}}.$$

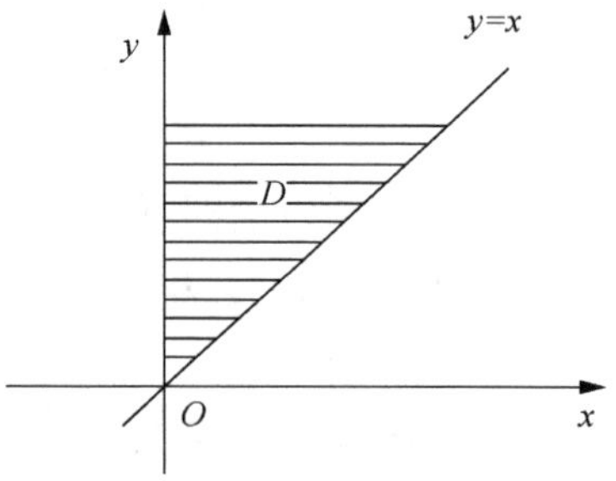

图 3-1

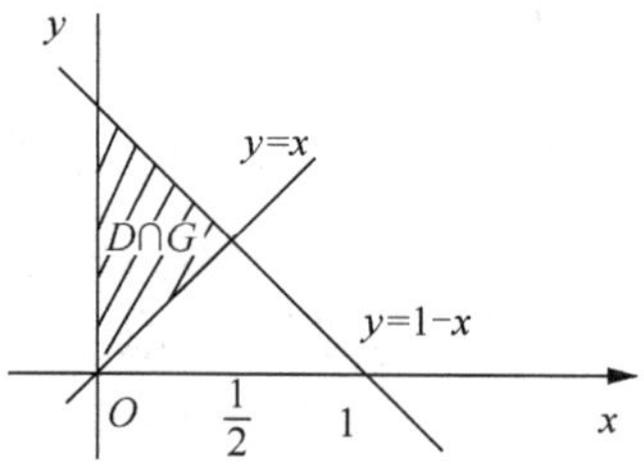

图 3-2

【例 3.8】设随机变量 X 和 Y 的联合分布是正方形 $G=\{(x,y)\mid 1\leqslant x\leqslant 3, 2\leqslant y\leqslant 3\}$ 上的均匀分布．试求随机变量 $U=|X-Y|$ 的概率密度 $f_U(u)$．

【分析】对于二元连续型随机变量函数，通常先求分布函数再求导.

【解】X,Y 的联合密度函数为 $f(x,y)=\begin{cases}\frac{1}{4}, & 1\leqslant x\leqslant 3, 2\leqslant y\leqslant 4,\\ 0, & \text{其他}.\end{cases}$ 于是有

$$F_U(u)=P\{U\leqslant u\}=P\{|X-Y|\leqslant u\}.$$

当 $u\leqslant 0$ 时，$F_U(u)=0$；

当 $0<u<2$ 时，$F_U(u)=\iint_{|x-y|\leqslant u}\frac{1}{4}\mathrm{d}x\mathrm{d}y=\frac{1}{4}[4-(2-u)^2]=1-\frac{1}{4}(2-u)^2$；

当 $u\geqslant 2$ 时，$F_U(u)=1$.

于是 $f_U(u)=\begin{cases}\frac{1}{2}(2-u), & 0<u<2,\\ 0, & \text{其他}.\end{cases}$

【例 3.9】设 X 和 Y 为两个随机变量，且 $P\{X\geqslant 0\}=P\{Y\geqslant 0\}=\frac{4}{7}$, $P\{X\geqslant 0, Y\geqslant 0\}=\frac{3}{7}$，求 $P\{\max(X,Y)\geqslant 0\}$.

【分析】易知 X 与 Y 不独立，若能运用 $\max(X,Y)>z \Leftrightarrow (X>z\text{或}Y>z)$（注意此等价式

的右边是“或”而不是“且”)，再结合事件并的概率计算公式，可解此题. 若未用此式，则运用例 3.9 中的分析和对偶律也可间接得到结果，解的过程如下（注意此题不能利用独立性）.

【解】$P\{\max(X,Y)\geqslant 0\}=1-P\{\max(X,Y)<0\}$

$=1-P\{X<0且Y<0\}=1-[1-P\{X\geqslant 0或Y\geqslant 0\}]$

$=P\{X\geqslant 0或Y\geqslant 0\}=P\{X\geqslant 0\}+P\{Y\geqslant 0\}-P\{X\geqslant 0,Y\geqslant 0\}=\dfrac{5}{7}$.

【例 3.10】设随机变量 X 与 Y 相互独立，其概率密度函数分别为

$$p_X(x)=\begin{cases}1, & 0\leqslant x\leqslant 1,\\ 0, & 其他,\end{cases}\qquad p_Y(y)=\begin{cases}2y, & 0\leqslant y\leqslant 1,\\ 0, & 其他.\end{cases}$$

求随机变量 $Z=X+Y$ 的分布函数 $F_Z(z)$.

【分析】可按分布函数的定义先求得 $F_Z(z)=P\{Z\leqslant z\}$，再进一步求得概率密度函数 $p_Z(z)$. 在计算此积分时要分各种情况进行讨论（见图 3-3）. 讨论的依据是：$p(x,y)>0$ 的区域与动直线 $x+y=z$（其中 z 为未知常数）的相交情况形成的区域进行积分.

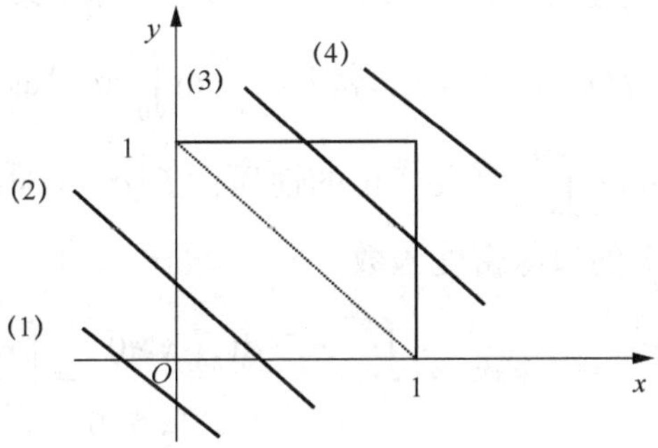

图 3-3

【解】当 $z<0$ 时，$F_Z(z)=0$；

当 $0\leqslant z\leqslant 1$ 时，$F_Z(z)=\int_0^z\int_0^{z-x}2y\mathrm{d}x\mathrm{d}y=\dfrac{z^3}{3}$；

当 $1<z\leqslant 2$ 时，$F_Z(z)=\int_0^{z-1}\int_0^1 2y\mathrm{d}x\mathrm{d}y+\int_{z-1}^1\int_0^{z-x}2y\mathrm{d}x\mathrm{d}y=\dfrac{3z^2-z^3}{3}-\dfrac{1}{3}$；

当 $z>2$ 时，$F_Z(z)=\int_0^1\int_0^1 2y\mathrm{d}x\mathrm{d}y=1$.

$$所以\ F_Z(z)=\begin{cases}0, & z<0,\\ \dfrac{z^3}{3}, & 0\leqslant z\leqslant 1,\\ \dfrac{3z^2-z^3}{3}-\dfrac{1}{3}, & 1<z\leqslant 2,\\ 1, & z>2.\end{cases}$$

【例 3.11】设随机变量 X 和 Y 相互独立，其中 X 的分布列如右图所示，而 Y 的概率密度为 $f(y)$，求随机变量 $Z=X+Y$ 的概率密度 $g(z)$.

X	1	2
P	0.3	0.7

【分析】本题仍是用分布函数法求解，由于一个是离散型，一个是连续型，因此可用全概率公式求之.

【解】$F_Z(z)=P\{X+Y\leqslant z\}$

$$\begin{aligned}&=P\{X=1\}P\{X+Y\leqslant z\mid X=1\}+P\{X=2\}P\{X+Y\leqslant z\mid X=2\}\\&=0.3P\{X+Y\leqslant z\mid X=1\}+0.7P\{X+Y\leqslant z\mid X=2\}\\&=0.3P\{Y\leqslant z-1\mid X=1\}+0.7P\{Y\leqslant z-2\mid X=2\}.\end{aligned}$$

由于 X 和 Y 相互独立，所以

$$F_Z(z)=0.3P\{Y\leqslant z-1\}+0.7P\{Y\leqslant z-2\},$$

两边求导从而得到 $g(z)=0.3f(z-1)+0.7f(z-2)$.

【例 3.12】设随机变量 (X,Y) 的联合概率密度为 $f(x,y)=\begin{cases}cx\mathrm{e}^{-y}, & 0<x<y<+\infty,\\0, & \text{其他}.\end{cases}$

（1）求常数 c；（2）X 与 Y 是否独立？为什么？（3）求 $f_{X|Y}(x\mid y),\ f_{Y|X}(y\mid x)$；

（4）求 $P\{X<1\mid Y<2\},P\{X<1\mid Y=2\}$；（5）求 (X,Y) 的联合分布函数；

（6）求 $Z=X+Y$ 的密度函数；（7）求 $P\{X+Y<1\}$；（8）求 $P\{\min(X,Y)<1\}$.

【解】（1）根据 $\int_{-\infty}^{+\infty}\int_{-\infty}^{+\infty}f(x,y)\mathrm{d}x\mathrm{d}y=1$，得 $1=\int_0^{+\infty}\mathrm{d}y\int_0^{y}cx\mathrm{e}^{-y}\mathrm{d}y=\frac{c}{2}\int_0^{+\infty}y^2\mathrm{e}^{-y}\mathrm{d}y=\frac{c}{2}\Gamma(3)=c.$

这里利用特殊函数 $\Gamma(\alpha)=\int_0^{+\infty}x^{\alpha-1}\mathrm{e}^{-x}\mathrm{d}x$ 的性质：$\Gamma(\alpha+1)=\alpha\Gamma(\alpha)$，故 $c=1$.

（2）先分别计算 X 和 Y 的边缘密度函数.

$$f_X(x)=\int_{-\infty}^{+\infty}f(x,y)\mathrm{d}y=\begin{cases}\int_x^{+\infty}x\mathrm{e}^{-y}\mathrm{d}y, & x>0\\0, & x\leqslant 0\end{cases}=\begin{cases}x\mathrm{e}^{-x}, & x>0,\\0, & x\leqslant 0.\end{cases}$$

$$f_Y(y)=\int_{-\infty}^{+\infty}f(x,y)\mathrm{d}x=\begin{cases}\int_0^{y}x\mathrm{e}^{-y}\mathrm{d}x, & y>0\\0, & y\leqslant 0\end{cases}=\begin{cases}\frac{1}{2}y^2\mathrm{e}^{-y}, & y>0,\\0, & y\leqslant 0.\end{cases}$$

由于在 $0<x<y<+\infty$ 上，$f(x,y)\neq f_X(x)\cdot f_Y(y)$，故 X 与 Y 不独立.

（3）由条件分布密度的定义知

$$f_{X|Y}(x\mid y)=\frac{f(x,y)}{f_Y(y)}=\begin{cases}\frac{2x}{y^2}, & 0<x<y<+\infty,\\0, & \text{其他}.\end{cases}\qquad f_{Y|X}(y\mid x)=\frac{f(x,y)}{f_X(x)}=\begin{cases}\mathrm{e}^{x-y}, & 0<x<y<+\infty,\\0, & \text{其他}.\end{cases}$$

（4）直接由条件概率定义知

$$P\{X<1\mid Y<2\}=\frac{P\{X<1,Y<2\}}{P\{Y<2\}}=\frac{\int_{-\infty}^{1}\int_{-\infty}^{2}f(x,y)\mathrm{d}x\mathrm{d}y}{\int_{-\infty}^{2}f_Y(y)\mathrm{d}y}=\frac{\int_0^1\mathrm{d}x\int_x^2 x\mathrm{e}^{-y}\mathrm{d}y}{\int_0^2\frac{1}{2}y^2\mathrm{e}^{-y}\mathrm{d}y}=\frac{1-2\mathrm{e}^{-1}-\frac{1}{2}\mathrm{e}^{-2}}{1-5\mathrm{e}^{-2}}.$$

又由条件密度的性质知 $P\{X<1\mid Y=2\}=\int_{-\infty}^{1}f_{X|Y}(x\mid 2)\mathrm{d}x$，而 $f_{X|Y}(x\mid 2)=\begin{cases}\frac{x}{2}, & 0<x<2,\\0, & \text{其他}.\end{cases}$

所以，$P\{X<1\mid Y=2\}=\int_0^1\frac{x}{2}\mathrm{d}x=\frac{1}{4}.$

（5）由于 $F(x,y)=P\{X\leqslant x,Y\leqslant y\}$，故有：

当 $x<0$ 或 $y<0$ 时，$F(x,y)=0$.

当 $0\leqslant y<x<+\infty$ 时，有

$$F(x,y)=P\{X\leqslant x,Y\leqslant y\}=\int_0^y \mathrm{d}v\int_0^v u\mathrm{e}^{-v}\mathrm{d}u=\frac{1}{2}\int_0^y v^2\mathrm{e}^{-v}\mathrm{d}v=1-\left(\frac{1}{2}y^2+y+1\right)\mathrm{e}^{-y}.$$

当 $0\leqslant x<y<+\infty$ 时，有

$$F(x,y)=P\{X\leqslant x,Y\leqslant y\}=\int_0^x \mathrm{d}v\int_u^y u\mathrm{e}^{-v}\mathrm{d}v=\int_0^x u(\mathrm{e}^{-u}-\mathrm{e}^{-y})\,\mathrm{d}u=1-(x+1)\mathrm{e}^{-x}-\frac{1}{2}x^2\mathrm{e}^{-y}.$$

综上知 $F(x,y)=\begin{cases}0, & x<0或y<0,\\ 1-\left(\dfrac{1}{2}y^2+y+1\right)\mathrm{e}^{-y}, & 0\leqslant y<x<+\infty,\\ 1-(x+1)\mathrm{e}^{-x}-\dfrac{1}{2}x^2\mathrm{e}^{-y}, & 0\leqslant x<y<+\infty.\end{cases}$

（6）根据两个随机变量和的密度公式 $f_z(z)=\int_{-\infty}^{+\infty}f(x,z-x)\mathrm{d}x$,

由于要被积函数 $f(x,z-x)$ 非零，只要当 $0<x<z-x$，即 $0<x<\dfrac{z}{2}$ 时，从而有：

当 $f(y)=\begin{cases}\lambda\mathrm{e}^{-\lambda y}, & y\geqslant 0,\\ 0, & y<0\end{cases}$ 时，$f_z(z)=0$.

当 $z\geqslant 0$ 时，$f_z(z)=\int_{-\infty}^{\frac{\pi}{2}}x\mathrm{e}^{-(z-x)}\mathrm{d}x=\mathrm{e}^{-z}\int_0^{\frac{\pi}{2}}x\mathrm{e}^{x}\mathrm{d}x=\mathrm{e}^{-z}+\left(\dfrac{z}{2}-1\right)\mathrm{e}^{-\frac{z}{2}}$.

因此，$f_z(z)=\begin{cases}\mathrm{e}^{-z}+\left(\dfrac{z}{2}-1\right)\mathrm{e}^{-\frac{z}{2}}, & z\geqslant 0,\\ 0, & z<0.\end{cases}$

（7）由于已经求出了 $Z=X+Y$ 的密度，故

$$P\{X+Y<1\}=\int_{-\infty}^1 f_z(z)\mathrm{d}z=\int_0^1\left[\mathrm{e}^{-z}+\left(\frac{z}{2}-1\right)\mathrm{e}^{-\frac{z}{2}}\right]\mathrm{d}z=1-\mathrm{e}^{-\frac{1}{2}}-\mathrm{e}^{-1}.$$

（8）$P\{\min(X,Y)<1\}=1-P\{\min(X,Y)\geqslant 1\}=1-P\{X\geqslant 1,Y\geqslant 1\}$

$$=1-\int_1^{+\infty}\mathrm{d}v\int_1^v u\mathrm{e}^{-v}\mathrm{d}u=1-\frac{1}{2}\int_1^{+\infty}(v^2-1)\mathrm{e}^{-v}\mathrm{d}v=1-2\mathrm{e}^{-1}.$$

第四章　随机变量的数字特征

一、基本要求

1. 理解数学期望的定义，并会利用概念求解随机变量的数学期望；掌握离散型和连续型随机变量函数的数学期望的求解方法；熟悉常见分布的数学期望，熟练掌握数学期望的性质，并会利用它们求数学期望.

2. 掌握方差的定义，并会利用概念进行计算；掌握方差的性质及它们之间和数学期望的关系；熟悉常见分布的方差.

3. 理解相关性和独立性的关系，并会利用它们进行概率的求解.

二、知识网络图

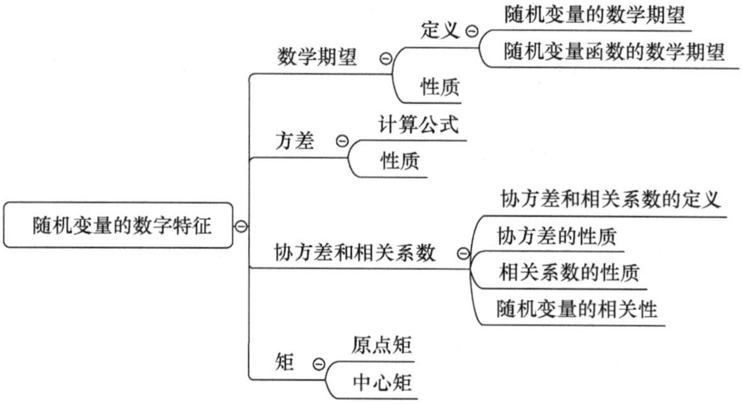

三、知识总结

（一）数学期望

数学期望是度量随机变量取值平均水平的数字特征.

1. 数学期望的定义

（1）随机变量的数学期望

随机变量 X 的数学期望定义为 $E(X)=\begin{cases}\sum\limits_{k} x_k P\{X=x_k\}, & \text{离散型随机变量,}\\ \int_{-\infty}^{+\infty} xf(x)\mathrm{d}x, & \text{连续型随机变量,}\end{cases}$

其中 $\sum$ 表示对 X 的一切可能值求和. 对于离散型随机变量，若可能值个数无限，则要求级数绝对收敛；对于连续型随机变量，要求定义中的积分绝对收敛；否则认为数学期望不存在.

（2）随机变量函数的数学期望

设 $y=g(x)$ 为连续函数或分段连续函数，而 X 是任一随机变量，则随机变量 $Y=g(X)$ 的数学期望可以通过随机变量 X 的概率分布直接来求，而不必先求出 Y 的概率分布再求其数学期望；对于二元函数 $Z=g(X,Y)$，类似可得到. 具体的公式为：

$$E(Y)=E[g(X)]=\begin{cases}\sum\limits_{k} g(x_k)P\{X=x_k\}, & \text{离散型随机变量},\\ \int_{-\infty}^{+\infty} g(x)f(x)\mathrm{d}x, & \text{连续型随机变量}.\end{cases}$$

$$E(Z)=E[g(X,Y)]=\begin{cases}\sum\limits_{i}\sum\limits_{j} g(x_i,y_j)P\{X=x_i,Y=y_j\}, & \text{离散型随机变量},\\ \int_{-\infty}^{+\infty}\int_{-\infty}^{+\infty} g(x,y)f(x,y)\mathrm{d}x\mathrm{d}y, & \text{连续型随机变量}.\end{cases}$$

2. 数学期望的性质

性质 1：$E(c)=c$，其中 c 为常数.

性质 2：$E(cX)=cE(X)$，其中 c 为常数.

性质 3：$E(X+Y)=E(X)+E(Y)$.

性质 4：设 X,Y 相互独立，则 $E(XY)=E(X)\cdot E(Y)$.

（二）方差

方差是表征随机变量取值分散或集中程度的数字特征.

1. 方差的计算公式

方差的具体计算公式分为离散型和连续型两种情形.

（1）若 X 为离散型随机变量，且 X 的分布律为 $P\{X=x_i\}=p_i, i=1,2,\cdots$，则

$$D(X)=\sum_{i=1}^{+\infty}[x_i-E(X)]^2 p_i .$$

（2）若 X 为连续型随机变量，且 X 的密度函数为 $f(x)$，则 $D(X)=\int_{-\infty}^{+\infty}[x-E(X)]^2 f(x)\mathrm{d}x$.

但在实际计算中，有时我们采用如下的计算公式：$D(X)=E(X^2)-[E(X)]^2$.

2. 方差的性质

（1）$D(X)\geqslant 0$，且当且仅当 X 以概率 1 为常数时 $D(X)=0$；

（2）对于任意实数 λ，有 $D(\lambda X)=\lambda^2 D(X)$；

（3）若随机变量 $X_1,X_2,\cdots,X_m$ 两两独立或两两不相关，则

$$D(X_1+X_2+\cdots+X_m)=D(X_1)+D(X_2)+\cdots+D(X_m).$$

表 4-1　常用分布的数学期望与方差

分布	分布列 p_k 或密度函数 $f(x)$	数学期望	方差
二项分布 $B(n,p)$	$p_k=C_n^k p^k(1-p)^{n-k}, k=0,1,\ldots,n$	np	$np(1-p)$
泊松分布 $P(\lambda)$	$p_k=\dfrac{\lambda^k}{k!}\mathrm{e}^{-\lambda}, k=0,1,\ldots$	λ	λ
几何分布 $G(p)$	$p_k=p(1-p)^{k-1}, k=1,2,\ldots$	$1/p$	$(1-p)/p^2$

续表

分布	分布列 p_k 或密度函数 $f(x)$	数学期望	方差
超几何分布 $H(n,M,N)$	$p_k = \mathrm{C}_M^k \mathrm{C}_{N-M}^{n-k} / \mathrm{C}_N^n, k = 0,1,\ldots,r$	nM/N	$\dfrac{nM(N-M)(N-n)}{N^2(N-1)}$
均匀分布 $U[a,b]$	$f(x)=\begin{cases}1/(b-a), & a\leqslant x\leqslant b\\ 0, & \text{其他}\end{cases}$	$(a+b)/2$	$(b-a)^2/12$
指数分布 $E(\lambda)$	$f(x)=\begin{cases}\lambda \mathrm{e}^{-\lambda x}, & x>0\\ 0, & x\leqslant 0\end{cases}$	$1/\lambda$	$1/\lambda^2$
正态分布 $N(\mu,\sigma^2)$	$f(x)=\dfrac{1}{\sqrt{2\pi}\sigma}\mathrm{e}^{-\frac{(x-\mu)^2}{2\sigma^2}}$	μ	σ^2

（三）协方差和相关系数

考虑二维随机向量(X,Y)，其数字特征包括每个随机变量的数学期望和方差，以及 X 和 Y 的联合数字特征——协方差和相关系数.

1. 协方差和相关系数的定义

设 X,Y 为二维随机变量，若 $E[(X-EX)(Y-EY)]$ 存在，称它为 X,Y 的**协方差**，记作 $\mathrm{Cov}(X,Y)$，即

$$\mathrm{Cov}(X,Y)=E[(X-EX)(Y-EY)],$$

称 $\rho_{XY}=\dfrac{\mathrm{Cov}(X,Y)}{\sqrt{D(X)}\sqrt{D(Y)}}$ 为随机变量 X,Y 的相关系数.

2. 协方差的性质

设随机变量 X 和 Y 的方差存在，则它们的协方差也存在.

（1）若 X 和 Y 独立，则 $\mathrm{Cov}(X,Y)=0$；对于任意常数 c，有 $\mathrm{Cov}(X,c)=0$.

（2）$\mathrm{Cov}(X,Y)=\mathrm{Cov}(Y,X)$.

（3）对于任意实数 a 和 b，有 $\mathrm{Cov}(aX,bY)=ab\mathrm{Cov}(X,Y)$.

（4）对于任意随机变量 X,Y,Z，有

$\mathrm{Cov}(X+Y,Z)=\mathrm{Cov}(X,Z)+\mathrm{Cov}(Y,Z)$，$\mathrm{Cov}(X,Y+Z)=\mathrm{Cov}(X,Y)+\mathrm{Cov}(X,Z)$.

（5）对于任意 X 和 Y，有 $D(X\pm Y)=D(X)+D(Y)\pm 2\mathrm{Cov}(X,Y)$.

3. 相关系数的性质

（1）$-1\leqslant\rho\leqslant 1$.

（2）若 X 和 Y 相互独立，则 $\rho=0$；但是，当 $\rho=0$ 时，X 和 Y 却未必独立.

（3）$|\rho|=1$ 的充分必要条件是 X 和 Y（以概率 1）互为线性函数.

三条性质说明，随着变量 X 和 Y 之间的关系由相互独立到互为线性函数，它们的相关系数的绝对值$|\rho|$从 0 增加到 1，说明相关系数可以做两个变量统计相依程度的度量.

4. 随机变量的相关性

假设随机变量 X 和 Y 的相关系数 ρ 存在. 若 $\rho=0$，则称 X 和 Y 不相关，否则称 X 和 Y 相关.

（1）若两个随机变量独立，则它们一定不相关，而反之未必；

（2）若 X 和 Y 的联合分布是二维正态分布，则它们“不相关”与“独立”等价.

（四）矩

在力学和物理学中用矩描述质量的分布. 概率统计中用矩描述概率分布. 常用的矩有两大类：原点矩和中心矩. 数学期望是一阶原点矩，而方差是二阶中心矩.

1. 原点矩

对任意实数 $k \geqslant 0$，称 $\alpha_k = E(X^k)$ 为随机变量 X 的 k 阶原点矩. 特别地，$\alpha_1 = E(X)$. 原点矩的计算公式为

$$\alpha_k = E(X^k) = \begin{cases} \sum\limits_i x_i^k P\{X = x_i\}, & \text{离散型随机变量}, \\ \int_{-\infty}^{+\infty} x^k f(x)\mathrm{d}x, & \text{连续型随机变量}. \end{cases}$$

2. 中心矩

称 $\mu_k = E[(X - E(X))^k]$ 为随机变量 X 的 k 阶中心矩. 特别地，$\mu_2 = D(X)$.

四、典型例题

【例 4.1】 已知连续型随机变量 X 的密度函数为 $f(x) = \dfrac{1}{\sqrt{\pi}} \mathrm{e}^{-x^2+2x-1}$，$-\infty < x < +\infty$. 求 $E(X)$ 与 $D(X)$.

【分析】 一种方法是直接利用数学期望与方差的定义来求，对于 $\int \mathrm{e}^{ax^2+bx+c}\mathrm{d}x\ (a<0)$ 型积分，关键是对 ax^2+bx+c 进行配方，然后进行积分变换可把积分转化为 $\int \mathrm{e}^{-|a|x^2}\mathrm{d}x$ 的形式，再结合标准正态的概率密度积分值为 1，最终可算出结果. 应用此方法并结合分步积分法进一步可求 $\int P_m(x)\mathrm{e}^{ax^2+bx+c}\mathrm{d}x$ 型积分（其中 $P_m(x)$ 是 m 次多项式）. 另一种方法是利用正态分布的形式及其参数的含义，此时要善于识别常用分布的密度函数.

【解】 方法一：直接法.

由数学期望与方差的定义知

$$E(X) = \int_{-\infty}^{+\infty} xf(x)\mathrm{d}x = \frac{1}{\sqrt{\pi}}\int_{-\infty}^{+\infty} x\mathrm{e}^{-(x-1)^2}\mathrm{d}x = \frac{1}{\sqrt{\pi}}\int_{-\infty}^{+\infty} \mathrm{e}^{-(x-1)^2}\mathrm{d}x + \frac{1}{\sqrt{\pi}}\int_{-\infty}^{+\infty}(x-1)\mathrm{e}^{-(x-1)^2}\mathrm{d}x$$

$$= \frac{1}{\sqrt{\pi}}\int_{-\infty}^{+\infty} \mathrm{e}^{-(x-1)^2}\mathrm{d}x = 1.$$

$$D(X) = E[X - E(X)]^2 = \int_{-\infty}^{+\infty}(x-1)^2 f(x)\mathrm{d}x = \int_{-\infty}^{+\infty}(x-1)^2\frac{1}{\sqrt{\pi}}\mathrm{e}^{-(x-1)^2}\mathrm{d}x$$

$$= \frac{1}{\sqrt{\pi}}\int_{-\infty}^{+\infty} t^2\mathrm{e}^{-t^2}\mathrm{d}t \xlongequal{\text{分部积分}} \frac{1}{2\sqrt{\pi}}\int_{-\infty}^{+\infty}\mathrm{e}^{-t^2}\mathrm{d}t = \frac{1}{2}.$$

方法二： 利用正态分布定义.

易知，$f(x)$ 为 $N\left(1, \dfrac{1}{2}\right)$ 的概率密度，因此有

$$E(X)=1, D(X)=\frac{1}{2}.$$

【例 4.2】设随机变量 $X_1,X_2,\cdots,X_n$ 独立，且服从同一分布 $N(\mu,\sigma^2)$，求 $E\left[\sum_{i=1}^{n-1}(X_{i+1}-X_i)^2\right]$.

【分析】本题考查期望和方差的性质和运用公式 $E(X^2)=D(X)+[E(X)]^2$.

【解】$E[(X_{i+1}-X_i)^2]=D(X_{i+1}-X_i)+[E(X_{i+1}-X_i)]^2=D(X_{i+1})+D(X_i)=2\sigma^2$，

所以
$$E\left[\sum_{i=1}^{n-1}(X_{i+1}-X_i)^2\right]=2(n-1)\sigma^2.$$

【例 4.3】对目标进行射击，直到击中目标为止．如果每次射击的命中率为 p，求射击次数 X 的数学期望和方差.

【解】由题意可求得 X 的分布律为

$$P\{X=k\}=pq^{k-1},\quad k=1,2,\cdots,\quad q=1-p.$$

于是
$$E(X)=\sum_{k=1}^{+\infty}kpq^{k-1}=p\sum_{k=1}^{+\infty}kq^{k-1}=p\frac{\mathrm{d}}{\mathrm{d}q}\left(\sum_{k=0}^{+\infty}q^k\right)=p\frac{\mathrm{d}}{\mathrm{d}q}\left(\frac{1}{1-q}\right)=\frac{p}{(1-q)^2}=\frac{1}{p}.$$

为了求 $D(X)$，我们先求 $E(X^2)$．由于

$$E(X^2)=\sum_{k=1}^{+\infty}k^2pq^{k-1}=\sum_{k=1}^{+\infty}k(k-1)pq^{k-1}+\sum_{k=1}^{+\infty}kpq^{k-1}=pq\sum_{k=2}^{+\infty}k(k-1)q^{k-2}+\frac{1}{p}$$
$$=pq\frac{\mathrm{d}^2}{(\mathrm{d}q)^2}\left(\sum_{k=0}^{+\infty}q^k\right)+\frac{1}{p}=\frac{2pq}{(1-q)^3}+\frac{1}{p}=\frac{2q}{p^2}+\frac{1}{p}.$$

因此
$$D(X)=E(X^2)-[E(X)]^2=\frac{1-p}{p^2}=\frac{q}{p^2}.$$

本题的主要技巧是利用了级数的逐项求导公式来求期望．当然同样可用逐项积分方法来求 $\sum_{k=1}^{+\infty}kq^{k-1}$ 和 $\sum_{k=1}^{+\infty}k^2q^{k-1}$，这种手段在级数求和或数学期望、方差的计算上是十分奏效的.还有一点需要在此说明一下，本题中由于 X 的取值都是正数，所以只要正项级数 $\sum_{k=1}^{+\infty}x_kp_k$ 收敛，则一定绝对收敛，即 $\sum_{k=1}^{+\infty}x_kp_k$ 的和就为 $E(X)$．而实际情况中，可能存在级数 $\sum_{k=1}^{+\infty}x_kp_k$ 是条件收敛的，此时，X 的数学期望就不存在 $\left(\text{尽管}\sum_{k=1}^{+\infty}x_kp_k\text{是收敛的}\right)$.

【例 4.4】一台设备由三大部件构成，在设备运转中各部件需要调整的概率相应为 0.1、0.2 和 0.3，假设各部件的状态相互独立，以 X 表示同时需要调整的部件数，试求 X 的数学期望 $E(X)$ 和方差 $D(X)$.

【分析】关键是求出 X 的分布列，然后利用定义计算 $E(X)$ 和方差 $D(X)$，也可以把 X 分解为不同部分，先根据每一部分的分布求出期望和方差，再利用期望和方差的性质求

出总的期望和方差. 从下面的例子可以看出后者比前者要简便得多，希望读者认真学习掌握.

【解】方法一：直接法.

引入事件 $A_i=\{$第 i 个部件需要调整$\}$, $i=1,2,3$.

根据题设，三部件需要调整的概率分别为

$$P(A_1)=0.1,\ P(A_2)=0.2,\ P(A_3)=0.3.$$

由题设部件的状态相互独立，于是有

$P\{X=0\}=P(\overline{A_1}\,\overline{A_2}\,\overline{A_3})=P(\overline{A_1})P(\overline{A_2})P(\overline{A_3})=0.9\times0.8\times0.7=0.504$,

$P\{X=1\}=P(A_1\overline{A_2}\,\overline{A_3}\cup\overline{A_1}A_2\overline{A_3}\cup\overline{A_1}\,\overline{A_2}A_3)=0.1\times0.8\times0.7+0.9\times0.2\times0.7+0.9\times0.8\times0.3=0.398$,

$P\{X=2\}=P(A_1A_2\overline{A_3}\cup A_1\overline{A_2}A_3\cup\overline{A_1}A_2A_3)=0.1\times0.2\times0.7+0.1\times0.8\times0.3+0.9\times0.2\times0.3=0.092$,

$P\{X=3\}=1-0.504-0.398-0.092=0.006$.

于是 X 的分布列为

X	0	1	2	3
P	0.504	0.398	0.092	0.006

从而 $E(X)=\sum_i x_ip_i=0\times0.504+1\times0.398+2\times0.092+3\times0.006=0.6$,

$$E(X^2)=\sum_i x_i^2p_i=0^2\times0.504+1^2\times0.398+2^2\times0.092+3^2\times0.006=0.82.$$

故 $D(X)=E(X^2)-[E(X)]^2=0.82-0.6^2=0.46$.

方法二：分解法.

设 X_i 为第 i 个部件要调整的数量（$i=1,2,3$），于是有 $X=X_1+X_2+X_3$，且 X_i 均服从两点分布. 即 $E(X_i)=P(A_i),\ D(X_i)=P(A_i)(1-P(A_i))$.

又易知，X_1,X_2,X_3 独立.

所以 $E(X)=E(X_1)+E(X_2)+E(X_3)=0.10+0.20+0.30=0.60$,

$D(X)=D(X_1)+D(X_2)+D(X_3)=0.1\times(1-0.1)+0.2\times(1-0.2)+0.3\times(1-0.3)=0.46$.

【例 4.5】一民航班车上共有 20 名旅客，自机场开出，旅客有 10 个车站可以下车，如到达一个车站没有旅客下车就不停车，以 X 表示停车的次数，求 $E(X)$（设每位旅客在各车站下车是等可能的）.

【分析】由题可知，任一旅客在第 i 站只有两个状态：下车、不下车. 且每个旅客是否下车是相互独立的. 借助数学期望的性质进行求解.

【解】引入随机变量 $X_i=\begin{cases}0, & 在第i站无人下车,\\ 1, & 在第i站有人下车,\end{cases}\quad i=1,2,\cdots,10$.

易见 $X=X_1+X_2+\cdots+X_{10}$.

按题意，任一旅客在第 i 站不下车的概率是 0.9，因此，20 位旅客都不在第 i 站下车的概率为 $(0.9)^{20}$. 从而，在第 i 站有人下车的概率为 $1-(0.9)^{20}$. X_i 的分布列为

X_i	0	1
P	$(0.9)^{20}$	$1-(0.9)^{20}$

于是 $E(X_i)=1-(0.9)^{20}$，$i=1,2,\cdots,10$.

进而有 $E(X)=E\left(\sum_{i=1}^{10}X_i\right)=\sum_{i=1}^{10}E(X_i)=10\left[1-(0.9)^{20}\right]\approx 8.784$．即班车平均停 8.784 次.

【**例 4.6**】设随机变量 X 的概率密度函数为 $f(x)=\begin{cases}ax, & 0<x<2,\\ cx+b, & 2\leqslant x\leqslant 4,\\ 0, & \text{其他}.\end{cases}$ 已知 $E(X)=2$，$P\{1<X<3\}=\dfrac{3}{4}$．求：（1）常数 a,b,c；（2）$E(\mathrm{e}^X)$．

【**分析**】要确定三个常数 a,b,c 需三个条件，题设中已有两个条件，另一条件为 $\int_{-\infty}^{+\infty}f(x)\mathrm{d}x=1$，而 $E(\mathrm{e}^X)$ 只需利用随机变量函数的期望计算公式即可.

【**解**】（1）由概率密度函数的性质知，$1=\int_{-\infty}^{+\infty}f(x)\mathrm{d}x=\int_0^2 ax\mathrm{d}x+\int_2^4(cx+b)\mathrm{d}x=2a+6c+2b$.
又 $2=E(X)=\int_{-\infty}^{+\infty}xf(x)\mathrm{d}x=\int_0^2 x\cdot ax\mathrm{d}x+\int_2^4 x(cx+b)\mathrm{d}x=\dfrac{8}{3}a+\dfrac{56}{3}c+6b$，
而 $\dfrac{3}{4}=P(1<X<3)=\int_1^3 f(x)\mathrm{d}x=\int_1^2 ax\mathrm{d}x+\int_2^3(cx+b)\mathrm{d}x=\dfrac{3}{2}a+\dfrac{5}{2}c+b$.

解方程组

$$\begin{cases}2a+6c+2b=1,\\ \dfrac{8}{3}a+\dfrac{56}{3}c+6b=2,\\ \dfrac{3}{2}a+\dfrac{5}{2}c+b=\dfrac{3}{4}.\end{cases}$$

得

$$a=\frac{1}{4},b=1,c=-\frac{1}{4}.$$

（2）$E(\mathrm{e}^X)=\int_{-\infty}^{+\infty}\mathrm{e}^x f(x)\mathrm{d}x=\int_0^2\mathrm{e}^x\cdot\dfrac{x}{4}\mathrm{d}x+\int_2^4\mathrm{e}^x\left(1-\dfrac{x}{4}\right)\mathrm{d}x=\dfrac{1}{4}\mathrm{e}^4-\dfrac{1}{2}\mathrm{e}^2+\dfrac{1}{4}$.

【**例 4.7**】假设由自动线加工的某种零件的内径 X（单位：mm）服从正态分布 $N(\mu,1)$，内径小于 10 或大于 12 的为不合格品，其余为合格品，销售每件合格品获利，销售每件不合格品亏损．已知销售利润 T（单位：元）与销售零件的内径 X 有如下关系.

$$T=\begin{cases}-1, & X<10,\\ 20, & 10\leqslant X\leqslant 12,\\ -5, & X>12.\end{cases}$$

问平均内径 μ 取何值时，销售一个零件的平均利润最大?

【**分析**】问题是求 μ，使 $E(T)$ 达到最大，故关键是求出 $E(T)$ 的表达式.

【**解**】由于 $X\sim N(\mu,1)$，故 $X-\mu\sim N(0,1)$，从而由题设条件知，平均利润为

$$\begin{aligned}E(T)&=20\times P\{10\leqslant X\leqslant 12\}-P\{X<10\}-5\times P\{X>12\}\\&=20\times[\Phi(12-\mu)-\Phi(10-\mu)]-\Phi(10-\mu)-5[1-\Phi(12-\mu)]\\&=25\Phi(12-\mu)-21\Phi(10-\mu)-5.\end{aligned}$$

其中 $\Phi(x)$ 为标准正态分布函数，设 $\varphi(x)$ 为标准正态密度函数，则有

$$\frac{\mathrm{d}E(T)}{\mathrm{d}\mu}=-25\varphi(12-\mu)+21\varphi(10-\mu)=-\frac{25}{\sqrt{2\pi}}\mathrm{e}^{-\frac{(12-\mu)^2}{2}}+\frac{21}{\sqrt{2\pi}}\mathrm{e}^{-\frac{(10-\mu)^2}{2}}.$$

令其等于 0，得
$$\frac{25}{\sqrt{2\pi}}\mathrm{e}^{-\frac{(12-\mu)^2}{2}}=\frac{21}{\sqrt{2\pi}}\mathrm{e}^{-\frac{(10-\mu)^2}{2}},$$

由此得
$$\mu=\mu_0=11-\frac{1}{2}\ln\frac{25}{21}\approx 10.9.$$

由题意知$\left(此时\left.\frac{\mathrm{d}^2E(T)}{(\mathrm{d}\mu)^2}\right|_{\mu=\mu_0}<0\right)$，当$\mu=\mu_0\approx 10.9\ \mathrm{mm}$时，平均利润最大.

【例 4.8】 设某种商品每周的需求量 X 服从区间[10,30]上的均匀分布，而经销商店进货数量为区间[10,30]中的某一整数，商店每销售一单位可获利 500 元；若供大于求则削价处理，每处理一单位商品亏损 100 元；若供不应求，则可从外部调剂供应，此时每一单位仅获利 300 元，为使商品所获利润的期望值不少于 9 280 元，试确定最小进货量.

【解】 根据题设，随机变量 X 的概率分布密度为 $f_X(x)=\begin{cases}\frac{1}{20}, & 10\leqslant x\leqslant 30,\\ 0, & 其他.\end{cases}$

设进货数量为 a，则利润应为

$$Z(X)=\begin{cases}500X-(a-X)100, & 10\leqslant X\leqslant a,\\ 500a+(X-a)300, & a<X\leqslant 30,\end{cases}=\begin{cases}600X-100a, & 10\leqslant X\leqslant a,\\ 300X+200a, & a<X\leqslant 30.\end{cases}$$

利用随机变量函数的期望公式可知，期望利润

$$\begin{aligned}E[Z(X)]&=\int_{-\infty}^{+\infty}Z(x)\cdot f_X(x)\mathrm{d}x\\&=\int_{10}^{a}(600x-100a)\cdot\frac{1}{20}\mathrm{d}x+\int_{a}^{30}(300x+200a)\cdot\frac{1}{20}\mathrm{d}x=-7.5a^2+350a+5\,250.\end{aligned}$$

依题意，要
$$-7.5a^2+350a+5\,250\geqslant 9\,280,$$
即
$$(3a-62)(2.5a-65)\leqslant 0,$$
于是
$$3a-62\geqslant 0,\ 2.5a-65\leqslant 0.$$

即$20\frac{2}{3}\leqslant a\leqslant 26$. 故要利润期望值不少于 9 280 元的最小进货量为 21 单位.

【例 4.9】 设 X 是一随机变量，其概率密度为 $f(x)=\begin{cases}1+x, & -1\leqslant x\leqslant 0,\\ 1-x, & 0<x\leqslant 1,\\ 0, & 其他.\end{cases}$ 求 $D(X)$.

【解】 $E(X)=\int_{-\infty}^{+\infty}xf(x)\mathrm{d}x=\int_{-1}^{0}x(1+x)\mathrm{d}x+\int_{0}^{1}x(1-x)\mathrm{d}x=0$，

$$E(X^2)=\int_{-\infty}^{+\infty}x^2f(x)\mathrm{d}x=\int_{-1}^{0}x^2(1+x)\mathrm{d}x+\int_{0}^{1}x^2(1-x)\mathrm{d}x=2\int_{0}^{1}x^2(1-x)\mathrm{d}x=\frac{1}{6},$$

于是 $D(X)=E(X^2)-(E(X))^2=\frac{1}{6}$.

【技巧】 在计算数学期望和方差时，应首先检验一下概率密度函数 $f(x)$ 的奇偶性，这样可利用对称区间上奇偶函数的积分公式简化求解. 比如本题中，概率密度函数 $f(x)$ 为偶函

数，故 $E(X)=\int_{-\infty}^{+\infty}xf(x)\mathrm{d}x=0$. 同样 $D(X)$ 的计算也可直接简化.

【例 4.10】 设 X 服从参数 $\lambda=1$ 的指数分布，求 $E(X+\mathrm{e}^{-2X})$.

【分析】 直接利用随机变量函数的数学期望公式进行计算.

【解】 由题设知，X 的密度函数为 $f(x)=\begin{cases}\mathrm{e}^{-x}, & x>0,\\ 0, & x\leqslant 0.\end{cases}$

且 $E(X)=1$，又因为 $E(\mathrm{e}^{-2X})=\int_{-\infty}^{+\infty}\mathrm{e}^{-2x}f(x)\mathrm{d}x=\int_{0}^{+\infty}\mathrm{e}^{-2x}\cdot\mathrm{e}^{-x}\mathrm{d}x=\frac{1}{3}$，

从而 $E(X+\mathrm{e}^{-2X})=E(X)+E(\mathrm{e}^{-2X})=1+\frac{1}{3}=\frac{4}{3}$.

本题的目的是考查常见分布的分布密度（或分布律）以及它们的数字特征，同时也考查了随机变量函数的数学期望的求法.

【例 4.11】 设二维随机变量 (X,Y) 在区域 $G=\{(x,y)\,|\,0<x<1,\ |y|<x\}$ 内服从均匀分布，求随机变量 $Z=2X+1$ 的方差 $D(Z)$.

【分析】 先利用方差的性质转化为求 $D(X)$. 易知，$f(x,y)=\begin{cases}1, & (x,y)\in G,\\ 0, & (x,y)\notin G.\end{cases}$

【解】 由方差的性质得知，$D(Z)=D(2X+1)=4D(X)$.

又由于 X 的边缘密度为

$$f_X(x)=\int_{-\infty}^{+\infty}f(x,y)\mathrm{d}y=\begin{cases}\int_{-x}^{x}1\mathrm{d}y, & 0<x<1,\\ 0, & \text{其他}\end{cases}=\begin{cases}2x, & 0<x<1\\ 0, & \text{其他}.\end{cases}$$

于是

$$E(X)=\int_0^1 x\cdot 2x\mathrm{d}x=\frac{2}{3},\ E(X^2)=\int_0^1 x^2\cdot 2x\mathrm{d}x=\frac{1}{2},$$

$$D(X)=E(X^2)-[E(X)]^2=\frac{1}{2}-\left(\frac{2}{3}\right)^2=\frac{1}{18}.$$

因此，$D(Z)=4D(X)=4\times\frac{1}{18}=\frac{2}{9}$.

尽管本题给出的是二维随机变量，但在求 X 的期望与方差时，可以从 X 的边缘密度函数出发，而不必从 X 与 Y 的联合密度函数开始. 在一般情形下，采用边缘密度函数较为方便.

【例 4.12】 设随机变量 X 和 Y 独立，且 X 服从均值为 1、标准差为 $\sqrt{2}$ 的正态分布，而 Y 服从标准正态分布，试求随机变量 $Z=2E(X)-E(Y)+3$ 的概率密度函数.

【分析】 本题看似与数字特征无多大联系，但由于 X 和 Y 相互独立且都服从正态分布，所以 Z 作为 X,Y 的线性组合也服从正态分布. 故只需求 $E(Z)$ 和 $D(Z)$，则 Z 的概率密度函数就唯一确定了.

【解】 由题设知，$X\sim N(1,2), Y\sim N(0,1)$，从而由期望和方差的性质得

$$E(Z)=2E(X)-E(Y)+3=5,\quad D(Z)=2^2D(X)+D(Y)=9.$$

又因 Z 是 X,Y 的线性函数，且 X,Y 是相互独立的正态随机变量，故 Z 也为正态随机变

量，又因正态分布完全由其期望和方差确定，故知$Z\sim N(5,9)$．于是，Z的概率密度为

$$f_Z(z)=\frac{1}{3\sqrt{2\pi}}\mathrm{e}^{-\frac{(z-5)^2}{18}},\qquad -\infty<z<+\infty.$$

本题主要考查两个知识点，一是独立正态分布的随机变量的线性组合仍为正态分布；二是正态分布完全由其期望和方差决定．另外，正态分布的随机变量的线性组合不一定服从正态分布．比如，若$X\sim N(0,1)$，那么$-X\sim N(0,1)$，而$X+(-X)$不服从正态分布．

【例 4.13】 假设随机变量Y服从参数为$\lambda=1$的指数分布，随机变量$X_k=\begin{cases}0, & Y\leqslant k,\\ 1, & Y>k.\end{cases}$ $(k=1,2)$．（1）求X_1和X_2的联合概率分布；（2）求$E(X_1+X_2)$．

【解】 显然，Y的分布函数为 $F(y)=\begin{cases}1-\mathrm{e}^{-y}, & y>0,\\ 0, & y\leqslant 0.\end{cases}$

$$X_1=\begin{cases}0, & Y\leqslant 1,\\ 1, & Y>1.\end{cases}\qquad X_2=\begin{cases}0, & Y\leqslant 2,\\ 1, & Y>2.\end{cases}$$

（1）(X_1,X_2)有四个可能取值：$(0,0),(0,1),(1,0),(1,1)$，且

$$P\{X_1=0,X_2=0\}=P\{Y\leqslant 1,Y\leqslant 2\}=P\{Y\leqslant 1\}=F(1)=1-\mathrm{e}^{-1},$$
$$P\{X_1=0,X_2=1\}=P\{Y\leqslant 1,Y>2\}=0,$$
$$P\{X_1=1,X_2=0\}=P\{Y>1,Y\leqslant 2\}=P\{1<Y\leqslant 2\}=F(2)-F(1)=\mathrm{e}^{-1}-\mathrm{e}^{-2},$$
$$P\{X_1=1,X_2=1\}=P\{Y>1,Y>2\}=P\{Y>2\}=1-F(2)=\mathrm{e}^{-2}.$$

于是得到X_1和X_2的联合分布列为

X_1	X_2	
	0	1
0	$1-\mathrm{e}^{-1}$	0
1	$\mathrm{e}^{-1}-\mathrm{e}^{-2}$	e^{-2}

（2）显然，X_1,X_2的分布列分别为

X_1	0	1
P	$1-\mathrm{e}^{-1}$	e^{-1}

X_2	0	1
P	$1-\mathrm{e}^{-2}$	e^{-2}

因此
$$E(X_1)=\mathrm{e}^{-1},E(X_2)=\mathrm{e}^{-2}.$$
故
$$E(X_1+X_2)=E(X_1)+E(X_2)=\mathrm{e}^{-1}+\mathrm{e}^{-2}.$$
本题也可以不求X与Y的联合分布列，直接求出$E(X_1+X_2)$，这是因为
$$E(X_1)=1\times P\{Y>1\}+0\times P\{Y\leqslant 1\}=P\{Y>1\}=\mathrm{e}^{-1},$$
而
$$E(X_2)=P\{Y>2\}=\mathrm{e}^{-2},$$
因此
$$E(X_1+X_2)=E(X_1)+E(X_2)=\mathrm{e}^{-1}+\mathrm{e}^{-2}.$$
不仅如此，我们还能求X_1,X_2其他函数的期望．例如求$E(X_1X_2)$，此时，由于
$$X_1X_2=\begin{cases}1, & Y>2,\\ 0, & \text{其他}.\end{cases}$$

故　$E\left(X_1X_2\right)=1\times P\{Y>2\}+0\times P\{Y\leqslant 2\}=P\{Y>2\}=\mathrm{e}^{-2}$.

【例 4.14】设随机变量 (X,Y) 服从二维正态分布，其密度函数为 $f(x,y)=\dfrac{1}{2\pi}\mathrm{e}^{-\frac{1}{2}(x^2+y^2)}$. 求随机变量 $Z=\sqrt{X^2+Y^2}$ 的期望和方差.

【分析】利用随机变量函数的期望的求法进行计算.

【解】由于 $Z=\sqrt{X^2+Y^2}$，故

$$E(Z)=E\left(\sqrt{X^2+Y^2}\right)=\int_{-\infty}^{+\infty}\int_{-\infty}^{+\infty}\sqrt{x^2+y^2}\cdot f(x,y)\mathrm{d}x\mathrm{d}y=\frac{1}{2\pi}\int_{-\infty}^{+\infty}\int_{-\infty}^{+\infty}\sqrt{x^2+y^2}\,\mathrm{e}^{-\frac{x^2+y^2}{2}}\mathrm{d}x\mathrm{d}y.$$

令 $\begin{cases}x=r\cos\theta,\\ y=r\sin\theta,\end{cases}$ 则

$$E(Z)=\frac{1}{2\pi}\int_0^{2\pi}\mathrm{d}\theta\int_0^{+\infty}r\mathrm{e}^{-\frac{r^2}{2}}\cdot r\mathrm{d}r=\frac{1}{2\pi}\cdot 2\pi\left(-r\mathrm{e}^{-\frac{r^2}{2}}\Big|_0^{+\infty}+\int_0^{+\infty}\mathrm{e}^{-\frac{r^2}{2}}\mathrm{d}r\right)=\int_0^{+\infty}\mathrm{e}^{-\frac{r^2}{2}}\mathrm{d}r=\sqrt{\frac{\pi}{2}}.$$

而 $E(Z^2)=E(X^2+Y^2)=\dfrac{1}{2\pi}\displaystyle\int_{-\infty}^{+\infty}\int_{-\infty}^{+\infty}(x^2+y^2)\mathrm{e}^{-\frac{x^2+y^2}{2}}\mathrm{d}x\mathrm{d}y$

$$=\frac{1}{2\pi}\int_0^{2\pi}\mathrm{d}\theta\int_0^{+\infty}r^2\mathrm{e}^{-\frac{r^2}{2}}\cdot r\mathrm{d}r=\int_0^{+\infty}r^3\mathrm{e}^{-\frac{r^2}{2}}\mathrm{d}r=2.$$

故　　$D(Z)=E(Z^2)-[E(Z)]^2=2-\dfrac{\pi}{2}.$

本题也可先求出 Z 的密度函数，再来求 Z 的期望与方差，但由于求 Z 的密度函数本身就是烦琐的过程，因此，我们借助随机变量函数的期望公式来求解，在此公式中并不需要知道 Z 的分布，而只需直接计算一个二重积分即可. 因此，对随机变量函数的期望计算问题，除非它是线性函数，或者 (X,Y) 为离散型随机变量，一般我们往往不直接去求这个函数的分布，而是直接利用随机变量函数的期望计算公式来求解.

【例 4.15】设二维离散随机变量 (X,Y) 的联合分布列为

Y	X		
	-1	0	1
-1	$1/8$	$1/8$	$1/8$
0	$1/8$	0	$1/8$
1	$1/8$	$1/8$	$1/8$

求 ρ_{XY}，并判断 X 与 Y 是否独立，为什么？

【解】X 与 Y 的边缘分布列分别为

X	-1	0	1
P	$3/8$	$1/4$	$3/8$

Y	-1	0	1
P	$3/8$	$1/4$	$3/8$

从而 $E(X)=E(Y)=0$，$E(X^2)=E(Y^2)=(-1)^2\times\dfrac{3}{8}+0^2\times\dfrac{1}{4}+1^2\times\dfrac{3}{8}=\dfrac{3}{4}$，

因此　$D(X)=D(Y)=\dfrac{3}{4}$,

又由于

$$E(XY)=\sum_{i=1}^{3}\sum_{j=1}^{3}x_i y_j p_{ij}=\sum_{j=1}^{3}x_i\sum_{j=1}^{3}y_j p_{ij}$$

$$=(-1)\times\left[(-1)\times\frac{1}{8}+0\times\frac{1}{8}+1\times\frac{1}{8}\right]+0+1\times\left[(-1)\times\frac{1}{8}+0\times\frac{1}{8}+1\times\frac{1}{8}\right]=0.$$

所以 $\mathrm{Cov}(X,Y)=E(XY)-E(X)\cdot E(Y)=0$.

从而 $\rho_{XY}=\dfrac{\mathrm{Cov}(X,Y)}{\sqrt{DX}\cdot\sqrt{DY}}=0$.

因为 $P\{X=-1,Y=-1\}=\dfrac{1}{8}\neq\dfrac{3}{8}\times\dfrac{3}{8}=P\{X=-1\}P\{Y=-1\}$ ，所以 X 与 Y 不独立.

【**例 4.16**】假设随机变量 X 和 Y 在圆域 $x^2+y^2\leqslant r^2$ 上服从联合均匀分布.

（1）求 X 和 Y 的相关系数 ρ_{XY} ；（2）判断 X 和 Y 是否独立.

【**分析**】求相关系数，应求出协方差；判断随机变量独立性，需求出它们的联合密度和边缘密度.

【**解**】（1）由假设知，X 和 Y 的联合密度函数为 $f(x,y)=\begin{cases}\dfrac{1}{\pi r^2}, & x^2+y^2\leqslant r^2,\\ 0, & x^2+y^2>r^2.\end{cases}$

根据联合密度函数与边缘密度函数的关系，有

$$f_X(x)=\int_{-\infty}^{+\infty}f(x,y)\,\mathrm{d}y=\begin{cases}\displaystyle\int_{-\sqrt{r^2-x^2}}^{\sqrt{r^2-x^2}}\frac{1}{\pi r^2}\mathrm{d}y, & |x|\leqslant r,\\ 0, & \text{其他}\end{cases}=\begin{cases}\dfrac{2}{\pi r^2}\sqrt{r^2-x^2}, & |x|\leqslant r,\\ 0, & \text{其他}.\end{cases}$$

$$f_Y(y)=\int_{-\infty}^{+\infty}f(x,y)\mathrm{d}x=\begin{cases}\dfrac{2}{\pi r^2}\sqrt{r^2-y^2}, & |y|\leqslant r,\\ 0, & \text{其他}.\end{cases}$$

注意到 $f_X(x)$ 和 $f_Y(y)$ 均为偶函数，可得

$$E(X)=\int_{-r}^{r}x\frac{2}{\pi r^2}\sqrt{r^2-x^2}\mathrm{d}x=0,\quad E(Y)=\int_{-r}^{r}y\frac{2}{\pi r^2}\sqrt{r^2-y^2}\mathrm{d}y=0.$$

从而，有

$$\mathrm{Cov}(X,Y)=E(XY)-E(X)\cdot E(Y)=E(XY)=\int_{-\infty}^{+\infty}\int_{-\infty}^{+\infty}xyf(x,y)\,\mathrm{d}x\mathrm{d}y=\iint_{x^2+y^2\leqslant r^2}\frac{xy}{\pi r^2}\mathrm{d}x\mathrm{d}y=0.$$

于是

$$\rho_{XY}=\frac{\mathrm{Cov}(X,Y)}{\sqrt{D(X)\cdot D(Y)}}=0.$$

（2）因为在 $x^2+y^2\leqslant r^2$ 上，$f(x,y)\neq f_X(x)\cdot f_Y(y)$ ，所以随机变量 X 和 Y 不独立.

【**例 4.17**】设随机变量 X 的概率密度函数为 $f(x)=\dfrac{1}{2}\mathrm{e}^{-|x|}$，$-\infty<x<+\infty$.

（1）求 $E(X)$ 和 $D(X)$.

（2）求 X 与 $|X|$ 的协方差，并判断 X 与 $|X|$ 是否不相关.

（3）判断 X 与 $|X|$ 是否独立，为什么？

【分析】本题考查随机变量的独立性与不相关这两个不同的概念.

【解】由于 X 的密度函数 $f(x)=\frac{1}{2}\mathrm{e}^{-|x|},-\infty<x<+\infty$ 是偶函数. 从而有

（1）$E(X)=\int_{-\infty}^{+\infty}xf(x)\mathrm{d}x=0$，

$$D(X)=E(X^2)-[E(X)]^2=E(X^2)=\int_{-\infty}^{+\infty}x^2f(x)\mathrm{d}x=2\int_{-\infty}^{+\infty}x^2\cdot\frac{1}{2}\mathrm{e}^{-x}\mathrm{d}x=2.$$

（2）由于 $\mathrm{Cov}(X,|X|)=E(X|X|)-E(X)\cdot E(|X|)$，而

$$E(X|X|)=\int_{-\infty}^{+\infty}x|x|f(x)\mathrm{d}x=\int_{-\infty}^{+\infty}x|x|\frac{1}{2}\mathrm{e}^{-|x|}\mathrm{d}x=0.$$

故 $\mathrm{Cov}(X,|X|)=0$，可见 X 与 $|X|$ 不相关.

（3）给定的 $0<a<+\infty$，显然事件 $\{|X|\leqslant a\}$ 包含在事件 $\{X\leqslant a\}$ 内，且

$$P\{X\leqslant a\}<1,P\{|X|\leqslant a\}>0,$$

故 $$P\{X\leqslant a,|X|\leqslant a\}=P\{|X|\leqslant a\}.$$

但 $$P\{X\leqslant a\}P\{|X|\leqslant a\}<P\{|X|\leqslant a\},$$

从而 $$P\{X\leqslant a,|X|\leqslant a\}\neq P\{X\leqslant a\}P\{|X|\leqslant a\},$$

因此，X 与 $|X|$ 不独立.

【技巧】独立性的判别是本题的难点，然而，如果从随机变量独立性的直观意义去理解，由于 X 与 $|X|$ 的取值是有关联的，因此他们不会相互独立. 严格的数学论述则是基于独立性的定义，即 X 与 Y 相互独立的充要条件是对任给的两个数，都有

$$P\{X\leqslant x,Y\leqslant y\}=P\{X\leqslant x\}P\{Y\leqslant y\}.$$

因此，如果存在两个数 x_0,y_0，使 $P\{X\leqslant x_0,Y\leqslant y_0\}\neq P\{X\leqslant x_0\}P\{Y\leqslant y_0\}$，则说明 X 与 Y 不独立. 在本例中，对于 X 与 Y，存在 $x_0=a$, $y_0=a$，使 $P\{X\leqslant a,Y\leqslant a\}\neq P\{X\leqslant a\}P\{Y\leqslant a\}$. 所以，说明 X 与 $|X|$ 不独立. 注意，在本题中，建议不要从 X 与 $|X|$ 的联合密度的角度去证明其不独立性，因为这种方法将带来烦琐的计算.

第五章　大数定律与中心极限定理

一、基本要求

1. 理解依概率收敛的定义，了解切比雪夫不等式，了解切比雪夫大数定律、伯努利大数定律和辛钦大数定律成立的条件及结论．理解切比雪夫大数定律和伯努利大数定律的证明过程．

2. 掌握中心极限定理的条件和结论，并会运用定理进行近似计算．

二、知识网络图

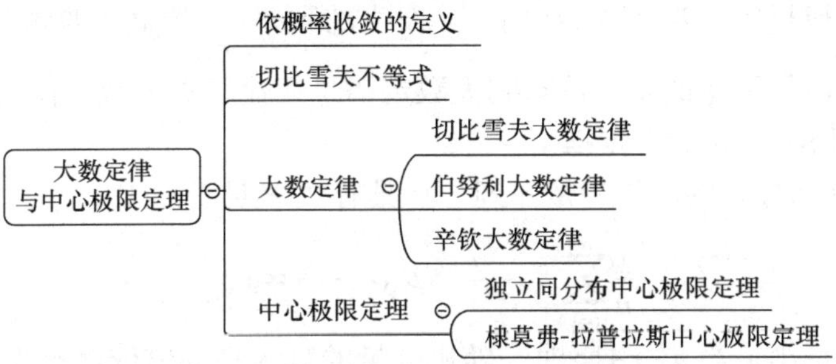

三、知识总结

(一) 依概率收敛的定义

设$\{X_n\}$为随机变量序列，a为一个常数，如果对任给的正数ε，有$\lim\limits_{n\to+\infty} P\{|X_n-a|\geqslant\varepsilon\}=0$，则称随机变量序列$\{X_n\}$依概率收敛于$a$，记为$X_n \xrightarrow{P} a\ (n\to+\infty)$．

当 n 很大时，事件$\{|X_n-a|<\varepsilon\}$发生的概率接近于 1．但不排除小概率事件$\{|X_n-a|\geqslant\varepsilon\}$发生．

(二) 切比雪夫 (Chebyshev) 不等式

设随机变量X的数学期望$E(X)=\mu$，方差$D(X)=\sigma^2$，则对任意正数ε，有不等式$P\{|X-\mu|\geqslant\varepsilon\}\leqslant\dfrac{\sigma^2}{\varepsilon^2}$，或$P\{|X-\mu|<\varepsilon\}>1-\dfrac{\sigma^2}{\varepsilon^2}$成立．

切比雪夫不等式的作用在于，在已知随机变量X的期望$E(X)$和方差$D(X)$的条件下，对X偏离其期望$E(X)$的程度的概率估计．

(三) 大数定律

大数定律从理论上保证了用算术平均值代替均值、用频率代替概率的合理性，它既验证了概率论中一些假设的合理性，又为数理统计中用样本推断总体提供了理论依据．所以说，大数定律是概率论中最重要的基本定律.

1. 切比雪夫大数定律

设 $X_1, X_2, \cdots, X_n$ 是相互独立的随机变量序列，数学期望 $E(X_i)$ 和方差 $D(X_i)$ 都存在，且 $D(X_i) \leqslant C \ (i=1,2,\cdots)$，则对任意给定的 $\varepsilon > 0$，有 $\lim\limits_{n\to+\infty} P\left\{\left|\frac{1}{n}\sum\limits_{i=1}^{n}[X_i - E(X_i)]\right| < \varepsilon\right\} = 1$.

切比雪夫大数定律指出：当 $n \to +\infty$ 时，随机变量的算术平均与其数学期望的差依概率收敛于 0.

2. 伯努利（Bernoulli）大数定律

设 n_A 是独立重复试验中事件 A 发生的次数，p 是事件 A 在一次试验中发生的概率，则对于任意给定的 $\varepsilon > 0$，有 $\lim\limits_{n\to+\infty} P\left\{\left|\frac{n_A}{n} - p\right| < \varepsilon\right\} = 1$.

伯努利大数定律指出：当 $n \to +\infty$ 时，A 发生的频率 $\frac{n_A}{n}$ 依概率收敛于 A 的概率，证明了频率的稳定性. 值得注意的是，伯努利大数定律是切比雪夫大数定律的特例.

3. 辛钦大数（Khinchine）定律

设 $\{X_n\}$ 为独立同分布的随机变量序列，且具有数学期望 $E(X_i) = \mu, i = 1,2,\cdots$，则

$$\frac{1}{n}\sum_{i=1}^{n} X_i \xrightarrow{P} \mu \ (n \to +\infty).$$

辛钦大数定律指出，当 $n \to +\infty$ 时，随机变量的算术平均值依概率收敛于其期望.

（四）中心极限定理

许多随机变量本身并不属于正态分布，但它们的极限分布是正态分布. 中心极限定理阐明了在什么条件下，原来未必属于正态分布的一些随机变量和的分布渐近地服从正态分布. 这为我们利用正态分布来解决这类随机变量和的问题提供了理论依据.

1. 一般分布

独立同分布中心极限定理：设 $X_1, X_2, \cdots, X_n$ 是独立同分布的随机变量序列，具有有限的数学期望 $E(X_i) = \mu$ 和方差 $D(X_i) = \sigma^2 (i = 1,2,\cdots,n)$，则对任意实数 x，随机变量

$$Y_n = \frac{\sum\limits_{i=1}^{n}(X_i - \mu)}{\sqrt{n}\sigma} = \frac{\sum\limits_{i=1}^{n}(X_i - n\mu)}{\sqrt{n}\sigma}$$

的分布函数 $F_n(x)$ 满足 $\lim\limits_{n\to+\infty} F_n(x) = \lim\limits_{n\to+\infty} P\{Y_n \leqslant x\} = \int_{-\infty}^{x} \frac{1}{\sqrt{2\pi}} \mathrm{e}^{-\frac{t^2}{2}} \mathrm{d}t$，即当 n 充分大时，Y_n 近似地服从标准正态分布.

2. 二项分布

棣莫弗—拉普拉斯中心极限定理：设随机变量 X 服从二项分布 $B(n,p)$，则对任意实数 a，有 $\lim\limits_{n\to+\infty} P\left\{\frac{X - np}{\sqrt{np(1-p)}} \leqslant a\right\} = \Phi(a)$.

大数定律与中心极限定理都是通过极限理论来研究概率问题，研究对象都是随机变量

序列，解决的都是概率论中的基本问题，因而在概率论中有重要意义．但大数定律研究的是随机变量的算术平均值的极限值问题，而中心极限定理则研究的是随机变量和的分布的极限分布．

四、典型例题

【例 5.1】在每次试验中，事件 A 发生的概率为 0.5，利用切比雪夫不等式估计：在 1 000 次试验中事件 A 发生的次数在 400 至 600 之间的概率．

【分析】设 1 000 次试验中事件 A 发生的次数为 X，则 X 服从参数为 $n=1000, p=0.5$ 的二项分布，因而 $E(X)=np=500, D(X)=np(1-p)=250$．再用切比雪夫不等式估计概率 $P\{400<X<600\}$．

【解】在切比雪夫不等式 $P\{|X-E(X)|<\varepsilon\}\geqslant 1-\dfrac{D(X)}{\varepsilon^2}$ 中，取 $\varepsilon=100$，则事件 A 发生的次数在 400 至 600 之间的概率为

$$P\{400<X<600\}=P\{|X-500|<100\}\geqslant 1-\frac{250}{(100)^2}=0.975.$$

【例 5.2】如果随机变量 X 的概率密度为 $f(x)$，$g(x)>0\ (x>0)$ 为增函数且 $E[g(X)]$ 存在，证明：对任意 $\varepsilon>0$，有 $P\{|X|\geqslant\varepsilon\}\leqslant\dfrac{E[g(|X|)]}{g(\varepsilon)}$．

【分析】所要证明的不等式中涉及 $P\{|X|\geqslant\varepsilon\}$ 和 $E[g(|X|)]$，并注意 $g(x)$ 的单调性．利用契比雪夫不等式的证明方法．

【证明】由于函数 $y=g(x)$ 在 $(0,+\infty)$ 内单调递增，故 $|x|\geqslant\varepsilon$ 等价于 $g(|x|)\geqslant g(\varepsilon)$，因此

$$P\{|X|\geqslant\varepsilon\}=\int_{|x|\geqslant\varepsilon}f(x)\mathrm{d}x=\int_{g(|x|)\geqslant g(\varepsilon)}f(x)\mathrm{d}x\leqslant\int_{g(|x|)\geqslant g(\varepsilon)}\frac{g(|x|)}{g(\varepsilon)}\cdot f(x)\mathrm{d}x$$

$$\leqslant\frac{1}{g(\varepsilon)}\int_{-\infty}^{+\infty}g(|x|)f(x)\mathrm{d}x=\frac{1}{g(\varepsilon)}E[g(|X|)].$$

证明中的关键一步是对被积函数乘不小于 1 的因子 $\dfrac{g(|x|)}{g(\varepsilon)}$，使等式变为不等式．此题实际上是考查切比雪夫不等式的证明．

【例 5.3】设随机变量 X 的数学期望 $E(X)=\mu$，则对任意正数 ε，有不等式

$$P\{|X-\mu|\geqslant\varepsilon\}\leqslant\frac{E|X-\mu|}{\varepsilon}.$$

【分析】这里的随机变量并未说明是离散型还是连续型，我们可以就两种情形分别证明（请读者试证）．下面我们给出统一性证明，其关键是引入一个函数（通常称为示性函数）．

【证明】定义函数 $I_A(x)=\begin{cases}1, & x\in A,\\ 0, & x\notin A,\end{cases}$ 于是有

$$P\{|X-\mu|\geqslant\varepsilon\}=E[I_{\{X:|X-\mu|\geqslant\varepsilon\}}(X)]\leqslant E\left[\frac{|X-\mu|}{\varepsilon}I_{\{X:|X-\mu|\geqslant\varepsilon\}}(X)\right]\leqslant\frac{E|X-\mu|}{\varepsilon}.$$

【技巧】证明中的关键一步是运用等式 $P\{|X-\mu|\geqslant\varepsilon\}=E[I_{\{X:|X-\mu|\geqslant\varepsilon\}}(X)]$．

【例 5.4】设随机变量 $X_1,X_2,\cdots,X_n$ 相互独立，且 $E(X_i)=0, D(X_i)=\sigma^2$，又 $E(X_i^4)$ 存在

且$E(X_i^4)\leqslant C\ (i=1,2,\cdots)$．试证明：对任意$\varepsilon>0$，有$\lim\limits_{n\to+\infty}\left(\left|\frac{1}{n}\sum\limits_{i=1}^{n}X_i^2-\sigma^2\right|<\varepsilon\right)=1$.

【分析】类似于切比雪夫大数定律的证明，关键是是否有$D\left(\frac{1}{n}\sum\limits_{i=1}^{n}X_i^2\right)\to 0(n\to+\infty)$.

【证明】由于$X_i^2(i=1,2,\cdots)$的期望为$E(X_i^2)=D(X_i)+[E(X_i)]^2=\sigma^2$，

令X_i^2的方差为δ_i^2，则$\delta_i^2=D(X_i^2)=E(X_i^4)-[E(X_i^2)]^2\leqslant C-\sigma^4$.

由于$X_i^2(i=1,2,\cdots)$仍相互独立，故$\frac{1}{n}\sum\limits_{i=1}^{n}X_i^2$的期望和方差分别为

$$E\left(\frac{1}{n}\sum_{i=1}^{n}X_i^2\right)=\sigma^2,\quad D\left(\frac{1}{n}\sum_{i=1}^{n}X_i^2\right)\leqslant\frac{C-\sigma^4}{n}.$$

对$\frac{1}{n}\sum\limits_{i=1}^{n}X_i^2$应用切比雪夫不等式知$P\left(\left|\frac{1}{n}\sum\limits_{i=1}^{n}X_i^2-\sigma^2\right|\geqslant\varepsilon\right)\leqslant\frac{C-\sigma^4}{n\varepsilon^2}$.

所以
$$\lim_{n\to+\infty}\left(\left|\frac{1}{n}\sum_{i=1}^{n}X_i^2-\sigma^2\right|<\varepsilon\right)=1.$$

【点评】本题考查切比雪夫大数定律的证明技巧．本结论的另一种写法为$\frac{1}{n}\sum\limits_{i=1}^{n}X_i^2\xrightarrow{P}\sigma^2$，即样本二阶原点矩依概率收敛于总体二阶原点矩．这是统计中的一个重要结论.

【例 5.5】设随机变量$X_1,X_2,\cdots,X_n$独立同分布，且对于自然数$k\geqslant1$有$E(X_i^k)=\mu_k$ $(i=1,2,\cdots,n)$．试证明：对任意$\varepsilon>0$，有$\frac{1}{n}\sum\limits_{i=1}^{n}X_i^k\xrightarrow{P}\mu_k\ (n\to+\infty)$.

【分析】当$k=1$时，此例所述的就是辛钦大数定律，辛钦大数定律的条件是**独立同分布且数学期望存在**.

【证明】由于$X_i\ (i=1,2,\cdots)$独立同分布，所以$X_i^k\ (i=1,2,\cdots)$独立同分布，且$E(X_i^k)=\mu_k$ $(i=1,2,\cdots)$．由辛钦大数定律知$\frac{1}{n}\sum\limits_{i=1}^{n}X_i^k\xrightarrow{P}\mu_k\ (n\to+\infty)$.

【例 5.6】设随机变量X和Y的数学期望分别为-2和 2，方差分别为 1 和 4，而相关系数为-0.5，则根据切比雪夫不等式估计$P\{|X+Y|\geqslant6\}$.

【分析】这里涉及两个随机变量，但我们把$X+Y$看成一个随机变量．先由已知条件计算$X+Y$的数学期望和方差，然后利用切比雪夫不等式进行估计.

【解】令$Z=X+Y$，则$E(Z)=E(X)+E(Y)=0$，

$$D(Z)=D(X)+D(Y)+2\rho\sqrt{D(X)D(Y)}=1+4+2\times(-0.5)\times1\times2=3,$$

由切比雪夫不等式有

$$P\{|X+Y|\geqslant6\}=P\{|Z-E(Z)|\geqslant6\}\leqslant\frac{D(Z)}{6^2}=\frac{1}{12}.$$

【例 5.7】设随机变量$X_1,X_2,\cdots,X_n$独立同分布，且$E(X_1)=\mu,\ D(X_1)=8$．写出对于

$\overline{X}=\dfrac{1}{n}\sum_{i=1}^{n}X_i$ 所满足的切比雪夫不等式，并估计 $P\{|\overline{X}-\mu|<4\}$.

【分析】要写出所满足的切比雪夫不等式，只需求出 $\overline{X}$ 的期望与方差，代入切比雪夫不等式即可.

【解】因为 $X_1,X_2,\cdots,X_n$ 独立同分布，且 $E(X_1)=\mu,\ D(X_1)=8$，所以

$$E(\overline{X})=\frac{1}{n}\sum_{i=1}^{n}E(X_i)=\mu\text{，}\quad D(\overline{X})=\frac{1}{n^2}\sum_{i=1}^{n}D(X_i)=\frac{8}{n}.$$

于是，$\overline{X}$ 所满足的切比雪夫不等式为 $P\{|\overline{X}-\mu|\geqslant\varepsilon\}\leqslant\dfrac{D(\overline{X})}{\varepsilon^2}=\dfrac{8}{n\varepsilon^2}$.

令 $\varepsilon=4$，由切比雪夫不等式得 $P\{|\overline{X}-\mu|<4\}>1-\dfrac{D(\overline{X})}{4^2}=1-\dfrac{1}{2n}$.

【例 5.8】已知 $X_1,X_2,\cdots,X_n$ 相互独立，它们满足大数定律，则 X_i 的分布可以是（　　）.

A. $P\{X_i=m\}=\dfrac{c}{m^3},\ m=1,2,\cdots$　　B. X_i 服从参数为 $\dfrac{1}{i}$ 的指数分布

C. X_i 服从参数为 i 的泊松分布　　D. X_i 的密度函数为 $f(x)=\dfrac{1}{\pi(1+x^2)}$

【分析】只要判断此序列是否独立同分布，且数学期望存在；或独立但分布不同，而数学期望、方差均存在，且方差一致有界即可.

【解】选 A．因为 A 中序列 $\{X_i\}$ 独立同分布，且 $E(|X_i|)=\sum_{m=1}^{+\infty}|m|\times\dfrac{c}{m^3}<+\infty$，所以 $E(X_i)$ 存在．D 中序列 $\{X_i\}$ 独立同分布，但 $E(|X_i|)=\int_{-\infty}^{+\infty}|x|f(x)\mathrm{d}x=+\infty$，所以 $E(X_i)$ 不存在．B、C 中序列 $\{X_i\}$ 独立不同分布，且 B 中 $D(X_i)=i^2$，C 中 $D(X_i)=i$，均是关于 i 的无界函数.

【例 5.9】一本书共有 100 万个印刷符号．排版时每个符号被排错的概率为 0.000 1，校对时每个排版错误被改正的概率为 0.9，求校对后错误不多于 15 个的概率.

【思路】根据题意构造一个独立同分布的随机变量序列，具有有限的数学期望和方差，然后建立一个标准化的随机变量，应用中心极限定理求得结果.

【解】　设 X_i 为第 i 个印刷符号校对后仍是错误的个数 $(i=1,\cdots,10^6)$，其分布律为

$$P\{X_i=1\}=0.000\,1\times0.1=10^{-5},\ P\{X_i=0\}=1-10^{-5}.$$

则 $X_n(n\geqslant1)$ 是独立同分布的随机变量序列，且有 $E(X_n)=1\times10^{-5}=10^{-5},\ D(X_n)=10^{-5}\times(1-10^{-5})$，

于是 100 万个印刷符号校对后错误总数可表示为 $\sum_{i=1}^{10^6}X_i$，由中心极限定理知，

$$P\left(\sum_{i=1}^{10^6}X_i\leqslant15\right)=P\left\{\frac{\sum_{i=1}^{10^6}X_i-E\left(\sum_{i=1}^{10^6}X_i\right)}{\sqrt{D\left(\sum_{i=1}^{10^6}X_i\right)}}\leqslant\frac{15-E\left(\sum_{i=1}^{10^6}X_i\right)}{\sqrt{D\left(\sum_{i=1}^{10^6}X_i\right)}}\right\}\approx\varPhi(1.58)\approx0.949\,5.$$

【例 5.10】计算器在进行加法时，将每一加数舍入最靠近它的整数．设所有舍入误差是独立的，且在 $(-0.5,0.5)$ 上服从均匀分布．若将 1 500 个数相加，问误差总和的绝对值超过 15 的概率是多少？

【思路】构造一随机变量序列，并对它们的和进行标准化，利用中心极限定理进行近似计算．

【解】设第 i 个加数的舍入误差为 X_i（$i=1,2,\cdots,1\,500$）．由题设知，这些随机变量独立同分布，且 $X_i \sim U(-0.5,0.5)$，因此，$E(X_i)=0, D(X_i)=\dfrac{(0.5+0.5)^2}{12}=\dfrac{1}{12}$．于是，1 500 个数相加的误差总和可表示为 $\sum\limits_{i=1}^{1500} X_i$，从而由中心极限定理知，

$$\frac{\sum\limits_{i=1}^{1500} X_i - E\left(\sum\limits_{i=1}^{1500} X_i\right)}{\sqrt{D\left(\sum\limits_{i=1}^{1500} X_i\right)}} = \frac{\sum\limits_{i=1}^{1500} X_i - 1\,500\times 0}{\sqrt{1\,500\times\dfrac{1}{12}}} \stackrel{\cdot}{\sim} N(0,1)\text{(近似地服从)},$$

从而

$$P\left\{\left|\sum_{i=1}^{1\,500} X_i\right|>15\right\}=1-P\left\{\left|\sum_{i=1}^{1\,500} X_i\right|\leqslant 15\right\}=1-P\left\{-15\leqslant\sum_{i=1}^{1500} X_i\leqslant 15\right\}$$

$$=1-P\left\{\frac{-15}{\sqrt{125}}\leqslant\frac{\sum\limits_{i=1}^{1500} X_i}{\sqrt{125}}\leqslant\frac{15}{\sqrt{125}}\right\}\approx 1-\left[\varPhi\left(\frac{3}{\sqrt{5}}\right)-\varPhi\left(-\frac{3}{\sqrt{5}}\right)\right]=2-2\varPhi\left(\frac{3}{\sqrt{5}}\right).$$

即误差总和的绝对值超过 15 的概率为 $2-2\varPhi\left(\dfrac{3}{\sqrt{5}}\right)\approx 0.180\,2$．

【例 5.11】设 $a_n=\sum\limits_{m=0}^{n}\dfrac{n^m}{m!}\mathrm{e}^{-n}$，求证：$\lim\limits_{n\to+\infty} a_n = 0.5$．

【分析】由 $\sum\limits_{m=0}^{n}\dfrac{n^m}{m!}\mathrm{e}^{-n}$ 可以联想起参数为 n 的泊松分布律，以及泊松分布具有可加性．

【证明】设随机变量序列 $X_1,X_2,\cdots,X_n$ 相互独立同分布于参数为 1 的泊松分布，记 $T_n=X_1+X_2+\cdots+X_n$，由泊松分布的可加性知，T_n 服从参数为 n 的泊松分布．于是有

$$P\{T_n=m\}=\frac{n^m}{m!}\mathrm{e}^{-n},\ E(T_n)=D(T_n)=n\,.$$

由中心极限定理得

$$a_n=\sum_{m=0}^{n}\frac{n^m}{m!}\mathrm{e}^{-n}=P\{T_n\leqslant n\}=P\left\{\frac{T_n-n}{\sqrt{n}}\leqslant 0\right\}\to 0.5\ (n\to+\infty).$$

第六章　数理统计的基本概念

一、基本要求

1. 理解总体、简单随机样本和统计量的概念，掌握常用统计量和样本数字特征——样本均值、样本方差和样本矩的概念及其基本性质.

2. 了解统计推断常用的 χ^2 分布、t 分布、F 分布的定义，会用相应的分位数.

3. 了解正态总体的常用抽样分布：正态分布、χ^2 分布、t 分布、F 分布.

4. 了解经验分布函数的概念及其基本性质，会根据统计数据求经验分布函数.

二、知识网络图

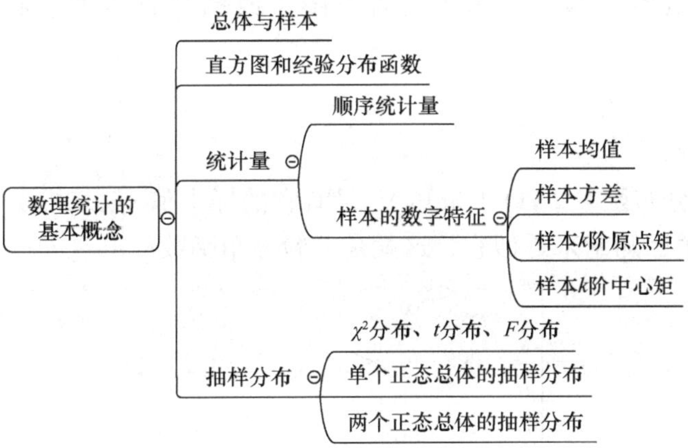

三、知识总结

(一) 总体与样本

1. 总体

所研究对象的某数量指标的全体称为总体. 把该数量指标的观测值的分布看作某随机变量的分布，也称之为总体 X 的分布；X 的数字特征称为总体 X 的数字特征.

2. 抽样

对于总体 X 的 n 次独立重复观测，称为自总体 X 的 n 次简单随机抽样.

3. 样本

称 n 个独立并与总体 X 同分布的随机变量 $(X_1,X_2,\cdots,X_n)$ 为来自总体 X 的一个简单随机样本，简称为样本.

4. 样本值

总体 X 的 n 次抽样所得到的观测值 $(x_1,x_2,\cdots,x_n)$ 称为样本 $(X_1,X_2,\cdots,X_n)$ 的观测值，也称为样本值；样本中所含观测值的个数 n 称为样本容量.

简单地说，样本指一组随机变量，样本值指一组具体的统计数据，样本容量指观测值或数据个数. 样本 $X_1,X_2,\cdots,X_n$ 的联合概率分布，称为样本的概率分布.

（二）直方图和经验分布函数

1. 直方图

设 $X_1,X_2,\cdots,X_n$ 为来自总体 X 的一个样本，$x_1,x_2,\cdots,x_n$ 为其样本值. 绘制直方图的具体做法如下.

（1）将样本值 $x_1,x_2,\cdots,x_n$ 进行从小到大排序，记为 $a=x_{(1)}\leqslant x_{(2)}\leqslant\cdots\leqslant x_{(n)}=b$；

（2）将区间 $[a,b]$ 等分成 m 个小区间 $(m<n)$，设分点为 $a=t_0<t_1<t_2<\cdots<t_m=b$. 在分小区间时，注意每个小区间中都要有若干个观测值；

（3）记 n_j 为落在小区间 $(t_{j-1},t_j]$ 中观测值的个数（频数），计算频率 $f_j=\dfrac{n_j}{n}$；

（4）在直角坐标系的横轴上，标出 $t_0,t_1,t_2,\cdots,t_m$ 各点，分别以 $(t_{j-1},t_j]$ 为底边，作高为 $\dfrac{f_j}{\Delta t_j}\left(\text{或}n_j、\dfrac{n_j}{n}\right)$ 的矩形，即得概率密度直方图（或频数直方图、频率直方图），其中 $\Delta t_j=t_j-t_{j-1}=\dfrac{b-a}{m},\ j=1,2,\cdots,m$.

2. 经验分布函数

对于总体 X 的分布函数 $F(x)$（未知），设有它的样本值 $x_1,x_2,\cdots,x_n$，我们同样可以从样本值出发找到一个已知量来近似它，这就是经验分布函数

$$F_n(x)=\begin{cases}0, & x<x_{(1)},\\ \dfrac{k}{n}, & x_{(k)}\leqslant x<x_{(k+1)},\ k=1,2,\cdots,n-1,\\ 1, & x\geqslant x_{(n)}.\end{cases}$$

其中 $x_{(1)}\leqslant x_{(2)}\leqslant\cdots\leqslant x_{(n)}$ 为样本值 $x_1,x_2,\cdots,x_n$ 的从小到大排序.

（三）统计量

在实际中，统计量就是由统计数据计算得来的量. 数学上，统计量是关于样本 $(X_1,X_2,\cdots,X_n)$ 的函数 $T=f(X_1,X_2,\cdots,X_n)$. 统计量中不含任何未知参数. 作为随机样本的函数，统计量也是随机变量. 样本的数字特征和顺序统计量都是最常用的统计量. 统计量是统计分析和统计推断的重要工具.

1. 顺序统计量

将样本 $(X_1,X_2,\cdots,X_n)$ 的 n 个观测值 $(x_1,x_2,\cdots,x_n)$ 按其数值从小到大的顺序排列（记为 $x_{(1)}\leqslant x_{(2)}\leqslant\cdots\leqslant x_{(n)}$），将它们视为随机变量 $X_{(1)}\leqslant X_{(2)}\leqslant\cdots\leqslant X_{(n)}$ 的观测值. 随机变量 $X_{(k)}(k=1,2,\cdots,n)$ 称作第 k 顺序统计量，其中 $X_{(1)}=\min\{X_1,X_2,\cdots,X_n\},\cdots,X_{(n)}=\max\{X_1,X_2,\cdots,X_n\}$.

注意，对于简单随机样本 $(X_1,X_2,\cdots,X_n)$，各个观测值 $X_1,X_2,\cdots,X_n$ 是独立并且与总体 X 同分布的随机变量，然而 $X_{(1)},X_{(2)},\cdots,X_{(n)}$ 既不独立也不同分布.

2. 样本的数字特征

数学期望(均值)、方差、标准差和矩等，是总体 X 的最重要的数字特征. 设 $X_1,X_2,\cdots,X_n$ 是来自总体 X 的样本，则相应样本的数字特征定义如下.

样本均值：$\overline{X}=\frac{1}{n}\sum_{i=1}^{n}X_i$.　　样本均值观测值：$\overline{x}=\frac{1}{n}\sum_{i=1}^{n}x_i$.

样本方差：$S^2=\frac{1}{n-1}\sum_{i=1}^{n}(X_i-\overline{X})^2$.　　样本方差观测值：$s^2=\frac{1}{n-1}\sum_{i=1}^{n}(x_i-\overline{x})^2$.

样本 k 阶原点矩：$A_k=\frac{1}{n}\sum_{i=1}^{n}X_i^k$.　　样本 k 阶原点矩观测值：$a_k=\frac{1}{n}\sum_{i=1}^{n}x_i^k$.

样本 k 阶中心矩：$B_k=\frac{1}{n}\sum_{i=1}^{n}(X_i-\overline{X})^k$.　　样本 k 阶中心矩观测值：$b_k=\frac{1}{n}\sum_{i=1}^{n}(x_i-\overline{x})^k$.

称 $S=\sqrt{S^2}$ 为样本标准差. 样本均值 $\overline{X}$ 是样本一阶原点矩.

(四)抽样分布

1. χ^2 分布

设随机变量 $X_1,X_2,\cdots,X_n\sim N(0,1)$，且相互独立，记 $\chi^2 \triangleq X_1^2+X_2^2+\cdots+X_n^2$，则称随机变量 χ^2 所服从的分布为自由度为 n 的 χ^2 分布，记为 $\chi^2\sim\chi^2(n)$.

χ^2 分布的概率密度函数 $f(x)$ 的图像如图 6-1 所示. 概率密度函数 $f(x)$ 随 n 取不同值而不同.

χ^2 分布具有下列性质：

(1) 若 $\chi^2\sim\chi^2(n)$，则 $E(\chi^2)=n$，$D(\chi^2)=2n$.

(2) 若 $\chi_1^2\sim\chi^2(n_1)$，$\chi_2^2\sim\chi^2(n_2)$，且相互独立，则 $\chi_1^2+\chi_2^2\sim\chi^2(n_1+n_2)$.

(3) 若对于给定数 α $(0<\alpha<1)$，存在数 $\chi_\alpha^2(n)$ 使 $\int_{\chi_\alpha^2(n)}^{+\infty}f(x)\mathrm{d}x=\alpha$，称 $\chi_\alpha^2(n)$ 为 $\chi^2(n)$ 分布的上侧 α 分位点(或上侧 α 分位数)，如图 6-2 所示.

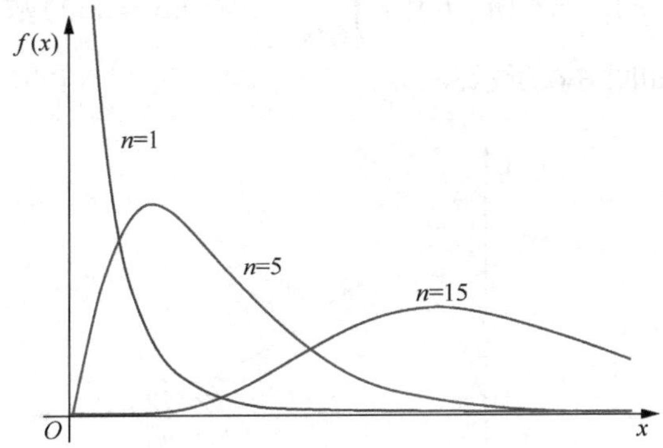

图 6-1　χ^2 分布的密度函数

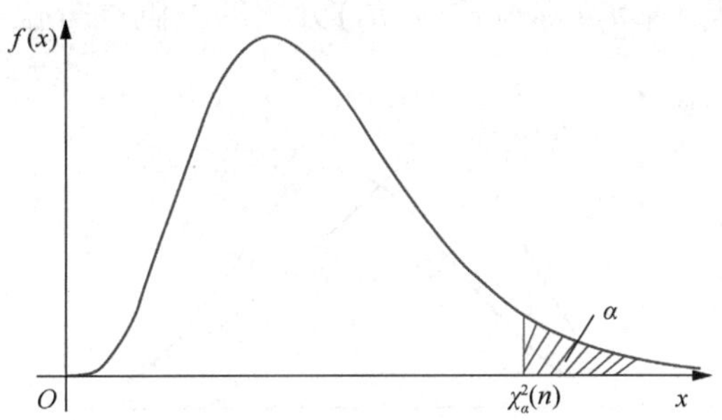

图 6-2　χ^2 分布的上侧 α 分位点

2. *t* 分布

设随机变量 X , Y 相互独立，且 $X \sim N(0,1)$ ， $Y \sim \chi^2(n)$ ，称随机变量 $T = X\Big/\sqrt{\dfrac{Y}{n}}$ 所服从的分布为自由度为 n 的 t 分布（学生分布），记为 $T \sim t(n)$. t 分布的概率密度函数的图像如图 6-3 所示.

显然， $f(x)$ 随 n 的不同而不同，且为偶函数. 当 $n \to +\infty$ 时，有 $\lim\limits_{n\to+\infty} f(x) = \dfrac{1}{\sqrt{2\pi}}\mathrm{e}^{-\frac{x^2}{2}}$ ，即当 $n \to +\infty$ 时， t 分布趋于标准正态分布.

对于给定的数 $\alpha\ (0<\alpha<1)$ ，满足条件 $P\{T>t_\alpha(n)\} = \int_{t_\alpha(n)}^{+\infty} f(x)\mathrm{d}x = \alpha$ 的数 $t_\alpha(n)$ 称为 $t(n)$ 分布的上侧 α 分位点，如图 6-4 所示.

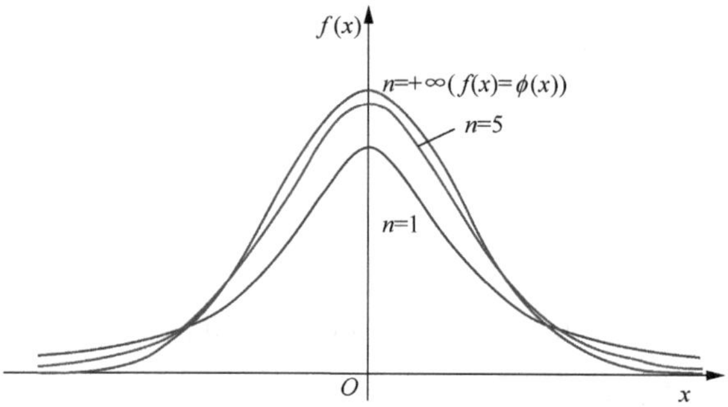

图 6-3　*t* 分布的密度函数

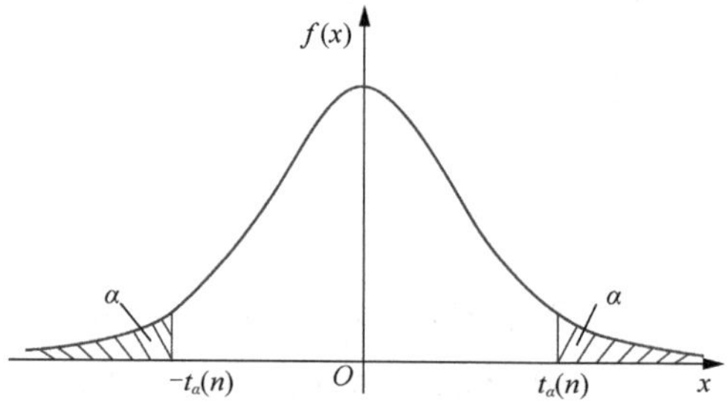

图 6-4　*t* 分布的上侧 α 分位点

因为 $f(-x) = f(x)$ ，有 $\int_{-t_\alpha(n)}^{+\infty} f(x)\mathrm{d}x = 1-\alpha$ ，所以 $t_{1-\alpha}(n) = -\ t_\alpha(n)$.

3. *F* 分布

设随机变量 U, V 相互独立，且 $U \sim \chi^2(n_1)$ ， $V \sim \chi^2(n_2)$ ，则称随机变量 $F = \dfrac{U/n_1}{V/n_2}$ 所服从的分布为自由度为 (n_1, n_2) 的 F 分布，记为 $F \sim F(n_1, n_2)$.

F 分布的概率密度函数的图像随 n_1, n_2 取值不同而不同，如图 6-5 所示.

对于给定的数 $\alpha\,(0<\alpha<1)$ ，把满足条件 $P\{F>F_\alpha(n_1,n_2)\} = \int_{F_\alpha(n_1,n_2)}^{+\infty} f(x)\mathrm{d}x = \alpha$ 的数 $F_\alpha(n_1, n_2)$ 称为 $F\ (n_1, n_2)$ 分布的上侧 α 分位点，如图 6-6 所示.

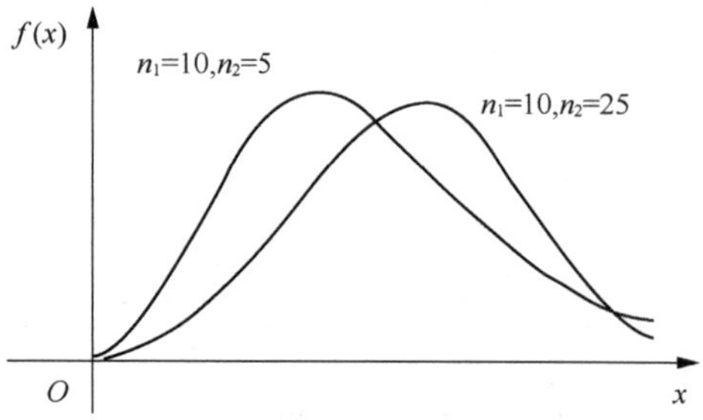

图 6-5　*F* 分布的密度函数

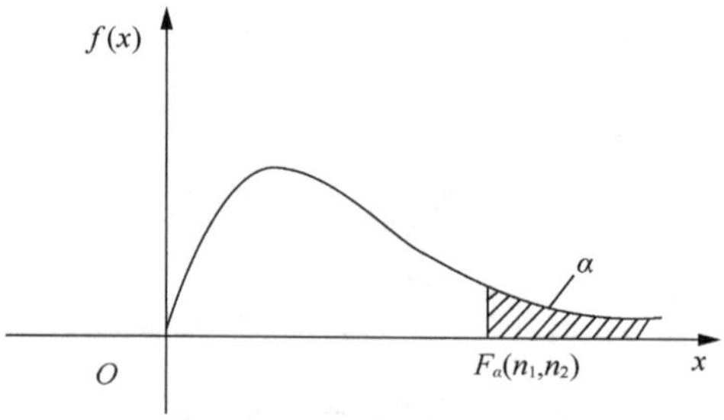

图 6-6　*F* 分布的上侧 α 分位点

F 分布有下列性质：

（1）若 $F \sim F(n_1,n_2)$，则 $\frac{1}{F} \sim F(n_2,n_1)$.

（2）$F_{1-\alpha}(n_1,n_2)=\frac{1}{F_\alpha(n_2,n_1)}$.

4．单个正态总体的抽样分布

设总体 $X \sim N(\mu,\sigma^2)$，$X_1,X_2,\cdots,X_n$ 是来自总体 X 的简单随机样本，$\bar{X}$ 和 S^2 相应为样本均值和样本方差.

（1）样本均值的分布：$\bar{X} \sim N\left(\mu,\frac{\sigma^2}{n}\right)$，标准化后，得 $\sqrt{n}\,\frac{\bar{X}-\mu}{\sigma} \sim N(0,1)$.

（2）有关样本方差的分布：$\chi^2=\frac{(n-1)S^2}{\sigma^2}=\frac{1}{\sigma^2}\sum_{i=1}^{n}(X_i-\bar{X})^2 \sim \chi^2(n-1)$.

（3）有关样本均值和样本方差的分布：样本均值 $\bar{X}$ 和样本方差 S^2 相互独立，且有 $T=\sqrt{n}\,\frac{\bar{X}-\mu}{S} \sim t(n-1)$.

5．两个正态总体的抽样分布

设 $X_1,X_2,\cdots,X_{n_1}$ 与 $Y_1,Y_2,\cdots,Y_{n_2}$ 分别是来自正态总体 $N(\mu_1,\sigma^2)$ 和 $N(\mu_2,\sigma^2)$ 的样本，且这两个样本相互独立. 记 $\bar{X}$，$\bar{Y}$ 分别是两总体的样本均值，S_1^2,S_2^2 分别是两总体的样本方差，$S_w^2=\frac{(n_1-1)S_1^2+(n_2-1)S_2^2}{n_1+n_2-2}$.

（1）样本均值差的抽样分布：$\frac{(\bar{X}-\bar{Y})-(\mu_1-\mu_2)}{S_w\sqrt{\frac{1}{n_1}+\frac{1}{n_2}}} \sim t(n_1+n_2+2)$.

（2）样本方差比的分布：$F=\frac{S_1^2}{S_2^2}\sim F(n_1-1,n_2-1)$.

四、典型例题

【例 6.1】在齿轮加工中，齿轮的径向综合误差 X 是个随机变量，今对 200 件同样的齿轮进行测量，测得 X 的数值如下，作 X 的频数直方图、频率直方图和概率密度直方图.

16	25	19	20	25	33	21	23	20	21	25	17	15	21	22	26	15	23	22	21
20	14	16	11	14	23	18	17	27	31	21	24	16	19	23	26	17	14	30	21
18	16	18	19	20	22	19	22	18	22	26	23	21	13	11	19	23	18	24	28
13	11	25	15	17	24	22	16	13	12	13	11	9	15	18	21	15	12	17	13
14	25	16	10	8	23	18	11	16	28	13	21	22	12	8	15	21	18	16	16
19	28	19	12	14	19	20	20	26	13	21	20	19	11	15	18	24	18	16	28
19	15	13	22	14	16	24	20	20	18	18	20	14	13	20	29	21	26	14	18
18	18	8	21	16	24	32	16	28	19	15	18	25	10	12	16	26	18	19	30
8	11	18	27	23	11	22	22	23	20	14	22	18	26	18	16	32	27	25	24

17　17　20　31　16　20　20　30　19　23　18　20　15　24　28　29　16　17　19　18

【解】样本观察值最小为 8，最大为 33，取 $a=7.5, b=33.5$．将区间 $[7.5,33.5]$ 等分为 13 个小区间，统计落在每个小区间的样本观察值的频数 n_j 和频率 $f_j=n_j/n$ 及 $f_j/\Delta t_j$，得到表 6-1．以每个小区间 $(t_{j-1},t_j]$ 为底，分别以 n_j、$f_j=n_j/n$、$f_j/\Delta t_j$ 为高作矩形，$j=1,2,\cdots,13$，分别得到 X 的频数直方图、频率直方图和概率密度直方图（见图 6-7、图 6-8、图 6-9）．

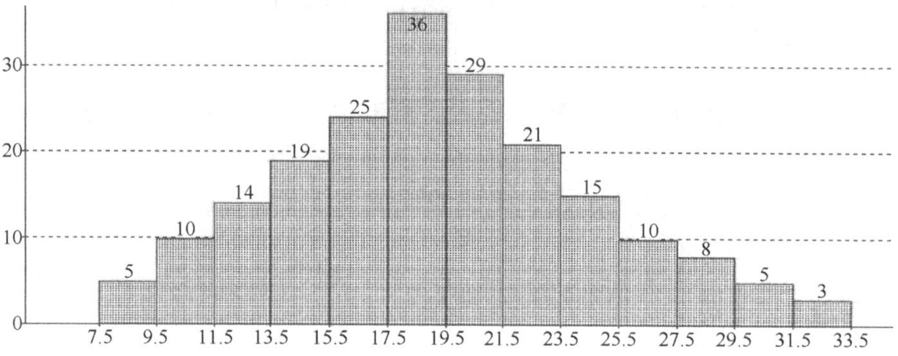

图 6-7　频数直方图

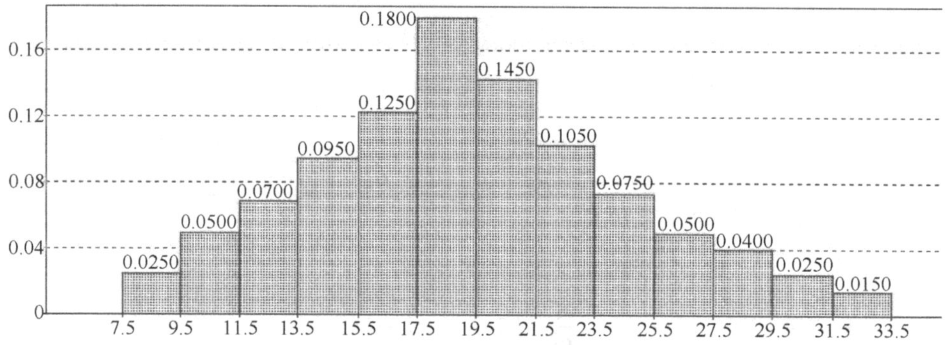

图 6-8　频率直方图

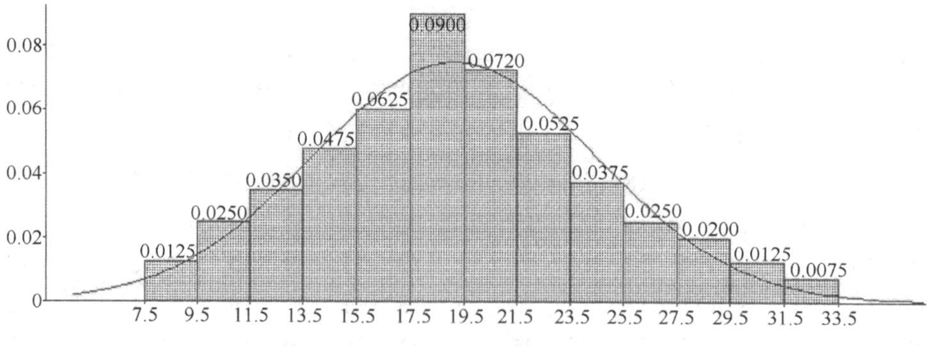

图 6-9　概率密度直方图

表 6-1　样本数据的分组统计

区间 $(t_{j-1},t_j]$	频数 n_j	频率 $f_j=n_j/n$	高度 $f_j/\Delta t_j=n_j/2$
7.5 ~ 9.5	5	0.0250	0.0125
9.5 ~ 11.5	10	0.0500	0.0250
11.5 ~ 13.5	14	0.0700	0.0350
13.5 ~ 15.5	19	0.0950	0.0475
15.5 ~ 17.5	25	0.1250	0.0625
17.5 ~ 19.5	36	0.1800	0.0900
19.5 ~ 21.5	29	0.1450	0.0725
21.5 ~ 23.5	21	0.1050	0.0525
23.5 ~ 25.5	15	0.0750	0.0375
25.5 ~ 27.5	10	0.0500	0.0250
27.5 ~ 29.5	8	0.0400	0.0200
29.5 ~ 31.5	5	0.0250	0.0125
31.5 ~ 33.5	3	0.0150	0.0075
$\sum$	200	1.0000	0.5000

例 6.1 中齿轮的径向综合误差 X 的经验分布函数 $F_n(x)$ 的图像如图 6-10 所示.

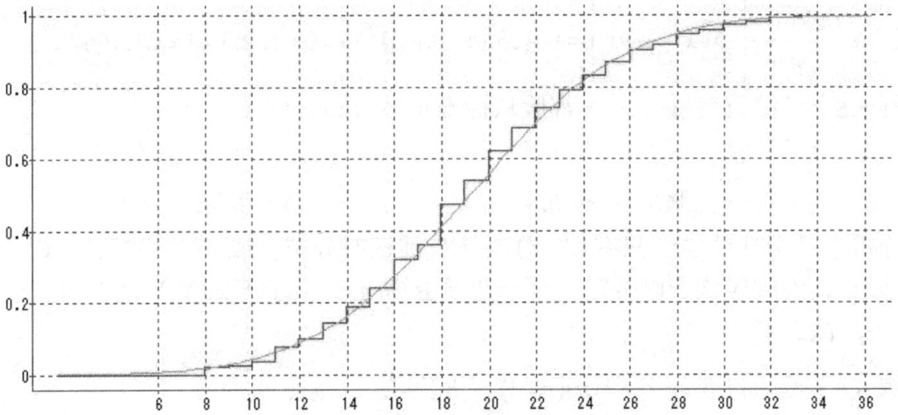

图 6-10　经验分布函数图

当 n 充分大时，有 $F(x)\approx F_n(x)$.

【**例 6.2**】设条件同例 6.1，试求概率 $P\{15<X\leqslant 25\}$ 的近似值.

【**解**】将所给的数据从小到大排序为

8	8	8	8	9	10	10	11	11	11	11	11	11	11	11	12	12	12	12	12
13	13	13	13	13	13	13	13	13	14	14	14	14	14	14	14	14	14	15	15
15	15	15	15	15	15	15	15	16	16	16	16	16	16	16	16	16	16	16	16
16	16	16	16	16	17	17	17	17	17	17	17	17	18	18	18	18	18	18	18
18	18	18	18	18	18	18	18	18	18	18	18	18	18	18	19	19	19	19	19
19	19	19	19	19	19	19	19	19	20	20	20	20	20	20	20	20	20	20	20

20	20	20	20	20	21	21	21	21	21	21	21	21	21	21	21	21	21	22	22
22	22	22	22	22	22	22	22	22	23	23	23	23	23	23	23	23	23	23	24
24	24	24	24	24	24	24	25	25	25	25	25	25	25	26	26	26	26	26	26
26	27	27	27	28	28	28	28	28	28	29	29	30	30	30	31	31	32	32	33

所以 $P\{15<X\leqslant 25\}=F(25)-F(15)\approx F_n(25)-F_n(15)=\dfrac{174}{200}-\dfrac{48}{200}=\dfrac{126}{200}=0.63$.

【**例 6.3**】查表示例.

（1）设 $\chi^2\sim\chi^2(10)$，$\alpha=0.05$，则查 χ^2 分布表可得，上侧 α 分位数 $\chi^2_\alpha(10)=\chi^2_{0.05}(10)=18.307$，上侧 $(1-\alpha)$ 分位数 $\chi^2_{0.95}(10)=3.940$.

（2）设随机变量 $T\sim t(15)$，$\alpha=0.05$，则查 t 分布表可得上侧 α 分位数 $t_\alpha(15)=t_{0.05}(15)=1.753$. 由于 t 分布的对称性，上侧 0.95 分位数 $t_{0.95}(15)=-t_{0.05}(15)=-1.753$.

（3）设随机变量 $F\sim F(12,8)$，$p=0.05$，直接查 F 分布表可得：

上侧 α 分位数 $F_\alpha(12,8)=F_{0.05}(12,8)=3.28$.

【**例 6.4**】求样本值 16　25　19　20　25　33　21　23　20　21 的 $\overline{x}$ 和 s^2.

【**解**】$\overline{x}=\dfrac{1}{10}\sum_{i=1}^{10}x_i=22.3$,

$$s^2=\frac{1}{n-1}\sum_{i=1}^{n}(x_i-\overline{x})^2=\frac{1}{9}[(16-22.3)^2+\cdots+(21-22.3)^2]\approx 21.5667.$$

或 $$s^2=\frac{1}{n-1}\left[\sum_{i=1}^{n}x_i^2-n\overline{x}\right]=\frac{1}{9}[(16^2+\cdots+21^2)-10\times(22.3)^2]\approx 21.5667.$$

【**例 6.5**】设随机变量 X 和 Y 都服从标准正态分布，则（　　）.

A. $X+Y$ 服从正态分布　　B. X^2+Y^2 服从 χ^2 分布

C. X^2 和 Y^2 都服从 χ^2 分布　　D. X^2/Y^2 服从 F 分布

【**分析**】对于选项 A，只有 (X,Y) 服从二维正态分布，或 X,Y 相互独立时，$X+Y$ 才服从正态分布，因此应该予以否定. 对于选项 B 和 D，由于不知 X,Y 是否相互独立，也应该予以否定. 故选 C.

【**例 6.6**】设随机变量 $X\sim t(n)(n>1)$，$Y\sim\dfrac{1}{X^2}$，则（　　）.

A. $Y\sim\chi^2(n)$　　B. $Y\sim\chi^2(n-1)$　　C. $Y\sim F(n,1)$　　D. $Y\sim F(1,n)$

【**分析**】由于 $X\sim t(n)$，由 t 分布的定义知，存在随机变量 $\xi\sim N(0,1)$, $\eta\sim\chi^2(n)$ 且相互独立，使 $X=\dfrac{\xi}{\sqrt{\eta/n}}$. 由 F 分布的定义知，$\dfrac{1}{X^2}=\dfrac{\eta/n}{\xi^2}\sim F(n,1)$. 故选 C.

【**例 6.7**】设 X_1,X_2,X_3,X_4 是来自正态总体 $N(0,2^2)$ 的样本，$Y=a(X_1-2X_2)^2+b(3X_3-4X_4)^2$，则当 $a=$__________，$b=$__________ $(ab\neq 0)$ 时，统计量服从 χ^2 分布，其自由度为__________.

【**分析**】本题涉及正态总体的样本，又关系到服从正态分布变量的平方和，应想到 Y 可能服从 χ^2 分布，因此从 χ^2 分布的定义入手.

【解】由已知，$X_i \sim N(0,2^2), i=1,2,3,4$，且 X_1,X_2,X_3,X_4 相互独立，故

$$X_1-2X_2 \sim N(0,5\times 2^2), \frac{X_1-2X_2}{2\sqrt{5}} \sim N(0,1),$$

$$3X_3-4X_4 \sim N(0,25\times 2^2), \frac{3X_3-4X_4}{10} \sim N(0,1).$$

由 χ^2 分布的定义知，两个服从 $N(0,1)$ 的独立的随机变量的平方和应服从 $\chi^2(2)$ 分布．因此

$$Y=\left(\frac{X_1-2X_2}{2\sqrt{5}}\right)^2+\left(\frac{3X_3-4X_4}{10}\right)^2=\frac{1}{20}(X_1-2X_2)^2+\frac{1}{100}(3X_3-4X_4)^2 \sim \chi^2(2).$$

所以，当 $a=\frac{1}{20}$，$b=\frac{1}{100}$ 时，统计量 Y 服从自由度为 2 的 χ^2 分布．

【例 6.8】设随机变量 X_1,X_2,X_3,X_4 是来自正态总体 $X\sim N(\mu,\sigma^2)$ 的样本，则随机变量 $Y=(X_3-X_4)\Big/\sqrt{\sum_{i=1}^{2}(X_i-\mu)^2}$ 服从________分布．

【分析】根据 Y 的结构形式，对比服从 t 分布的定义，Y 可能服从 t 分布，为此分别分析 Y 的分子和分母的分布．

【解】$X_3-X_4 \sim N(0,2\sigma^2)$，故 $\frac{X_3-X_4}{\sqrt{2}\sigma} \sim N(0,1)$.

$$\frac{X_i-\mu}{\sigma} \sim N(0,1)，故 \left(\frac{X_i-\mu}{\sigma}\right)^2 \sim \chi^2(1), i=1,2.$$

因此，$\sum_{i=1}^{2}(X_i-\mu)^2\Big/\sigma^2 \sim \chi^2(2)$.

由 t 分布的定义知

$$Y=\frac{X_3-X_4}{\sqrt{2}\sigma}\Bigg/\sqrt{\frac{\sum_{i=1}^{2}(X_i-\mu)^2}{2\sigma^2}}=(X_3-X_4)\Bigg/\sqrt{\sum_{i=1}^{2}(X_i-\mu)^2} \sim t(2).$$

【例 6.9】设总体 $X\sim N(0,2^2)$，而 $X_1,X_2,\cdots,X_{15}$ 是来自总体 X 的样本，则随机变量 $Y=\frac{X_1^2+\cdots+X_{10}^2}{2(X_{11}^2+\cdots+X_{15}^2)}$ 服从__________分布．

【分析】本题样本来自正态总体，根据 Y 的构成是两个多变量平方和之商，结合 F 分布的定义，应考虑是否服从 F 分布．

【解】由于 $X_i \sim N(0,2^2), i=1,2,\cdots,15$，且相互独立．

分子 $\sum_{i=1}^{10}X_i^2=4\sum_{i=1}^{10}\left(\frac{X_i}{2}\right)^2$，而 $\sum_{i=1}^{10}\left(\frac{X_i}{2}\right)^2 \sim \chi^2(10)$.

分母 $\sum_{i=11}^{15}X_i^2=4\sum_{i=11}^{15}\left(\frac{X_i}{2}\right)^2$，而 $\sum_{i=11}^{15}\left(\frac{X_i}{2}\right)^2\sim\chi^2(5)$.

也就是 $\frac{1}{4}\sum_{i=1}^{10}X_i^2\sim\chi^2(10)$，$\frac{1}{4}\sum_{i=11}^{15}X_i^2\sim\chi^2(5)$.

根据 F 分布的定义，有 $\frac{1}{4}\sum_{i=1}^{10}\frac{X_i^2}{10}\Big/\frac{1}{4}\sum_{i=11}^{15}\frac{X_i^2}{5}=\frac{\sum_{i=1}^{10}X_i^2}{2\sum_{i=11}^{15}X_i^2}\sim F(10,5)$.

因此，$Y\sim F(10,5)$.

【例 6.10】 设 $X_1,X_2,\cdots,X_{10}$ 是来自总体 $X\sim N(\mu,4^2)$ 的简单随机样本，S^2 为样本方差，已知 $P\{S^2>a\}=0.1$，则常数 $a=$_______________.

【分析】 本题涉及样本方差的概率问题，且是已知概率值，求上侧分位数的值. 涉及样本方差分布有 χ^2 分布.

【解】 已知 $\frac{(n-1)S^2}{\sigma^2}\sim\chi^2(n-1)$，本题中，$n=10,\sigma^2=4^2$，故

$$P\{S^2>a\}=P\left\{\frac{(n-1)S^2}{\sigma^2}>\frac{(n-1)a}{\sigma^2}\right\}=P\left\{\frac{9S^2}{4^2}>\frac{9a}{16}\right\}.$$

由已知，$\frac{9S^2}{4^2}\sim\chi^2(9)$. 根据上侧分位数定义，应有 $\frac{9a}{16}=\chi^2_{0.1}(9)$ 查 χ^2 分布表，得 $\chi^2_{0.1}(9)=14.684$，即 $\frac{9a}{16}=14.684$. 解得 $a\approx 26.1$.

【例 6.11】 设 X_1,X_2 是总体 $X\sim N(1,(\sqrt{2})^2)$ 的样本，则 $P\{(X_1-X_2)^2\leqslant 0.408\}=$_________.

（注：$\chi^2_{0.75}(1)=0.102,\Phi(0.3194)=0.6255$）

【解】 $X_1-X_2\sim N(0,4)$，故 $\frac{X_1-X_2}{2}\sim N(0,1)$，从而 $\left(\frac{X_1-X_2}{2}\right)^2\sim\chi^2(1)$.

方法一：$P\left\{\left(\frac{X_1-X_2}{2}\right)^2\leqslant\frac{0.408}{4}\right\}=1-P\left\{\left(\frac{X_1-X_2}{2}\right)^2>0.102\right\}=1-0.75=0.25$.

方法二：$P\{(X_1-X_2)^2\leqslant 0.408\}=P\left\{\left(\frac{X_1-X_2}{2}\right)^2\leqslant 0.102\right\}=P\left\{\left|\frac{X_1-X_2}{2}\right|\leqslant\sqrt{0.102}\right\}$

$$=2\Phi(0.3194)-1=2\times 0.6255-1=0.25.$$

【例 6.12】 从总体 $X\sim N(5,2^2)$ 中随机抽取一容量为 25 的样本，求：

（1）样本均值 $\overline{X}$ 落在 4.2 到 5.8 之间的概率；

（2）样本方差 S^2 大于 6.07 的概率.

【思路】 利用关于样本均值 $\overline{X}$、样本方差 S^2 的分布.

【解】 因为总体 $X\sim N(5,2^2)$，$n=25$，故

$$\bar{X}=\frac{1}{25}\sum_{i=1}^{25}X_i\sim N\left(5,\frac{4}{25}\right),\qquad \frac{(25-1)S^2}{2^2}\sim\chi^2(24).$$

于是所求概率

$$P\{4.2<\bar{X}<5.8\}=P\left\{\frac{4.2-5}{\frac{2}{5}}<\frac{\bar{X}-5}{\frac{2}{5}}<\frac{5.8-5}{\frac{2}{5}}\right\}=P\left\{-2<\frac{\bar{X}-5}{\frac{2}{5}}<2\right\}$$

$$=2\Phi(2)-1=2\times0.9772-1=0.9544\,.$$

$$P\{S^2>6.07\}=P\left\{\frac{24S^2}{4}>\frac{6.07\times24}{4}\right\}=P\left\{6S^2>36.42\right\}=0.05\,.$$

其中 0.05 是反查 χ^2 分布表得，$36.42=\chi^2_{0.05}(24)$，即为自由度为 24 的 χ^2 分布的上侧 0.05 分位数.

【例 6.13】 设有 k 个正态总体 $X_i\sim N(\mu_i,\sigma^2)(i=1,2,\cdots,k)$ 它们相互独立，从第 i 个总体中抽取容量为 n_i 的简单随机样本 $X_{i_1},X_{i_2},\cdots,X_{i_{ni}}$，记第 i 个总体的样本均值为 $\bar{X}_i=\frac{1}{n_i}\sum_{j=1}^{n_i}X_{ij}\left(i=1,2,\cdots,k\right)$，$n=\sum_{i=1}^{k}n_i$，试求：$T=\sum_{i=1}^{k}\sum_{j=1}^{n_i}\left(X_{ij}-\bar{X}_i\right)^2/\sigma^2$ 的分布.

【思路】 因为所求是平方和的分布，所以应考虑 χ^2 分布.

【解】 由于 $X_i\sim N(\mu_i,\sigma^2)$，且这 k 个正态总体相互独立，所以

$$\sum_{j=1}^{n_i}(X_{ij}-\bar{X}_i)^2/\sigma^2\sim\chi^2(n_i-1)\quad(i=1,2,\cdots,k)\text{ 且相互独立.}$$

由于 χ^2 分布的可加性，所以 $T=\sum_{i=1}^{k}\chi_i^2=\sum_{i=1}^{k}\sum_{j=1}^{n_i}(X_{ij}-\bar{X}_i)^2/\sigma^2\sim\chi^2(n-k)$.

【例 6.14】 设总体 X 的分布为 $\begin{bmatrix}-1 & 1\\ q & p\end{bmatrix}$，其中 $p+q=1$，$X_1,X_2,\cdots,X_n$ 为样本，利用中心极限定理，当 n 充分大时，求样本均值 $\bar{X}$ 的近似分布.

【思路】 中心极限定理是说明独立随机变量和的极限分布是正态分布的定理. 因此应首先求出 $\sum_{i=1}^{n}X_i$ 的期望和方差，将其标准化，方可写出其极限分布.

【解】 $E(X_i)=E(X)=p-q$，

$D(X_i)=D(X)=E(X^2)-[E(X)]^2=p+q-(p-q)^2=4pq(i=1,2,\cdots,n)$，

$E\left(\sum_{i=1}^{n}X_i\right)=nE(X_i)=n(p-q),\ D\left(\sum_{i=1}^{n}X_i\right)=nD(X_i)=4npq$，

由中心极限定理知

$$\frac{\bar{X}-(p-q)}{\sqrt{4pq/n}}=\frac{\sum_{i=1}^{n}X_i-nE(X_i)}{\sqrt{nD(X_i)}}\text{ 近似服从 }N(0,1)\text{ 分布.}$$

而$E(\bar{X})=p-q, D(\bar{X})=\dfrac{4pq}{n}$，于是，当$n$充分大时，$\bar{X}$近似服从$N\left(p-q,\dfrac{4pq}{n}\right)$分布.

【例 6.15】 设$X_1,\cdots,X_n,X_{n+1}$为来自总体$X\sim N(\mu,\sigma^2)$的样本$(n>1)$，若$\bar{X}=\dfrac{1}{n}\sum\limits_{i=1}^{n}X_i$，$S^2=\dfrac{1}{n-1}\sum\limits_{i=1}^{n}(X_i-\bar{X})^2$，试求常数$c$，使$c(X_{n+1}-\bar{X})/S\sim t(n-1)$；又若$n=8$且$P\{\bar{X}-kS<X_9<\bar{X}+kS\}=0.80$，求$k$的值.

【思路】 紧扣t分布的定义，从而定出常数c及k的值.

【解】 因为$\bar{X}\sim N\left(\mu,\dfrac{\sigma^2}{n}\right), X_{n+1}\sim N(\mu,\sigma^2)$，所以

$$\bar{X}-X_{n+1}\sim N\left(0,\frac{n+1}{n}\sigma^2\right),\quad (\bar{X}-X_{n+1})\Big/\sqrt{\frac{n+1}{n}}\sigma\sim N(0,1).$$

又$\dfrac{(n-1)S^2}{\sigma}\sim\chi^2(n-1)$，所以

$$\frac{\bar{X}-X_{n+1}}{\sqrt{(n+1)\sigma/n}}\Bigg/\sqrt{\frac{(n-1)S^2}{\sigma^2(n-1)}}=\sqrt{\frac{n}{n+1}}\cdot\frac{\bar{X}-X_{n+1}}{S}\sim t(n-1).$$

故$c=\sqrt{\dfrac{n}{n+1}}$.

由$P(\bar{X}-kS<X_9<\bar{X}+kS)=0.80$，得

$$P\left\{-\sqrt{\frac{8}{9}}\cdot k<\sqrt{\frac{8}{9}}\cdot\frac{\bar{X}-X_9}{S}<\sqrt{\frac{8}{9}}\cdot k\right\}=0.80,$$

其中$\sqrt{\dfrac{8}{9}}\cdot\dfrac{\bar{X}-X_9}{S}\sim t(7)$，由$t$分布知，$\sqrt{\dfrac{8}{9}}\cdot k=t_{0.10}(7)=1.415$，

所以
$$k=1.415\times\frac{3}{2\sqrt{2}}\approx 1.5.$$

附表 1　标准正态分布表

附表 2　χ^2 分布表

附表 3　t 分布表

附表 4　F 分布表

第七章　参数估计

一、基本要求

1. 理解点估计、估计量与估计值、矩估计和极大似然估计的概念.
2. 熟练掌握矩估计法和极大似然估计法.
3. 了解估计量的三个评价标准，并能说明估计量的无偏性.
4. 理解未知参数的置信区间的概念.
5. 掌握单个正态总体的置信区间的求法.

二、知识网络图

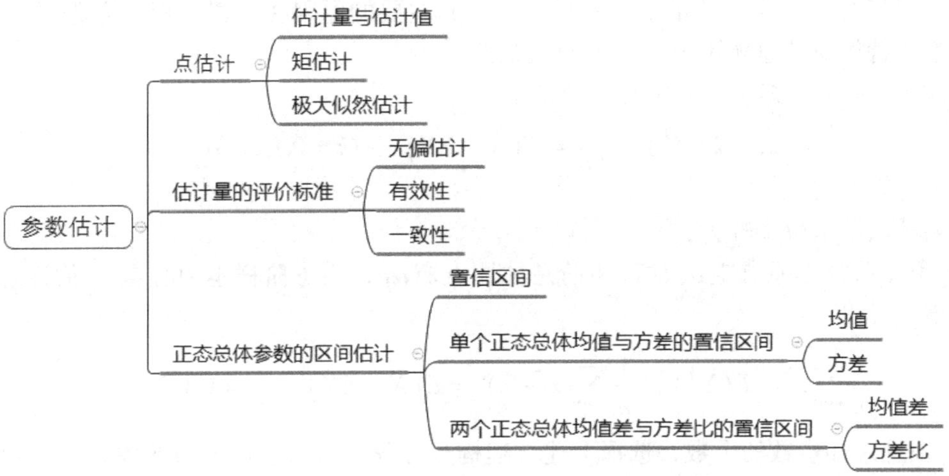

三、知识总结

统计推断是依据从总体中抽取的一个简单随机样本对总体进行分析和判断，是统计学的核心内容. 统计推断的基本问题可以分为两大类：一类是参数估计问题，另一类是假设检验问题.

若总体分布形式已知，但它的一个或多个参数为未知时需借助总体 X 的样本来估计未知参数. 所谓参数估计就是由样本值对总体的未知参数作出估计，可分为点估计和区间估计.

（一）点估计

点估计就是根据总体 X 的一个样本，估计参数的真值. 点估计的方法有矩估计法、极大似然估计法、最小二乘法、贝叶斯方法等. 这里我们需要重点掌握的是矩估计法和极大似然估计法.

1. 估计量与估计值

一般来说，总体 X 的分布函数 $F(x;\theta_1,\theta_2,\cdots,\theta_k)$ 的形式已知，其中 $\theta_1,\theta_2,\cdots,\theta_k$ 为待估参

数. 设 $X_1,X_2,\cdots,X_n$ 是总体的一个样本，$x_1,x_2,\cdots,x_n$ 是相应的一个样本值，若用 $X_1,X_2,\cdots,X_n$ 构造一个统计量 $\hat{\theta}_i \triangleq \hat{\theta}_i(X_1,X_2,\cdots,X_n)$，用于估计参数 $\theta_i(i=1,\cdots,k)$，就称 $\hat{\theta}_i$ 为参数 θ_i 的估计量，而估计量 $\hat{\theta}_i$ 的观测值 $\hat{\theta}_i(x_1,x_2,\cdots,x_n)$ 称之为参数 θ_i 的估计值 $(i=1,\cdots,k)$.

2. 矩估计

（1）定义

若总体 X 的 k 阶原点矩 $\alpha_k \triangleq E(X^k)$ 存在，则样本 k 阶原点矩 $A_k \triangleq \frac{1}{n}\sum_{i=1}^{n} X_i^k$ 依概率收敛于总体 k 阶原点矩 α_k，即 $A_k = \frac{1}{n}\sum_{i=1}^{n} X_i^k \xrightarrow{P} \alpha_k (n \to +\infty)$.

样本矩的连续函数是依概率收敛于对应总体矩的连续函数，因此我们可以利用样本矩来估计总体相对应的矩，这种方法就称为矩估计法.

矩估计法无需知道总体的分布，但当总体类型已知时，没有充分利用总体分布提供的信息. 一般场合下，矩估计量不具有唯一性. 其主要的原因在于建立矩法方程时，选取哪些样本矩代替相应的总体矩带有一定的随意性.

总体的 k 阶原点矩和 k 阶中心矩分别定义为：

$$\alpha_k = E(X^k), \quad \mu_k = E\left(X - EX\right)^k \quad (k=0,1,2,\cdots).$$

（2）计算方法

矩估计法的求解步骤为：

① 用 k 阶样本原点矩 $\hat{\alpha}_k$ 估计 k 阶总体原点矩 α_k，用 k 阶样本中心矩 $\hat{\mu}_k$ 估计总体的 k 阶中心矩 μ_k，即

$$\frac{1}{n}\sum_{i=1}^{n} x_i^k = E(X^k), \quad \frac{1}{n}\sum_{i=1}^{n}(x_i-\overline{x})^k = E\left(X-EX\right)^k \quad (k=0,1,2,\cdots).$$

② 根据未知参数的个数，选择上述方程构建方程（组）求解未知参数.

3. 极大似然估计

极大似然估计是在总体类型已知的条件下使用的一种参数估计方法. 最早是由德国数学家高斯在 1821 年提出的，然而费希尔在 1922 年才重新发现了这一方法，并首先研究了这种方法的一些性质. 极大似然估计法的基本思想就是根据样本以最大概率对未知参数作出估计的方法.

设总体 X 的概率函数（或密度函数）$f(x;\theta)$ 的形式为已知，其中 θ 为待估参数. 设样本 $X_1,X_2,\cdots,X_n$ 取自总体 X，对应的样本值为 $x_1,x_2,\cdots,x_n$.

如果总体 X 是离散型总体，则根据极大似然估计的思想，求解未知参数为何值时随机事件 $\{X_1=x_1,\cdots,X_n=x_n\}$ 发生的概率最大（即最可能发生）的方法如下.

$$\max_{\theta} P\{X_1=x_1,\cdots,X_n=x_n\} = \max_{\theta}\{P\{X_1=x_1\}\cdots P\{X_n=x_n\}\} = \max_{\theta}\prod_{i=1}^{n} f(x_i;\theta).$$

如果总体 X 是连续型总体，则随机点 $(X_1,X_2,\cdots,X_n)$ 落在点 $(x_1,x_2,\cdots,x_n)$ 的邻域（边长分别为 $\mathrm{d}x_1,\cdots,\mathrm{d}x_n$ 的 n 维立方体）内的概率近似地为 $\prod_{i=1}^{n} f(x_i;\theta)\mathrm{d}x_i$，其值随 θ 的取值不同而

变化．与离散型情形一样，选取θ使此概率最大，由于因子$\prod_{i=1}^{n}\mathrm{d}x_i$不随$\theta$变化，故只考虑$\prod_{i=1}^{n}f(x_i;\theta)$部分．

称函数$L(x_1,\cdots,x_n;\theta)=\prod_{i=1}^{n}f(x_i;\theta)$为参数$\theta$的似然函数，若$L(x_1,\cdots,x_n;\hat{\theta})=\max_{\theta\in\Theta}L(x_1,\cdots,x_n;\theta)$，则称$\hat{\theta}(x_1,\cdots,x_n)$为参数$\theta$的极大似然估计值，$\hat{\theta}(X_1,\cdots,X_n)$称为参数$\theta$的极大似然估计量．

极大似然估计的求解步骤：

（1）构造似然函数：$L(x_1,\cdots,x_n;\theta)=\prod_{i=1}^{n}f(x_i;\theta)$．

（2）取对数求导，求出未知参数的极大似然估计：$\frac{\mathrm{d}\ln L(\theta)}{\mathrm{d}\theta}=0$．

极大似然估计法也适用于分布中含多个未知参数$\theta_1,\cdots,\theta_k$的情况．此时似然函数为$\prod_{i=1}^{n}f(x_i;\theta_1,\cdots,\theta_k)$，分别令$\frac{\partial\ln L}{\partial\theta_i}=0$（$i=1,\cdots,k$），解上述方程组，可得各未知参数$\theta_i(i=1,\cdots,k)$的极大似然估计值$\hat{\theta}$．

在相当广泛的情形下，似然方程的解就是极大似然估计量．一般地，要用微积分中判断最大值的方法来判断似然方程的解是否为极大似然估计量．有时，只能用近似计算的方法求解似然方程．在有些情形下，似然函数对应的导数不存在，则这时应采用其他方法求极大似然估计量．

（二）估计量的评价标准

对于总体的同一未知参数θ，运用不同的估计方法求出的估计量不一定相同．那么采用哪一种估计量为好呢？怎样衡量和比较估计量的好坏呢？这就牵涉到评选估计量的标准．评选估计量的标准，是对于估计量优良性的要求，我们需要掌握无偏性、有效性（最小方差性）和一致性三个评价标准．

1．无偏估计

若参数θ的估计量$\hat{\theta}=\hat{\theta}(X_1,\cdots,X_n)$的数学期望$E(\hat{\theta})$存在且满足$E(\hat{\theta})=\theta$，则称$\hat{\theta}$是$\theta$的无偏估计量．

若$E(\hat{\theta})\neq\theta$，在工程技术中，$E(\hat{\theta})-\theta$称为以$\hat{\theta}$作为$\theta$的估计的系统误差．无偏估计的意义为无系统误差．若$\lim_{n\to+\infty}E(\hat{\theta})=\theta$，则称$\hat{\theta}$是$\theta$的渐进无偏估计量．

2．有效性

设$\hat{\theta}_1$与$\hat{\theta}_2$都是θ的无偏估计，即$E(\hat{\theta}_1)=E(\hat{\theta}_2)=\theta$，若$D(\hat{\theta}_1)<D(\hat{\theta}_2)$，则称$\hat{\theta}_1$比$\hat{\theta}_2$有效．在未知参数$\theta$任何两个无偏估计量中，显然应该选更有效者——方差较小者．

3．一致性（相合性）

估计量$\hat{\theta}$的无偏性和有效性都是在样本容量n固定的前提下考虑的．当样本容量无限大时，估计值在真参数的附近的概率应趋近于1．

设$\hat{\theta}$为参数θ的估计量，当$n\to+\infty$时，$\hat{\theta}$依概率收敛于θ，则称$\hat{\theta}$为θ的一致估计量，即对任意的$\varepsilon>0$，有$\lim\limits_{n\to+\infty}P\{|\hat{\theta}-\theta|<\varepsilon\}=1$.

（三）正态总体参数的区间估计

未知参数θ的区间估计，即“置信区间”，是以统计量为端点的随机区间$(\hat{\theta}_1,\hat{\theta}_2)$，它以足够大的把握（概率）包含未知参数$\theta$的值，其中区间端点$\hat{\theta}_1$和$\hat{\theta}_2$是统计量.

1. 置信区间

设总体X的分布函数$F(x;\theta)$含有一个未知参数θ，对于给定值$\alpha(0<\alpha<1)$，若有关于样本$X_1,\cdots,X_n$的两个统计量$\underline{\theta}=\underline{\theta}(X_1,\cdots,X_n)$和$\overline{\theta}=\overline{\theta}(X_1,\cdots,X_n)$满足

$$P\{\underline{\theta}(X_1,\cdots,X_n)<\theta<\overline{\theta}(X_1,\cdots,X_n)\}=1-\alpha,$$

则称随机区间$(\underline{\theta},\overline{\theta})$是$\theta$的置信度为$1-\alpha$的置信区间，$\underline{\theta}$和$\overline{\theta}$分别称为$\mu$的置信度为$1-\alpha$的置信区间的置信下限和置信上限，$1-\alpha$为置信度.

置信度是置信区间$(\hat{\theta}_1,\hat{\theta}_2)$“包含”或“覆盖”未知参数$\theta$的概率. 置信度一般选充分大的数，例如$1-\alpha=0.95$. 直观上，使用置信度为$1-\alpha$的置信区间$(\hat{\theta}_1,\hat{\theta}_2)$估计参数$\theta$，则说明在样本容量不变的情况下反复抽样得到的全部区间中，包含θ值的区间不少于$100(1-\alpha)\%$，不包含θ的情形最多只有$100\alpha\%$.

2. 单个正态总体均值与方差的置信区间

设$X_1,\cdots,X_n$是来自总体$N(\mu,\sigma^2)$的一个样本，$\overline{X}$和S^2分别为样本均值和样本方差. 给定置信度为$1-\alpha$.

（1）均值μ的置信区间（方差σ^2已知）

由于$\dfrac{\overline{X}-\mu}{\sigma/\sqrt{n}}\sim N(0,1)$，给定置信度$1-\alpha(0<\alpha<1)$，构造$P\left\{a<\dfrac{\overline{X}-\mu}{\sigma/\sqrt{n}}<b\right\}=1-\alpha$. 由于$\dfrac{\overline{X}-\mu}{\sigma/\sqrt{n}}\sim N(0,1)$，其密度函数的图像关于$y$轴对称，所以为简便起见，让区间$(a,b)$也关于$y$轴对称，使两边阴影部分的面积分别为$\dfrac{\alpha}{2}$，此时$a,b$即可由分位数$u_{\alpha/2}$确定，如图 7-1 所示.

$$P\left\{\overline{X}-\frac{\sigma}{\sqrt{n}}u_{\alpha/2}<\mu<\overline{X}+\frac{\sigma}{\sqrt{n}}u_{\alpha/2}\right\}=1-\alpha,$$

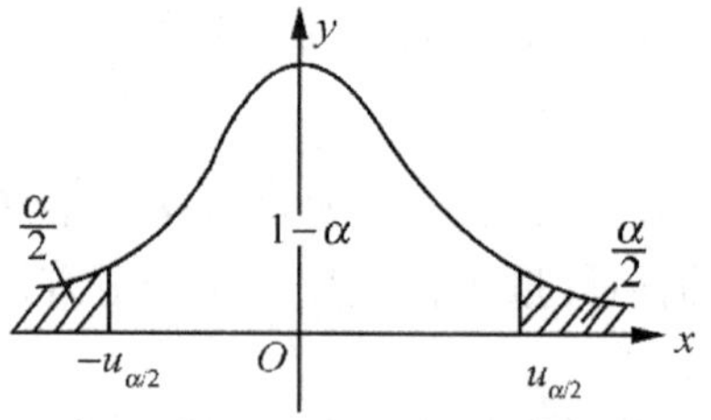

图 7-1　标准正态分布置信区间示意图

从而得到μ的一个置信度为$1-\alpha$的置信区间$\left(\bar{X}-\frac{\sigma}{\sqrt{n}}u_{\alpha/2}, \bar{X}+\frac{\sigma}{\sqrt{n}}u_{\alpha/2}\right)$，对应于具体的置信区间为$\left(\bar{x}-\frac{\sigma}{\sqrt{n}}u_{\alpha/2}, \bar{x}+\frac{\sigma}{\sqrt{n}}u_{\alpha/2}\right)$，也称为$\mu$的一个置信度为$1-\alpha$的置信区间.

（2）均值μ的置信区间（方差σ^2未知）

σ^2未知时，不能使用上面的置信区间，因为其中含有未知参数σ．由于S^2是σ^2的无偏估计，所以用S^2替代σ^2，又因为统计量$T=\frac{\bar{X}-\mu}{S/\sqrt{n}}\sim t(n-1)$不含未知参数$\sigma$，所以可利用它导出对正态总体均值$\mu$的区间估计．对于给定的置信度$1-\alpha(0<\alpha<1)$，类似构造$P\left\{-t_{\alpha/2}(n-1)<\frac{(\bar{X}-\mu)\sqrt{n}}{S}<t_{\alpha/2}(n-1)\right\}=1-\alpha$，即

$$P\left\{\bar{X}-\frac{S}{\sqrt{n}}t_{\alpha/2}(n-1)<\mu<\bar{X}+\frac{S}{\sqrt{n}}t_{\alpha/2}(n-1)\right\}=1-\alpha,$$

从而得到μ的置信度为$1-\alpha$的置信区间为$\left(\bar{X}-\frac{S}{\sqrt{n}}t_{\alpha/2}(n-1), \bar{X}+\frac{S}{\sqrt{n}}t_{\alpha/2}(n-1)\right)$，如图 7-2 所示.

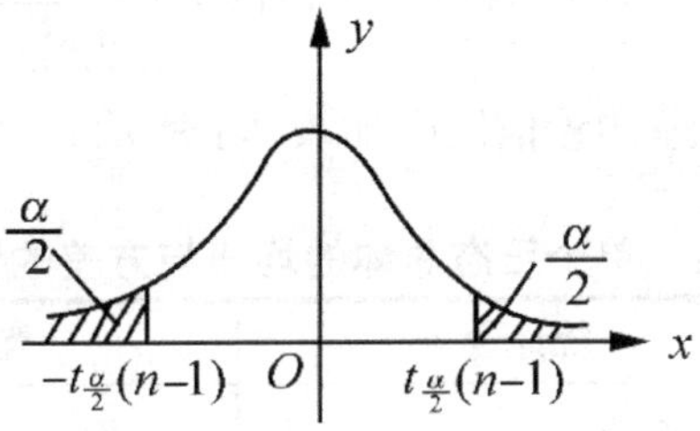

图 7-2　t 分布置信区间示意图

（3）方差σ^2的置信区间（均值μ已知）

由于$\frac{\sum_{i=1}^{n}(X_i-\mu)^2}{\sigma^2}\sim\chi^2(n)$，对于给定的置信度$1-\alpha\,(0<\alpha<1)$，类似构造

$$P\left\{\chi^2_{1-\alpha/2}(n)<\frac{1}{\sigma^2}\sum_{i=1}^{n}(X_i-\mu)^2<\chi^2_{\alpha/2}(n)\right\}=1-\alpha,$$

所以得到σ^2的置信度为$1-\alpha$的置信区间为$\left(\frac{\sum_{i=1}^{n}(X_i-\mu)^2}{\chi^2_{\alpha/2}(n)}, \frac{\sum_{i=1}^{n}(X_i-\mu)^2}{\chi^2_{1-\alpha/2}(n)}\right)$.

（4）方差σ^2的置信区间（均值μ未知）

考虑到S^2是σ^2的无偏估计，因为$\frac{(n-1)S^2}{\sigma^2}\sim\chi^2(n-1)$，且$\chi^2(n-1)$的分布与$\sigma^2$无

关. 给定置信度$1-\alpha$，在$\chi^2(n-1)$的分布密度曲线中，存在分位数$\chi^2_{\alpha/2}(n-1)$，$\chi^2_{1-\alpha/2}(n-1)$（可通过查χ^2分布表求得），使左右两侧面积都等于$\frac{\alpha}{2}$，如图 7-3 所示.

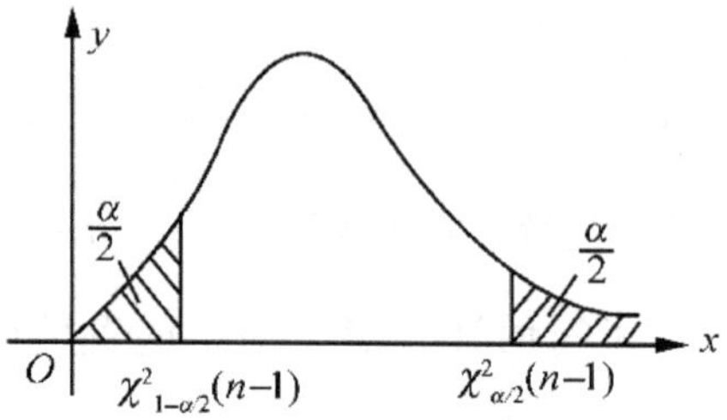

图 7-3　χ^2分布置信区间示意图

所以
$$P\left\{\chi^2_{1-\alpha/2}(n-1)<\frac{(n-1)S^2}{\sigma^2}<\chi^2_{\alpha/2}(n-1)\right\}=1-\alpha，$$

由此得到σ^2的置信度为$1-\alpha$的置信区间为$\left(\frac{(n-1)S^2}{\chi^2_{\alpha/2}(n-1)},\ \frac{(n-1)S^2}{\chi^2_{1-\alpha/2}(n-1)}\right)$.

进一步得标准差σ的置信度为$1-\alpha$的置信区间为$\left(\frac{S\sqrt{n-1}}{\sqrt{\chi^2_{\alpha/2}(n-1)}},\ \frac{S\sqrt{n-1}}{\sqrt{\chi^2_{1-\alpha/2}(n-1)}}\right)$.

单个正态总体的均值与方差的置信区间如表 7-1 所示.

表 7-1　单个正态总体的均值与方差的置信区间

待估参数	参数情况	统计量	置信度为 1−α 的置信区间
μ	σ^2已知	$\frac{\bar{X}-\mu}{\sigma}\sqrt{n}\sim N(0,1)$	$\left(\bar{X}-\frac{\sigma}{\sqrt{n}}u_{\alpha/2},\ \bar{X}+\frac{\sigma}{\sqrt{n}}u_{\alpha/2}\right)$
	σ^2未知	$\frac{\bar{X}-\mu}{S}\sqrt{n}\sim t(n-1)$	$\left(\bar{X}-\frac{S}{\sqrt{n}}t_{\alpha/2}(n-1),\ \bar{X}+\frac{S}{\sqrt{n}}t_{\alpha/2}(n-1)\right)$
σ^2	μ已知	$\frac{\sum_{i=1}^{n}(X_i-\mu)^2}{\sigma^2}\sim\chi^2(n)$	$\left(\frac{\sum_{i=1}^{n}(X_i-\mu)^2}{\chi^2_{\alpha/2}(n)},\ \frac{\sum_{i=1}^{n}(X_i-\mu)^2}{\chi^2_{1-\alpha/2}(n)}\right)$
	μ未知	$\frac{(n-1)S^2}{\sigma^2}\sim\chi^2(n-1)$	$\left(\frac{(n-1)S^2}{\chi^2_{\alpha/2}(n-1)},\ \frac{(n-1)S^2}{\chi^2_{1-\alpha/2}(n-1)}\right)$

3. 两个正态总体均值差与方差比的置信区间

设$X_1,\cdots,X_{n_1}$是$N(\mu_1,\sigma^2)$的样本，$Y_1,\cdots,Y_{n_2}$是$N(\mu_2,\sigma^2)$的样本，且两样本相互独立. 它们的样本均值及样本方差分别记为$\bar{X}$，$\bar{Y}$及S_1^2，S_2^2.

两个正态总体均值差与方差比的置信区间如表 7-2 所示.

表 7-2 两个正态总体均值差与方差比的置信区间

待估参数	参数情况	置信度为 1- α 的置信区间
$\mu_1-\mu_2$	σ_1^2,σ_2^2 已知	$\left(\overline{X}-\overline{Y}-u_{\alpha/2}\sqrt{\dfrac{\sigma_1^2}{n_1}+\dfrac{\sigma_2^2}{n_2}},\ \overline{X}-\overline{Y}+u_{\alpha/2}\sqrt{\dfrac{\sigma_1^2}{n_1}+\dfrac{\sigma_2^2}{n_2}}\right)$
	$\sigma_1^2=\sigma_2^2$ 未知	$\left(\overline{X}-\overline{Y}-t_{\alpha/2}(n_1-n_2-2)S_w\sqrt{\dfrac{1}{n_1}+\dfrac{1}{n_2}},\ \overline{X}-\overline{Y}+t_{\alpha/2}(n_1-n_2-2)S_w\sqrt{\dfrac{1}{n_1}+\dfrac{1}{n_2}}\right)$
$\dfrac{\sigma_1^2}{\sigma_2^2}$	μ_1,μ_2 已知	$\left(\dfrac{n^2\sum\limits_{i=1}^{n}(X_i-\mu_1)^2}{n_1F_{\alpha/2}(n_1,n_2)\sum\limits_{i=1}^{n}(Y_i-\mu_2)^2},\ \dfrac{n^2\sum\limits_{i=1}^{n}(X_i-\mu_1)^2}{n_1F_{1-\alpha/2}(n_1,n_2)\sum\limits_{i=1}^{n}(Y_i-\mu_2)^2}\right)$
	μ_1,μ_2 未知	$\left(\dfrac{S_1^2}{S_2^2}\cdot\dfrac{1}{F_{\alpha/2}(n_1-1,n_2-1)},\ \dfrac{S_1^2}{S_2^2}\cdot\dfrac{1}{F_{1-\alpha/2}(n_1-1,n_2-1)}\right)$

其中 $S_w^2=\dfrac{(n_1-1)S_1^2+(n_2-1)S_2^2}{n_1+n_2-2}$.

四、典型例题

【例 7.1】 设总体 X 的均值 μ 及方差 σ^2 都存在，且 $\sigma^2>0$，但 μ,σ^2 均为未知，又设 $X_1,X_2,\cdots,X_n$ 是总体 X 的一个样本，试求 μ,σ^2 的矩估计量.

【分析】 由于总体 X 中含有 2 个未知参数 μ,σ，因此需建立两个方程. 建立方程时，通常都是尽可能地利用低阶矩，因为样本矩的阶数越高，对样本加工处理的信息失真也可能越大.

【解】 根据矩估计法，令 $\begin{cases}E(X)=\overline{X},\\ E(X^2)=\dfrac{1}{n}\sum\limits_{i=1}^{n}X_i^2,\end{cases}$

而 $E(X)=\mu$，$E(X^2)=D(X)+[E(X)]^2=\sigma^2+\mu^2$，

所以有 $\begin{cases}\mu=\overline{X},\\ \sigma^2+\mu^2=\dfrac{1}{n}\sum\limits_{i=1}^{n}X_i^2.\end{cases}$

解上述联立方程组，得 μ 和 σ^2 的矩估计量分别为

$$\hat{\mu}=\overline{X},\quad \hat{\sigma}^2=\frac{1}{n}\sum_{i=1}^{n}X_i^2-(\overline{X})^2=\frac{1}{n}\sum_{i=1}^{n}(X_i-\overline{X})^2.$$

所得结果表明，对于任意的分布，只要总体均值及方差存在，其均值与方差的矩估计

量表达式都是一样的（即与分布无关）.

【例 7.2】设总体 X 的密度函数为 $f(x)=\begin{cases}\theta x^{\theta-1}, & 0<x<1,\\ 0, & \text{其他},\end{cases}$ 已知 $X_1,X_2,\cdots,X_n$ 为其样本，求参数 θ 的矩估计量和极大似然估计量.

【分析】由于总体 X 连续，分布中只有一个未知参数，因此选择方程 $E(X)=\bar{X}$ 进行矩估计求解，似然函数由密度函数连乘得到.

【解】（1）因为 $E(X)=\int_0^1 x\theta x^{\theta-1}\mathrm{d}x=\theta\int_0^1 x^{\theta}\mathrm{d}x=\dfrac{\theta}{\theta+1}$，

由矩估计，$E(X)=\bar{X}$，所以 $\bar{X}=\dfrac{\theta}{\theta+1}$.

求解得，$\hat{\theta}=\dfrac{\bar{X}}{1-\bar{X}}$ 即为参数 θ 的矩估计量.

（2）构造似然函数 $L(\theta)=\begin{cases}\prod\limits_{i=1}^{n}\theta x_i^{\theta-1}, 0<x_i<1\,(i=1,\cdots,n),\\ 0, \qquad \text{其他},\end{cases}$

要让 L 最大，则取 $0<x_i<1\,(i=1,\cdots,n)$. 两边取对数，得

$$\ln L=\ln(\prod_{i=1}^{n}\theta x_i^{\theta-1})=\sum_{i=1}^{n}[\ln\theta+(\theta-1)\ln x_i]=n\ln\theta+(\theta-1)\sum_{i=1}^{n}\ln x_i .$$

由 $\dfrac{\mathrm{d}\ln L}{\mathrm{d}\theta}=\dfrac{n}{\theta}+\ln\prod\limits_{i=1}^{n}x_i=0$，知 $\hat{\theta}=-\dfrac{n}{\ln\prod\limits_{i=1}^{n}x_i}=-\dfrac{n}{\sum\limits_{i=1}^{n}\ln x_i}$.

所以参数 θ 的极大似然估计量为 $\hat{\theta}=-\dfrac{n}{\sum\limits_{i=1}^{n}\ln X_i}$.

【例 7.3】设总体 X 具有几何分布，它的分布律为 $P\{X=k\}=(1-p)^{k-1}p,\quad k=1,2,\cdots$.
（1）求未知参数 p 的矩估计量；（2）求未知参数 p 的极大似然估计量.
【分析】该题属于离散型总体的情形，其似然函数由概率连乘得到.

【解】（1）因为 $E(X)=\dfrac{1}{p}$，令 $\dfrac{1}{p}=\bar{X}$，所以未知参数 p 的矩估计量为 $\hat{p}=\dfrac{1}{\bar{X}}$.

（2）构造似然函数 $L(x_1,\cdots,x_n;p)=\prod\limits_{i=1}^{n}f(x_i;p)=\prod\limits_{i=1}^{n}(1-p)^{x_i-1}p$，

两边同时取对数，

$$\begin{aligned}\ln L&=\ln[\prod_{i=1}^{n}(1-p)^{x_i-1}p]=\sum_{i=1}^{n}\ln[(1-p)^{x_i-1}p]\\&=\sum_{i=1}^{n}(x_i-1)\ln(1-p)+\sum_{i=1}^{n}\ln p=\ln(1-p)\sum_{i=1}^{n}(x_i-1)+n\ln p ,\end{aligned}$$

两边同时求导，令 $\dfrac{\mathrm{d}\ln L}{\mathrm{d}p}=\dfrac{-\sum\limits_{i=1}^{n}(x_i-1)}{1-p}+\dfrac{n}{p}=0$，

解得未知参数 p 的极大似然估计值为 $\hat{p}=\dfrac{1}{\bar{x}}$. 故 p 的极大似然估计量为 $\hat{p}=\dfrac{1}{\bar{X}}$.

【例 7.4】 设 $X_1,X_2,\cdots,X_n$ 是从区间 $[0,\theta]$ 上均匀分布的总体中抽出的样本，求 θ 的矩估计量和极大似然估计量.

【分析】 该题属于连续型总体的情形，由于其概率密度是分段函数，因此其似然函数也是分段函数. 其似然函数取对数求导后无法求出其驻点，此时还需要借助其他方法来判断，如单调性等.

【解】（1）由均匀分布得，$E(X)=\dfrac{\theta}{2}$，

由矩估计，令 $\dfrac{\theta}{2}=\bar{X}$，所以 $\hat{\theta}=2\bar{X}$ 就是参数 θ 的矩估计量，$\hat{\theta}=2\bar{x}$ 是参数 θ 的矩估计值.

（2）由题可知，X 的密度函数 $f(x;\theta)=\begin{cases}\dfrac{1}{\theta}, & 0\leqslant x\leqslant\theta,\\ 0, & 其他.\end{cases}$

构造关于样本值为 $x_1,\cdots,x_n$ 的似然函数 $L(x_1,x_2,\cdots,x_n;\theta)=\begin{cases}\left(\dfrac{1}{\theta}\right)^n, & 0\leqslant x_1,x_2,\cdots,x_n\leqslant\theta,\\ 0, & 其他.\end{cases}$

显然当 $0\leqslant x_1,x_2,\cdots,x_n\leqslant\theta$ 时，$\dfrac{\mathrm{d}\ln L}{\mathrm{d}\theta}<0$，从而无法求出其驻点. 因为其导数小于零，所以函数 $\ln L$（或 L）无驻点. 当 $0\leqslant x_1,x_2,\cdots,x_n\leqslant\theta$ 时，$L(x_1,x_2,\cdots,x_n;\theta)=\dfrac{1}{\theta^n}\leqslant\dfrac{1}{[\max(x_1,\cdots,x_n)]^n}$.

所以，当 $\hat{\theta}=\max(x_1,x_2,\cdots,x_n)$ 时，L 最大.

故 θ 的极大似然估计量为 $\hat{\theta}=\max(X_1,X_2,\cdots,X_n)$.

【例 7.5】 设总体 $X\sim N(\mu,\sigma^2)$，μ,σ^2 为未知参数，设 $x_1,x_2,\cdots,x_n$ 是来自该总体的样本值. 求 μ,σ^2 的极大似然估计值及极大似然估计量.

【分析】 该题有 2 个未知参数，因此似然函数取对数之后是关于 μ,σ^2 的二元函数. 需要借助偏导数来求解.

【解】 设总体 X 的样本值为 $x_1,\cdots,x_n$. 因为总体 X 的密度函数为

$$f(x;\mu,\sigma^2)=\frac{1}{\sqrt{2\pi\sigma^2}}\mathrm{e}^{-\frac{1}{2\sigma^2}(x-\mu)^2},$$

于是似然函数为 $L(\mu,\sigma^2)=\prod\limits_{i=1}^{n}f(x_i;\mu,\sigma^2)=\left(\dfrac{1}{\sqrt{2\pi\sigma^2}}\right)^n\mathrm{e}^{-\frac{1}{2\sigma^2}\sum\limits_{i=1}^{n}(x_i-\mu)^2}$，

对上式两边取对数得 $\ln L=-\dfrac{n}{2}\ln(2\pi)-\dfrac{n}{2}\ln\sigma^2-\dfrac{1}{2\sigma^2}\sum\limits_{i=1}^{n}(x_i-\mu)^2$.

令 $\begin{cases}\dfrac{\partial}{\partial\mu}(\ln L)=\dfrac{1}{\sigma^2}\sum\limits_{i=1}^{n}(x_i-\mu)=0,\\ \dfrac{\partial}{\partial\sigma^2}(\ln L)=-\dfrac{n}{2\sigma^2}+\dfrac{1}{2(\sigma^2)^2}\sum\limits_{i=1}^{n}(x_i-\mu)^2=0,\end{cases}$

解此方程组得 μ,σ^2 的极大似然估计值分别为 $\hat{\mu}=\bar{x}$ ，$\hat{\sigma}^2=\dfrac{1}{n}\sum\limits_{i=1}^{n}(x_i-\bar{x})^2$. 所以 μ,σ^2 的极大似然估计量分别为 $\hat{\mu}=\bar{X}$ ，$\hat{\sigma}^2=\dfrac{1}{n}\sum\limits_{i=1}^{n}(X_i-\bar{X})^2$.

此结果与矩估计法获得的矩估计相同.

【**例 7.6**】设总体 X 的概率分布为

X	0	1	2	3
P	θ^2	$2\theta(1-\theta)$	θ^2	$1-2\theta$

其中 $\theta\left(0<\theta<\dfrac{1}{2}\right)$ 是未知参数，假设总体 X 有如下的样本值：

3，1，3，0，3，1，2，3，

试求未知参数 θ 的矩估计值和极大似然估计值.

【**分析**】此题给出的是总体的分布列. 由于极大似然估计的思想是尽可能使样本出现的概率最大，因此需要利用样本值出现的概率来构造似然函数.

【**解**】（1）由总体 X 的概率分布列可得，

$$E(X)=0\times\theta^2+1\times2\theta(1-\theta)+2\times\theta^2+3\times(1-2\theta)=3-4\theta .$$

由矩估计得，$E(X)=\bar{X}$ ，所以 $3-4\theta=\bar{X}$ ，即 $\hat{\theta}=\dfrac{3-\bar{X}}{4}$ 为参数 θ 的矩估计量.

因为 $\bar{x}=\dfrac{1}{8}(3+1+\cdots+3)=2$ ，所以参数 θ 的矩估计值为 $\hat{\theta}=\dfrac{3-\bar{x}}{4}=\dfrac{1}{4}$.

（2）设 $X_1,X_2,\cdots,X_n$ 是取自总体 X 的样本，$x_1,x_2,\cdots,x_n$ 是其观测值，n=8.

由于样本观测值中出现了一次“0”，两次“1”，一次“2”，四次“3”，所以根据极大似然估计法的思想，构造似然函数

$$\begin{aligned}L(\theta)&=P\{X_1=x_1,X_2=x_2,\cdots,X_8=x_8\}\\&=\prod_{i=1}^{8}P\{X_i=x_i\}=P\{X=0\}(P\{X=1\})^2P\{X=2\}(P\{X=3\})^4\\&=\theta^2\times[2\theta(1-\theta)]^2\times\theta^2\times(1-2\theta)^4\\&=4\theta^6(1-\theta)^2(1-2\theta)^4.\end{aligned}$$

两边取对数，得 $\ln L=\ln4+6\ln\theta+2\ln(1-\theta)+4\ln(1-2\theta)$ ，两边关于参数 θ 求导，得 $\dfrac{\mathrm{d}\ln L}{\mathrm{d}\theta}=\dfrac{6}{\theta}-\dfrac{2}{1-\theta}-\dfrac{8}{1-2\theta}=0$ ，所以有 $12\theta^2-14\theta+3=0$ ，

解方程得，$\hat{\theta}=\dfrac{7\pm\sqrt{13}}{12}$.

因为$0<\theta<\frac{1}{2}$，所以$\hat{\theta}=\frac{7-\sqrt{13}}{12}$为参数$\theta$的极大似然估计值.

【例 7.7】设总体X的概率密度为$f(x;\theta)=\begin{cases}\theta, & 0<x<1,\\ 1-\theta, & 1\leqslant x<2\\ 0, & 其他,\end{cases}$，其中$\theta$是未知参数（$0<\theta<1$），$X_1,X_2,\cdots,X_n$为来自总体$X$的样本，记$N$为样本值$x_1,x_2,\cdots,x_n$中小于1的个数. 求：

（1）θ的矩估计量；（2）θ的最大似然估计量.

【分析】该题属于连续型分布，但是概率密度函数是分段函数，因此构造的似然函数也是一个分段函数，需要特别注意. 似然函数不为零的部分还需要考虑样本值落入的区间段.

【解】（1）由于

$$E(X)=\int_{-\infty}^{+\infty}xf(x;\theta)\mathrm{d}x=\int_0^1\theta x\mathrm{d}x+\int_1^2(1-\theta)x\mathrm{d}x=\frac{1}{2}\theta+\frac{3}{2}(1-\theta)=\frac{3}{2}-\theta.$$

令$\frac{3}{2}-\theta=\bar{X}$，解得$\theta=\frac{3}{2}-\bar{X}$，所以，参数$\theta$的矩估计量为$\hat{\theta}=\frac{3}{2}-\bar{X}$.

（2）似然函数为$L(\theta)=\begin{cases}\prod\limits_{i=1}^{n}f(x_i;\theta)=\theta^N(1-\theta)^{n-N}, & 0<x_1,x_2,\cdots,x_n<2,\\ 0, & 其他.\end{cases}$

取对数，得$\ln L(\theta)=N\ln\theta+(n-N)\ln(1-\theta)$，两边对$\theta$求导，得$\frac{\mathrm{d}\ln L(\theta)}{\mathrm{d}\theta}=\frac{N}{\theta}-\frac{n-N}{1-\theta}$.

令$\frac{\mathrm{d}\ln L(\theta)}{\mathrm{d}\theta}=0$，得$\theta=\frac{N}{n}$，所以，$\theta$的最大似然估计值为$\hat{\theta}=\frac{N}{n}$.

【例 7.8】设箱中有100张卡片，其中每张卡片上标有“0”或“1”，现从箱中有放回地每次抽出一张卡片，共取6次，得数据1，1，0，1，1，1. 试用矩估计法估计标有“1”的卡片张数r.

【解】由题可知该题为有放回抽取6次，相当于做$n=6$的独立重复试验.

设每次抽出的卡片上的数为X，其可能取值为0,1，则X服从参数为p的两点分布，其中p为每次抽到标有“1”的卡片的概率，这里$p=\frac{r}{100}$，因此只要估计出p，即可得r的估计值.

由两点分布可知，$E(X)=p$，$E(X)=\bar{X}$，而根据样本观察值有

$$\bar{x}=\frac{1}{6}(1+1+0+1+1+1)=\frac{5}{6},$$

所以$\hat{p}=\bar{x}=\frac{5}{6}$.

由于$p=\frac{r}{100}$，于是$\hat{r}=100\hat{p}=100\times\frac{5}{6}\approx 83$，故标有“1”的卡片张数$r$的矩估计值为$\hat{r}=83$.

【例 7.9】设总体X的k阶原点矩存在，$X_1,X_2,\cdots,X_n$是来自总体X的一个样本. 试求无论总体服从什么分布，样本k阶原点矩$A_k=\frac{1}{n}\sum\limits_{i=1}^{n}X_i^k$是总体$k$阶原点矩$\alpha_k=E(X^k)$的无

偏估计量，样本方差 $S^2=\frac{1}{n-1}\sum_{i=1}^{n}(X_i-\bar{X})^2$ 是总体分布方差 $D(X)=\sigma^2$ 的无偏估计量.

【证明】因为 $X_1,X_2,\cdots,X_n$ 与 X 同分布且相互独立，所以有

$$E(X_i^k)=E(X^k)=\alpha_k,i=1,2,\cdots,n.$$

故
$$E(A_k)=E\left(\frac{1}{n}\sum_{i=1}^{n}X_i^k\right)=\frac{1}{n}\sum_{i=1}^{n}E(X_i^k)=\frac{1}{n}\sum_{i=1}^{n}E(X^k)=E(X^k)=\alpha_k,$$

$$\begin{aligned}E(S^2)&=E\left[\frac{1}{n-1}\sum_{i=1}^{n}(X_i-\bar{X})^2\right]\\&=E\left[\frac{1}{n-1}\sum_{i=1}^{n}(X_i^2-2X_i\bar{X}+\bar{X}^2)\right]=E\left[\frac{1}{n-1}\left(\sum_{i=1}^{n}X_i^2-2\sum_{i=1}^{n}X_i\bar{X}+n\bar{X}^2\right)\right]\\&=E\left[\frac{1}{n-1}\left(\sum_{i=1}^{n}X_i^2-2n\bar{X}^2+n\bar{X}^2\right)\right]=\frac{1}{n-1}E\left(\sum_{i=1}^{n}X_i^2-n\bar{X}^2\right)\\&=\frac{1}{n-1}\sum_{i=1}^{n}E(X_i^2)-\frac{n}{n-1}E(\bar{X}^2)=\frac{n}{n-1}[E(X^2)-E(\bar{X}^2)]\\&=\frac{n}{n-1}\left[D(X)+(E(X))^2-\frac{D(X)}{n}-(E(X))^2\right]\\&=D(X)=\sigma^2.\end{aligned}$$

故样本 k 阶原点矩 $\frac{1}{n}\sum_{i=1}^{n}X_i^k$ 是总体 k 阶原点矩 $E(X^k)$ 的无偏估计量，S^2 是 σ^2 的无偏估计量.

无论总体 X 服从什么分布，只要它的数学期望 $E(X)=\mu$ 存在，样本均值 $\bar{X}$ 总是总体均值 $E(X)$ 的无偏估计量，样本方差 S^2 是总体分布方差 $D(X)$ 的无偏估计量. 而且样本均值 $\bar{X}$ 是总体均值 $E(X)$ 的一致估计量，样本方差 S^2 也是总体分布方差 σ^2 的一致估计量.

【例 7.10】设 $\hat{\theta}$ 是参数 θ 的无偏估计，且有 $D(\hat{\theta})>0$，试证明 $\hat{\theta}^2$ 不是 θ^2 的无偏估计.

【分析】利用方差的常用公式 $D(X)=E(X^2)-[E(X)]^2$ 证明.

【证明】由题可知 $E(\hat{\theta})=\theta$，又根据方差常用计算公式有 $D(\hat{\theta})=E(\hat{\theta}^2)-[E(\hat{\theta})]^2$，而 $D(\hat{\theta})>0$，可以得出 $E(\hat{\theta}^2)=D(\hat{\theta})+[E(\hat{\theta})]^2=\theta^2+D(\hat{\theta})>\theta^2$. 因此，$\hat{\theta}^2$ 不是 θ^2 的无偏估计.

【例 7.11】设 $X_1,X_2,\cdots,X_n$ 和 $Y_1,Y_2,\cdots,Y_m$ 是两组简单随机样本，分别取自总体 $N(\mu,1)$ 和 $N(\mu,2^2)$. μ 的一个无偏估计量具有形式如 $T=a\sum_{i=1}^{n}X_i+b\sum_{j=1}^{m}Y_j$，试求 a,b 应满足什么条件？又当 a,b 为何值时，T 最有效？

【分析】因为 T 是 μ 的一个无偏估计量，所以要求满足 $E(T)=\mu$. T 最有效，只需要证明其方差最小.

【解】$E(T)=E\left(a\sum_{i=1}^{n}X_i+b\sum_{j=1}^{m}Y_j\right)=a\sum_{i=1}^{n}E(X_i)+b\sum_{j=1}^{m}E(Y_j)=an\mu+bm\mu=(an+bm)\mu$.

当 $an+bm=1$ 时，$E(T)=\mu$．故 a,b 应满足条件 $an+bm=1$．

要求 T 最有效，则应使其方差最小．而方差

$$D(T)=a^2\sum_{i=1}^{n}D(X_i)+b^2\sum_{j=1}^{m}D(Y_j)=a^2\cdot n+b^2\cdot 4m\ ,$$

代入 $an+bm=1$ 关系式，得 $D(T)=\dfrac{(1-bm)^2}{n}+4mb^2$．

令 $\dfrac{\mathrm{d}D(T)}{\mathrm{d}b}=-\dfrac{2m}{n}(1-bm)+8bm=0$，得 $b=\dfrac{1}{m+4n}$，$a=\dfrac{(1-bm)}{n}=\dfrac{4}{m+4n}=4b$．

因为 $\dfrac{\mathrm{d}^2D(T)}{\mathrm{d}b^2}=\dfrac{2m^2}{n}+8m>0$，故当 $b=\dfrac{1}{m+4n}, a=4b$ 时，$D(T)$ 最小，即此时估计量 T 最有效．

【例 7.12】 设 $X_1,X_2,\cdots,X_n$ 是取自总体 X 的样本，且 $E(X)=\mu$，$D(X)=\sigma^2$，统计量 $\hat{\sigma}^2=c\sum_{i=1}^{n-1}(X_{i+1}-X_i)^2$，问 c 为何值时，$\hat{\sigma}^2$ 为 σ^2 的无偏估计量？

【分析】 利用数学期望的性质，直接根据无偏估计的定义证明．

【解】 令 $Y_i=X_{i+1}-X_i\ (i=1,2,\cdots,n-1)$，则 $E(Y_i)=E(X_{i+1})-E(X_i)=\mu-\mu=0$，$D(Y_i)=2\sigma^2\ (i=1,2,\cdots,n-1)$．

于是，$E(\hat{\sigma}^2)=E[c(\sum_{i=1}^{n-1}Y_i^2)]=c(n-1)E(Y_1^2)=2\sigma^2(n-1)c$．

那么当 $E(\hat{\sigma}^2)=\sigma^2$，即 $2\sigma^2(n-1)c=\sigma^2$ 时，有 $c=\dfrac{1}{2(n-1)}$．

【例 7.13】 设 $X_1,X_2,\cdots,X_n$ 是来自总体 $F(x,\theta)$ 的一个样本，$\hat{\theta}_n(X_1,\cdots,X_n)$ 是 θ 的一个估计量，若 $E(\hat{\theta}_n)=\theta+k_n$，$D(\hat{\theta}_n)=\sigma_n^2$ 且 $\lim\limits_{n\to+\infty}k_n=\lim\limits_{n\to+\infty}\sigma_n^2=0$，试证明 $\hat{\theta}_n$ 是 θ 的一致估计量．

【证明】 由切比雪夫不等式，对任意的 $\varepsilon>0$，有 $P(|\hat{\theta}_n-\theta-k_n|\geqslant\varepsilon)\leqslant\dfrac{D(\hat{\theta}_n)}{\varepsilon^2}$，于是

$$0\leqslant\lim_{n\to+\infty}P(|\hat{\theta}_n-\theta-k_n|\geqslant\varepsilon)\leqslant\lim_{n\to+\infty}\frac{\sigma_n^2}{\varepsilon}=0\ ,$$

即 $\hat{\theta}_n$ 依概率收敛于 θ，故 $\hat{\theta}_n$ 是 θ 的一致估计量．

【例 7.14】 从一批钉子中抽取 16 枚，测得其长度（单位：cm）为

2.14，　2.10，　2.13，　2.15，　2.13，　2.12，　2.13，　2.10，
2.15，　2.12，　2.14，　2.10，　2.13，　2.11，　2.14，　2.11.

设钉长分布为正态分布 $N(\mu,\sigma^2)$，其中 $\sigma=0.01$（cm）．试求总体期望值 μ 的置信度为 90%置信区间．

【分析】 该题属于总体方差 σ^2 已知对期望的区间估计．

【解】 设 $X_1,X_2,\cdots,X_n$ 为来自总体 X 的样本 $(n=16)$，由于总体 $X\sim N(\mu,\sigma^2)$，$\sigma=0.01$

已知，于是选取统计量$\dfrac{\overline{X}-\mu}{\sigma/\sqrt{n}}\sim N(0,1)$，从而得到$\mu$的一个置信度为$1-\alpha$的置信区间为$\left(\overline{x}-\dfrac{\sigma}{\sqrt{n}}u_{\alpha/2},\overline{x}+\dfrac{\sigma}{\sqrt{n}}u_{\alpha/2}\right)$.

根据样本观测值计算得样本均值$\overline{x}=2.125$，又由$\alpha=1-0.90=0.1$，查正态分布表得$u_{\alpha/2}=1.645$. 故μ的置信度为 0.9 的置信区间为

$$\left(\overline{x}-\frac{\sigma}{\sqrt{n}}u_{\alpha/2},\overline{x}+\frac{\sigma}{\sqrt{n}}u_{\alpha/2}\right)=(2.1209,2.1291).$$

【例 7.15】设某种清漆的干燥时间总体服从正态分布$N(\mu,\sigma^2)$，随机抽取 9 个样品，得其干燥时间（以小时计）分别为

6.0，5.7，5.8，6.3，7.0，6.5，5.6，6.1，5.0.

求μ的置信度为 0.95 的置信区间.

【分析】该题属于总体方差σ^2未知对期望的区间估计.

【解】由于μ,σ^2均未知，故选取统计量$\dfrac{\overline{X}-\mu}{S/\sqrt{n}}\sim t(n-1)$，从而得到$\mu$的一个置信度为$1-\alpha$的置信区间为$\left(\overline{x}-\dfrac{s}{\sqrt{n}}t_{\alpha/2}(n-1),\overline{x}+\dfrac{s}{\sqrt{n}}t_{\alpha/2}(n-1)\right)$.

由$n=9$，$\alpha=1-0.95=0.05$，查t分布表得$t_{\alpha/2}(n-1)=t_{0.025}(8)=2.060$，又根据样本观测值计算得$\overline{x}=\dfrac{1}{9}(6.0+5.7+\cdots+5.0)=6$，$s^2=\dfrac{1}{8}\sum\limits_{i=1}^{9}(x_i-\overline{x})=0.33$，故$\mu$的置信度为 0.9 的置信区间为$\left(\overline{x}-t_{0.025}(8)\dfrac{s}{\sqrt{n}},\overline{x}+t_{0.025}(8)\dfrac{s}{\sqrt{n}}\right)=(5.56,6.64)$.

【例 7.16】为了了解在校女生的平均身高，抽查了 400 名在校女生，求得该 400 名女生的平均身高为 166（cm），假定由经验知道全体女生身高的总体方差为 16，试求在校女生的平均身高的置信区间（$\alpha=0.01$）.

【分析】本题在校女生身高分布未知，但因样本容量$n=400$很大，根据中心极限定理，无论原来是什么分布，都可近似为正态分布. 因此女生身高X可认为近似地服从正态分布.

【解】设X表示女生身高，则由题可知$X\sim N(\mu,16)$，方差$\sigma^2=16$已知. 选取随机变量$\dfrac{\overline{X}-\mu}{\sigma/\sqrt{n}}\sim N(0,1)$，从而得到$\mu$的一个置信度为$1-\alpha$的置信区间为$\left(\overline{x}-\dfrac{\sigma}{\sqrt{n}}u_{\alpha/2},\overline{x}+\dfrac{\sigma}{\sqrt{n}}u_{\alpha/2}\right)$.

由$\alpha=0.01$，查标准正态分布表，得$u_{\alpha/2}=u_{0.005}=2.57$.

由题已知，$n=400,\sigma=4,\overline{x}=166$，代入计算得在校女生的平均身高的置信度为 0.99 的置信区间为

$$\left(\overline{x}-\frac{\sigma}{\sqrt{n}}u_{0.005},\overline{x}+\frac{\sigma}{\sqrt{n}}u_{0.005}\right)=\left(166-\frac{4}{\sqrt{400}}\times 2.57,166+\frac{4}{\sqrt{400}}\times 2.57\right)$$
$$=(165.486,166.514)$$

第八章　假设检验

一、基本要求

1. 了解假设的概念及其主要类型，理解显著性检验的基本思想，熟练掌握假设检验的基本步骤，会根据具体问题构造简单假设的显著性检验.

2. 理解假设检验的两类错误，并且对于较简单的情形，会计算两类错误的概率.

3. 熟练掌握单个正态总体参数的假设检验，了解两个正态总体参数的假设检验.

二、知识网络图

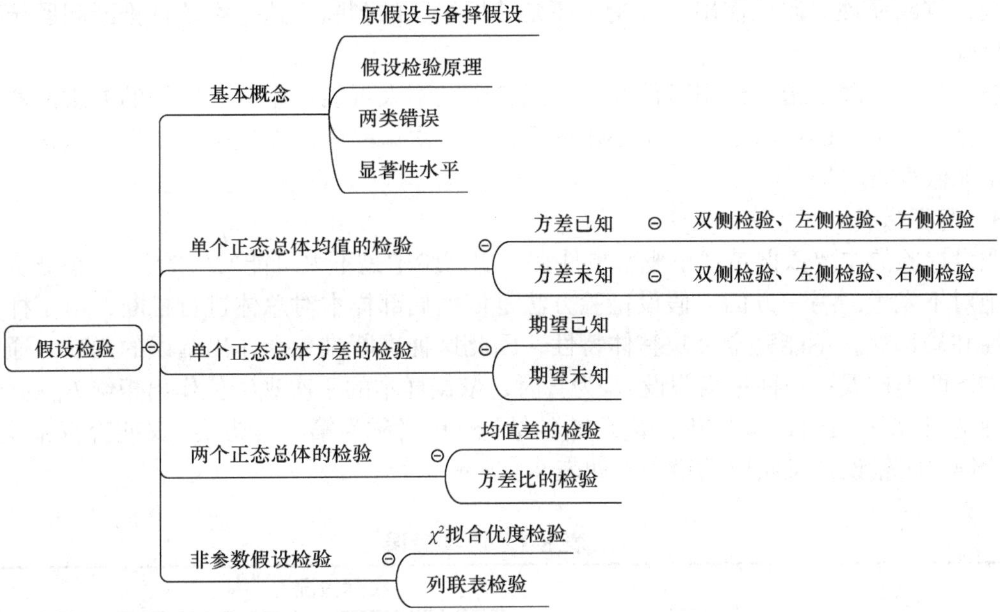

三、知识总结

假设检验是指在总体上作某项假设，用从总体中随机抽取的一个样本值来检验此项假设是否成立．假设检验可分为两类：一类是总体分布形式已知，为了推断总体的某些性质，对某参数作某种假设，一般对数字特征作假设，用样本值来检验此项假设是否成立，此类假设称为参数假设检验；另一类是总体形式未知，对总体分布做某种假设，如假设总体服从泊松分布，用样本值来检验假设是否成立，称此类检验为分布假设检验．我们重点掌握对参数的假设检验.

（一）基本概念

1．原假设与备择假设

假设指关于总体的论断或命题、猜测或推测、设想或假说，记为 H.

两个二者必居其一的假设 H_0 和 H_1，其中一个称为基本假设，而另一个则称为备选假设．一般用 H_0 表示基本假设，而用 H_1 表示备择假设．基本假设亦称为原假设或零假设，备择假设亦称为对立假设．对于两个相互对立的假设，一般把欲重点考察而且统计分析便于操作和处理的假设视为基本假设，并且在统计分析的过程中始终假定基本假设成立．

原假设 H_0 的选择原则：

（1）尽量使后果严重的错误成为第一类错误，因为显著性检验可以有效地控制犯第一类错误的可能性；

（2）当我们的目的是希望从样本观测值获得对某一陈述强有力的支持时，就把这一陈述的否定作为原假设 H_0；

（3）根据历史资料所提供的陈述作为原假设 H_0．

2．假设检验原理

对总体的分布提出某种假设，然后在这个假设成立的条件下利用样本所提供的信息，根据统计推断原理对假设作出“接受”还是“拒绝”的判断，这一类统计推断问题统称为假设检验．

假设检验原理是指小概率事件在一次试验中是不太可能发生的．使用的方法是概率反证法．概率反证法的逻辑是：如果小概率事件在一次试验中居然发生，我们就以很大的把握否定原假设．

3．两类错误

假设检验的主要依据是“小概率事件在一次试验中是不太可能发生的”，而小概率事件并非绝对不发生．另一方面，假设检验方法是依据局部样本对总体进行推断，由于样本的随机性和局部性，不能完全反映整体特性，因此这种推断难免会作出错误的判断．通常可能犯如下两类错误：一种是当假设 H_0 为真时，依据样本的一次观测值作出拒绝 H_0 的结论；另一种是当 H_0 不真时，却作出了接受 H_0 的结论．前者称为第一类错误，又叫弃真错误；后者称为第二类错误，又叫取伪错误，如表 8-1 所示．

表 8-1　两类错误

决定	实际情况	
	H_0 为真	H_0 不真
拒绝 H_0	弃真错误	正确
接受 H_0	正确	取伪错误

第一类和第二类错误的概率相应地表示为：

$$\alpha(\theta)=P(\text{拒绝}H_0\mid H_0\text{为真}),\quad \beta(\theta)=P(\text{接受}H_0\mid H_0\text{不真}).$$

两类错误是互相关联的．当样本容量固定时，一类错误概率的减少导致另一类错误概率的增加．要同时降低两类错误的概率 α,β，或者要在 α 不变的条件下降低 β，需要增加样本容量．显著性检验只控制第一类错误概率，显著性水平是第一类错误概率的最大容许值．

4．显著性水平

对于根据检验问题的要求，选择一个“充分小”的数 α $(0<\alpha<1)$，当事件 A 的概率

$P(A) \leqslant \alpha$ 时，就认为 A 是"实际不可能事件"，而 α 称为显著性水平，也称检验水平.

在实际问题中，显著性水平 α 究竟应取多大往往要由实际工作者根据第一类错误造成的损失大小来选定，一般常取接近于 0 的正数 0.001, 0.01, 0.05, 0.10 等.

（二）单个正态总体 $N(\mu,\sigma^2)$ 均值 μ 的检验

1. 方差 σ^2 已知时对期望 μ 的双侧检验（u 检验）

（1）假设 $H_0: \mu = \mu_0, H_1: \mu \neq \mu_0$；

（2）选取统计量 $U = \sqrt{n}\dfrac{\overline{X} - \mu_0}{\sigma} \sim N(0,1)$；

（3）根据显著性水平 α，查标准正态分布表，由 $\Phi(u_{\alpha/2}) = 1 - \alpha/2$，得临界值 $u_{\alpha/2}$ 使得

$$P\left\{|U| = \left|\sqrt{n}\frac{\overline{X} - \mu_0}{\sigma}\right| > u_{\alpha/2}\right\} = \alpha；$$

（4）根据样本值计算，若有 $|u| = \left|\sqrt{n}\dfrac{\overline{x} - \mu_0}{\sigma}\right| < u_{\alpha/2}$，则接受 H_0；否则，拒绝 H_0.

2. 方差 σ^2 已知时对期望 μ 的左侧检验（u 检验）

（1）假设 $H_0: \mu \geqslant \mu_0, H_1: \mu < \mu_0$；

（2）选取 $U = \sqrt{n}\dfrac{\overline{X} - \mu_0}{\sigma} \sim N(0,1)$；

（3）根据显著性水平 α，查标准正态分布表，由 $\Phi(u_\alpha) = 1 - \alpha$，得临界值 u_α 使得

$$P\left\{U = \sqrt{n}\frac{\overline{X} - \mu_0}{\sigma} < -u_\alpha\right\} = \alpha；$$

（4）根据样本值计算，若有 $u = \sqrt{n}\dfrac{\overline{x} - \mu_0}{\sigma} > -u_\alpha$，则接受 H_0；否则，拒绝 H_0.

3. 方差 σ^2 已知时对期望 μ 的右侧检验（u 检验）

（1）假设 $H_0: \mu \leqslant \mu_0, H_1: \mu > \mu_0$；

（2）选取 $U = \sqrt{n}\dfrac{\overline{X} - \mu_0}{\sigma} \sim N(0,1)$；

（3）根据显著性水平 α，查标准正态分布表，由 $\Phi(u_\alpha) = 1 - \alpha$，得临界值 u_α 使得

$$P\left\{U = \sqrt{n}\frac{\overline{X} - \mu_0}{\sigma} > u_\alpha\right\} = \alpha；$$

（4）根据样本值计算，若有 $u = \sqrt{n}\dfrac{\overline{x} - \mu_0}{\sigma} < u_\alpha$，则接受 H_0；否则，拒绝 H_0.

4. 方差 σ^2 未知时对期望 μ 的双侧检验（t 检验）

（1）假设 $H_0: \mu = \mu_0, H_1: \mu \neq \mu_0$；

（2）选取统计量$T=\sqrt{n}\dfrac{\overline{X}-\mu_0}{S}\sim t(n-1)$；

（3）根据显著性水平α，查 t 分布表，得临界值$t_{\alpha/2}(n-1)$使得

$$P\left\{|T|=\left|\sqrt{n}\frac{\overline{X}-\mu_0}{S}\right|>t_{\alpha/2}(n-1)\right\}=\alpha；$$

（4）根据样本值计算，若有$|t|=\left|\sqrt{n}\dfrac{\overline{x}-\mu_0}{s}\right|<t_{\alpha/2}(n-1)$，则接受$H_0$；否则，拒绝$H_0$.

5. 方差σ^2未知时对期望μ的左侧检验（t检验）

（1）假设$H_0:\mu\geqslant\mu_0, H_1:\mu<\mu_0$；

（2）选取统计量$T=\sqrt{n}\dfrac{\overline{X}-\mu_0}{S}\sim t(n-1)$；

（3）根据显著性水平α，查t分布表，得临界值$t_\alpha(n-1)$使得

$$P\left\{T=\sqrt{n}\frac{\overline{X}-\mu_0}{S}<-t_\alpha(n-1)\right\}=\alpha；$$

（4）根据样本值计算，若有$\sqrt{n}\dfrac{\overline{x}-\mu_0}{s}>-t_\alpha(n-1)$，则接受$H_0$；否则，拒绝$H_0$.

6. 方差σ^2未知时对期望μ的右侧检验（t检验）

（1）假设$H_0:\mu\leqslant\mu_0, H_1:\mu>\mu_0$；

（2）选取统计量$T=\sqrt{n}\dfrac{\overline{X}-\mu_0}{S}\sim t(n-1)$；

（3）根据显著性水平α，查t分布表，得临界值$t_\alpha(n-1)$使得

$$P\left\{T=\sqrt{n}\frac{\overline{X}-\mu_0}{S}>t_\alpha(n-1)\right\}=\alpha；$$

（4）根据样本值计算，若有$\sqrt{n}\dfrac{\overline{x}-\mu_0}{s}<t_\alpha(n-1)$，则接受$H_0$；否则，拒绝$H_0$.

单个正态总体期望的检验如表 8-2 所示.

表 8-2　单个正态总体期望的检验

假设		原假设 H_0 的接受域	
H_0	H_1	σ^2已知（u检验）	σ^2未知（t检验）
$\mu=\mu_0$	$\mu\neq\mu_0$	$\left\|\dfrac{\overline{X}-\mu_0}{\sigma}\sqrt{n}\right\|<u_{\alpha/2}$	$\left\|\dfrac{\overline{X}-\mu_0}{s}\sqrt{n}\right\|<t_{\alpha/2}$
$\mu\leqslant\mu_0$	$\mu>\mu_0$	$u=\dfrac{\overline{X}-\mu_0}{\sigma}\sqrt{n}<u_\alpha$	$\dfrac{\overline{X}-\mu_0}{s}\sqrt{n}<t_\alpha(n-1)$
$\mu\geqslant\mu_0$	$\mu<\mu_0$	$u=\dfrac{\overline{X}-\mu_0}{\sigma}\sqrt{n}>-u_\alpha$	$\dfrac{\overline{X}-\mu_0}{s}\sqrt{n}>-t_\alpha(n-1)$

（三）单个正态总体 $N(\mu,\sigma^2)$ 方差 σ^2 的检验

1. 期望 μ 已知时对方差 σ^2 的双侧检验（χ^2 检验）

（1）假设 $H_0:\sigma^2=\sigma_0^2, H_1:\sigma^2\neq\sigma_0^2$；

（2）选取统计量 $\chi^2=\sum_{i=1}^{n}\left(\frac{X_i-\mu}{\sigma_0}\right)^2\sim\chi^2(n)$；

（3）根据显著性水平 α，查 χ^2 分布表，得临界值 $\chi^2_{\alpha/2}(n)$，$\chi^2_{1-\alpha/2}(n)$；

（4）根据样本值计算，若有 $\chi^2_{1-\alpha/2}(n)<\chi^2<\chi^2_{\alpha/2}(n)$，则接受 H_0；否则，拒绝 H_0.

2. 期望 μ 未知时对方差 σ^2 的双侧检验（χ^2 检验）

（1）假设 $H_0:\sigma^2=\sigma_0^2, H_1:\sigma^2\neq\sigma_0^2$；

（2）选取统计量 $\chi^2=\frac{(n-1)S^2}{\sigma_0^2}\sim\chi^2(n-1)$；

（3）根据显著性水平 α，查 χ^2 分布表，得临界值 $\chi^2_{\alpha/2}(n-1)$，$\chi^2_{1-\alpha/2}(n-1)$；

（4）根据样本值计算，若有 $\chi^2_{1-\alpha/2}(n-1)<\chi^2<\chi^2_{\alpha/2}(n-1)$，则接受 H_0；否则，拒绝 H_0.

类似可得对方差 σ^2 的单侧检验，具体如表 8-3 所示.

表 8-3 单个正态总体方差的检验

假设		原假设 H_0 的接受域	
H_0	H_1	μ 已知	μ 未知
$\sigma^2=\sigma_0^2$	$\sigma^2\neq\sigma_0^2$	$\chi^2_{1-\alpha/2}(n)<\sum_{i=1}^{n}\left(\frac{x_i-\mu}{\sigma_0}\right)^2<\chi^2_{\alpha/2}(n)$	$\chi^2_{1-\alpha/2}(n-1)<\frac{(n-1)s^2}{\sigma_0^2}<\chi^2_{\alpha/2}(n-1)$
$\sigma^2\leqslant\sigma_0^2$	$\sigma^2>\sigma_0^2$	$\sum_{i=1}^{n}\left(\frac{x_i-\mu}{\sigma_0}\right)^2<\chi^2_{\alpha}(n)$	$\frac{(n-1)s^2}{\sigma_0^2}<\chi^2_{\alpha}(n-1)$
$\sigma^2\geqslant\sigma_0^2$	$\sigma^2<\sigma_0^2$	$\sum_{i=1}^{n}\left(\frac{x_i-\mu}{\sigma_0}\right)^2<\chi^2_{1-\alpha}(n)$	$\frac{(n-1)s^2}{\sigma_0^2}>\chi^2_{1-\alpha}(n-1)$

（四）两个正态总体 $N(\mu_1,\sigma^2;\mu_2,\sigma^2)$ 的检验

1. 均值差的检验

设 $X_1,\cdots,X_{n_1}$ 是 $N(\mu_1,\sigma^2)$ 的样本，$Y_1,\cdots,Y_{n_2}$ 是 $N(\mu_2,\sigma^2)$ 的样本，且两样本相互独立. 它们的样本均值及样本方差分别记为 $\overline{X}$，$\overline{Y}$ 及 S_1^2，S_2^2，又设 μ_1，μ_2，σ^2 均未知. 假定两总体的方差是相等的.

（1）假设 $H_0:\mu_1=\mu_2, H_1:\mu_1\neq\mu_2$；

（2）选取统计量 $T=\dfrac{(\overline{X}-\overline{Y})-0}{S_w\sqrt{\dfrac{1}{n_1}+\dfrac{1}{n_2}}}\sim t(n_1+n_2-2)$，其中 $S_w^2=\dfrac{(n_1-1)S_1^2+(n_2-1)S_2^2}{n_1+n_2-2}$；

（3）根据显著性水平 α，查 t 分布表，得临界值 $t_{\alpha/2}(n_1+n_2-2)$；

（4）根据样本值计算，若有 $|t|=\left|\dfrac{(\bar{x}-\bar{y})}{s_w\sqrt{\dfrac{1}{n_1}+\dfrac{1}{n_2}}}\right|<t_{\alpha/2}(n_1+n_2-2)$，则接受 H_0；否则，拒绝 H_0.

两个正态总体均值差的检验如表 8-4 所示.

表 8-4　两个正态总体均值差的检验

假设		原假设 H_0 的接受域	
H_0	H_1	σ_1^2，σ_2^2 已知（u 检验）	$\sigma_1^2=\sigma_2^2=\sigma^2$ 未知（t 检验）
$\mu_1-\mu_2=\delta$	$\mu_1-\mu_2\neq\delta$	$\left\lvert\dfrac{\bar{x}-\bar{y}-\delta}{\sqrt{\dfrac{s_1^2}{n_1}+\dfrac{s_2^2}{n_2}}}\right\rvert<u_{\alpha/2}$	$\left\lvert\dfrac{\bar{x}-\bar{y}-\delta}{s_w\sqrt{\dfrac{1}{n_1}+\dfrac{1}{n_2}}}\right\rvert<t_{\alpha/2}(n_1+n_2-2)$
$\mu_1-\mu_2\leqslant\delta$	$\mu_1-\mu_2>\delta$	$\dfrac{\bar{x}-\bar{y}-\delta}{\sqrt{\dfrac{s_1^2}{n_1}+\dfrac{s_2^2}{n_2}}}<u_\alpha$	$\dfrac{\bar{x}-\bar{y}-\delta}{s_w\sqrt{\dfrac{1}{n_1}+\dfrac{1}{n_2}}}<t_\alpha(n_1+n_2-2)$
$\mu_1-\mu_2\geqslant\delta$	$\mu_1-\mu_2<\delta$	$\dfrac{\bar{x}-\bar{y}-\delta}{\sqrt{\dfrac{s_1^2}{n_1}+\dfrac{s_2^2}{n_2}}}>-u_\alpha$	$\dfrac{\bar{x}-\bar{y}-\delta}{s_w\sqrt{\dfrac{1}{n_1}+\dfrac{1}{n_2}}}>-t_\alpha(n_1+n_2-2)$

2. 方差比的检验（F 检验）

设 $X_1,\cdots,X_{n_1}$ 是来自总体 $N(\mu_1,\sigma_1^2)$ 的样本，$Y_1,\cdots,Y_{n_2}$ 是来自总体 $N(\mu_2,\sigma_2^2)$ 的样本，且两样本相互独立. 它们的样本方差分别为 S_1^2,S_2^2.

（1）假设 $H_0:\dfrac{\sigma_1^2}{\sigma_2^2}=1$，即 $\sigma_1^2=\sigma_2^2$，$H_1:\sigma_1^2\neq\sigma_2^2$；

（2）选取统计量 $F=\dfrac{S_1^2/\sigma_1^2}{S_2^2/\sigma_2^2}=\dfrac{S_1^2}{S_2^2}\sim F(n_1-1,n_2-1)$；

（3）根据显著性水平 α，查 F 分布表得临界值 $F_{1-\alpha/2}(n_1-1,n_2-1)$，$F_{\alpha/2}(n_1-1,n_2-1)$；

（4）根据样本值计算，若有 $F_{1-\alpha/2}(n_1-1,n_2-1)<\dfrac{s_1^2}{s_2^2}<F_{\alpha/2}(n_1-1,n_2-1)$，则接受 H_0；否则，拒绝 H_0.

（五）非参数假设检验

1. χ^2 拟合优度检验

设总体分布未知的情况下，根据样本 $X_1,X_2,\cdots,X_n$ 检验总体分布的假设.

（1）假设 H_0：总体 X 的分布函数为 $F(x)$，假设 H_1：总体 X 的分布函数不是 $F(x)$.

若总体 X 为离散型随机变量，则上述假设相当于

$$H_0：总体 X 的概率分布律为 P\{X=k_i\}=p_i,\ i=1,2,\cdots.$$

若总体 X 为连续型随机变量，则上述假设相当于

$$H_0：总体 X 的概率密度函数为 f(x).$$

假设随机试验的全部可能结果分为 m 个互不相容的事件 $A_1,A_2,\cdots,A_m$，相应的概率为

$$P(A_1)=p_1,P(A_2)=p_2,\cdots,P(A_m)=p_m.$$

将该试验重复独立进行 n 次，用 n_i 表示事件 A_i 出现的次数，则 n_i 服从二项分布 $B(n,p_i)$.

（2）选取皮尔逊统计量 $\chi^2=\sum\limits_{i=1}^{m}\dfrac{(n_i-np_i)^2}{np_i}$.

皮尔逊定理：当 n 充分大时，则当假设 H_0 为真时，皮尔逊统计量总是近似地服从 $\chi^2(m-1)$ 分布，即近似有

$$\chi^2=\sum_{i=1}^{m}\frac{(n_i-np_i)^2}{np_i}\ \dot{\sim}\ \chi^2(m-1);$$

（3）对给定的显著性水平 α，根据 χ^2 分布表查临界值 $\chi^2_\alpha(m-1)$.

（4）若根据样本值计算，有 $\chi^2<\chi^2_\alpha(m-1)$，则接受 H_0；否则，拒绝 H_0.

2. 列联表检验

列联表是观测数据按两个或更多属性分类时所列出的频数表. 一般地，若总体中的个体按两个属性 A 与 B 分类，A 有 r 个等级 $A_1,A_2,\cdots,A_r$，B 有 s 个等级 $B_1,B_2,\cdots,B_s$，从总体中抽取大小为 k 的样本，设其中有 k_{ij} 个个体的属性属于 A_i 和 B_j，k_{ij} 称为频数，将 $r\times s$ 个 k_{ij} 排列为一个 r 行 s 列的二维列联表，简称 $r\times s$ 表，如表 8-5 所示.

表 8-5　二维列联表

	B_1	B_2	…	B_s	合计
A_1	k_{11}	k_{12}	…	k_{1s}	$k_{1\cdot}$
A_2	k_{21}	k_{22}	…	k_{2s}	$k_{2\cdot}$
⋮	⋮	⋮		⋮	⋮
A_r	k_{r1}	k_{r2}	…	k_{rs}	$k_{r\cdot}$
合计	$k_{\cdot 1}$	$k_{\cdot 2}$	…	$k_{\cdot s}$	k

为了检验 A 类与 B 类是否相互独立，进行以下步骤：

（1）假设 H_0：A 类与 B 类相互独立，H_1：A 类与 B 类不独立.

（2）选取统计量 $\chi^2=\sum_{i=1}^{r}\sum_{j=1}^{s}\frac{(k_{ij}-\hat{k}_{ij})^2}{\hat{k}_{ij}}\sim\chi^2((r-1)(s-1))$，其中 $\hat{k}_{ij}=\frac{k_{i.}k_{.j}}{k}$；

（3）对给定的显著性水平 α，根据 χ^2 分布表查临界值 $\chi^2_\alpha((r-1)(s-1))$；

（4）若根据样本值计算，有 $\chi^2<\chi^2_\alpha((r-1)(s-1))$，则接受 H_0；否则，拒绝 H_0.

四、典型例题

【例 8.1】在一次社交聚会中，一位女士宣称她能区分在熬好的咖啡中，是先加了奶还是先加了糖，并当场试验，结果 8 杯中判断正确 7 杯. 但因她未完全说正确，有人怀疑她的能力！那么该如何证明她的能力呢？

【分析】对该女士而言，每杯咖啡都有两种状态：猜中，未猜中. 由题可知，猜了 8 杯相当于做了 8 次独立试验，设每杯咖啡猜中的概率为 p，则该题属于二项分布的假设检验.

【解】假设 $H_0:p=\frac{1}{2}$（即该女士仅凭猜测判断），$H_1:p>\frac{1}{2}$（即该女士确有判断力）.

在该假设下，$P(8\text{杯中猜对7杯以上})=\sum_{k=7}^{8}C_8^k p^k(1-p)^{8-k}\approx 0.0352$.

显然，这是一个小概率事件，但是在一次试验中它发生了，因此，拒绝原假设 H_0，即认为该女士确有鉴别能力.

【例 8.2】假定工厂生产的工件直径标准为 $\mu_0=2(\text{cm})$，用 X 表示新工艺生产的工件直径总体（服从正态分布）. 从采用新工艺生产的产品中抽取出 100 个，算得直径 $\bar{x}=1.978(\text{cm})$，问 $\bar{x}$ 与 μ_0 的差异是否反映了工艺条件的改变引起工件直径发生了显著的变化？（已知 $\sigma=\sigma_0=0.1$，$\alpha=0.10$）.

【分析】显然，该题考查的是方差 $\sigma=\sigma_0=0.1$ 已知，对期望 μ 进行 u 检验的知识点.

【解】（1）假设 $H_0:\mu=2,H_1:\mu\neq 2$；

（2）选取统计量 $U=\frac{\bar{X}-\mu}{\sigma/\sqrt{n}}\sim N(0,1)$；

（3）由 $\alpha=0.10$，查标准正态分布表，由 $\Phi(u_{\alpha/2})=1-\alpha/2=0.95$，得临界值 $u_{\alpha/2}=1.645$；

（4）根据样本值计算，$\bar{x}=1.978$，$n=100$，有

$$|u|=\left|\frac{\bar{x}-\mu}{\sigma/\sqrt{n}}\right|=\frac{|1.978-2|}{0.1/\sqrt{100}}=2.2>u_{\alpha/2}=1.645,$$

所以拒绝 H_0，即认为新工艺对工件直径有显著的影响.

【例 8.3】某系统中装有 1 024 个同类元件，对系统进行一次周期性检查，更换了其中 18 个元件，是否可认为该批元件的更新率 p 为 0.03（取 $\alpha=0.01$）？

【分析】对元件而言，都是只有两种状态：需要更换，不需要更换. 设每个元件需要更换的概率为 p，由题可知，对系统进行一次周期性检查相当于做了 1 024 次独立试验，故该题属于二项分布的假设检验. 由于二项分布中 n=1 024 足够大，因此可以利用正态分布近似计算二项分布.

【解】令 X 表示 1 024 个元件中需更换的个数，则 $X\sim B(n,p)$，其中 $n=1\,024$.

（1）假设 $H_0:p=0.03,H_1:p\neq 0.03$；

（2）由中心极限定理，可知$\dfrac{X-np}{\sqrt{np(1-p)}}\sim N(0,1)$；

（3）由$\alpha=0.01$，查标准正态分布表，由$\varPhi(u_{\alpha/2})=1-\alpha/2=0.995$，得临界值$u_{\alpha/2}=2.575$；

（4）根据样本值计算，有

$$|u|=\left|\frac{x-np}{\sqrt{np(1-p)}}\right|=\left|\frac{18-1\,024\times0.03}{\sqrt{1\,024\times0.03\times0.97}}\right|\approx2.330<u_{\alpha/2}=2.575,$$

所以接受H_0，即可认为元件更新率为 0.03.

【例 8.4】现要求一种元件的使用寿命不得低于 1 000 h．今从一批这种元件中随机地抽取 25 件，测得寿命的平均值为 994 h，已知该种元件的寿命$X\sim N(\mu,15^2)$，试在显著性水平$\alpha=0.05$的条件下，确定这批元件是否合格?

【分析】根据题目，元件如果合格，那么其使用寿命不得低于 1 000 h，所以该题属于方差已知，对均值的单侧检验.

【解】（1）假设$H_0:\mu\geqslant1\,000$，$H_1:\mu<\mu_0=1\,000$；

（2）选取$U=\dfrac{\bar{X}-\mu}{\sigma/\sqrt{n}}\sim N(0,1)$；

（3）由$\alpha=0.05$，查标准正态分布表，由$\varPhi(u_\alpha)=1-\alpha=0.95$，得临界值$u_\alpha=1.645$；

（4）根据样本值计算，有$\dfrac{\bar{x}-\mu_0}{\sigma/\sqrt{n}}=\dfrac{994-1\,000}{15/\sqrt{25}}=-2<-1.64$，

故拒绝原假设H_0，即认为这批元件不合格.

【例 8.5】某种电子元件的寿命X（以小时计）服从正态分布$N(\mu,\sigma^2)$，μ,σ^2均未知. 现测得 16 只元件的寿命如下：

159　280　101　212　224　379　179　264　362　168　250　149　260　485　170　222

问是否有理由认为元件的平均寿命等于 225（小时）（取α=0.05）?

【分析】由于μ，σ^2均未知，该题考查的是对期望μ进行t检验的知识点.

【解】（1）假设$H_0:\mu=225$，$H_1:\mu\neq225$；

（2）选取统计量$T=\dfrac{\bar{X}-\mu}{S/\sqrt{n}}\sim t(n-1)$；

（3）由于$\alpha=0.05$，$n=16$，查t分布表得$t_{\alpha/2}(n-1)=t_{0.025}(15)=2.1315$；

（4）根据样本值计算得，$\bar{x}=241.5$，$s\approx98.725\,9$，则有

$$|t|=\left|\frac{\bar{x}-\mu_0}{s/\sqrt{n}}\right|\approx0.668\,5<2.1315=t_{0.025}(15),$$

故接受$H_0:\mu=\mu_0=225$，即认为元件的平均寿命与 225（小时）无明显差异.

【例 8.6】有两台光谱仪I_x，I_y，用来测量材料中某种金属的含量，为鉴定它们的测量结果有无显著的差异，制备了 9 件试块（它们的成分、金属含量、均匀性等均各不相同），现在分别用这两台仪器对每一试块测量一次，得到 9 对观察值如下：

x(%)：0.20, 0.30, 0.40, 0.50, 0.60, 0.70, 0.80, 0.90, 1.00.

y(%)：0.10, 0.21, 0.52, 0.32, 0.78, 0.59, 0.68, 0.77, 0.89.

问能否认为这两台仪器的测量结果有显著差异（取$\alpha=0.01$）?

【分析】本题中的数据是成对的，即对同一试块测出一对数据，两个数据的差异则可看

成是仅由这两台仪器的性能的差异所引起的．各对数据的差记为 $d_i = x_i - y_i$，假设 $D_1, D_2, \cdots, D_9$ 是来自正态总体 $N(\mu_d, \sigma^2)$ 的样本，这里的 μ_d, σ^2 均未知．如果两台仪器的性能一样，则各对数据的差异 $d_1, d_2, \cdots, d_9$ 属于随机误差，而随机误差 D 可以认为服从正态分布，其均值为零．因此本题归结为方差未知时对单个正态总体均值的检验假设.

【解】（1）$H_0: \mu_d = 0$，$H_1: \mu_d \neq 0$（由于 σ^2 未知）;

（2）在 H_0 成立下，选取检验统计量 $T = \dfrac{\overline{D} - \mu}{S/\sqrt{n}} \sim t(n-1)$；

（3）对给定的检验水平 $\alpha = 0.01$，$n = 9$，查 t 分布表得 $t_{\alpha/2}(n-1) = t_{0.005}(8) = 3.3554$；

（4）根据样本值得 $\overline{d} = 0.06$，$s \approx 0.122\ 7$，则有 $|t| = \dfrac{0.06}{0.122\ 7/\sqrt{9}} \approx 1.467 < t_{\alpha/2}(n-1) = 3.3554$.

故接受 H_0，认为两台仪器的测量结果无显著性差异.

【例 8.7】某车间生产铜丝，其中一个主要质量指标是折断力大小，用 X 表示该车间生产的铜丝的折断力，根据过去资料来看，可以认为 X 服从 $N(\mu, \sigma^2)$，$\mu_0 = 285\ \text{kg}$，$\sigma = 4\ \text{kg}$.

现在换了一批原材料，从性能上看，估计折断力的方差不会有什么大变化，但不知道折断力的大小与原先有无差别．假定从现在的产品中任取 10 根，测得折断力数据（单位：kg）如下：

$$289, 286, 285, 284, 285, 285, 286, 286, 298, 292.$$

【分析】本题是在假定方差无变化的情况下检验均值与已知数 μ_0 有无差别．如果承认方差无变化的先决条件，就属于已知方差检验均值的问题，自然用 u 检验法．有时为了慎重起见，可以利用观测数据，先检验一下方差是否可认为是原来的已知数 $\sigma = 4\ \text{kg}$．如果接受，则可以再对均值用 u 检验法进行检验；如果不接受，则不能用 u 检验法，而应采用 t 检验法.

【解】（1）假定 $H_0: \sigma^2 = \sigma_0^2 = 4^2$，$H_1: \sigma^2 \neq \sigma_0^2$；

在 H_0 成立条件下，选取检验统计量 $\chi^2 = \dfrac{(n-1)S^2}{\sigma_0^2} \sim \chi^2(n-1)$；

由 $\alpha = 0.05$，$n = 10$，查 χ^2 分布表可得 $\chi^2_{0.025}(9) = 19.0$，$\chi^2_{0.975}(9) = 2.70$；

由样本值计算得 $\chi^2_{0.975}(9) = 2.70 < \chi^2 = \dfrac{170.4}{16} = 10.65 < \chi^2_{0.975}(9) = 19.0$.

故接受 H_0，即可以认为方差无变化.

（2）在方差 $\sigma^2 = 4^2$ 已知的条件下，

假设 $H_0: \mu = \mu_0 = 285$，$H_1: \mu \neq \mu_0$；

在 H_0 成立条件下，选取统计量 $U = \dfrac{\overline{X} - \mu_0}{\sigma/\sqrt{n}} \sim N(0,1)$；

由 $\alpha = 0.05$，查标准正态分布表可得 $u_{0.025} = 1.96$；

由样本值计算得

$$|u| = \left|\frac{\overline{X} - \mu_0}{\sigma/\sqrt{n}}\right| = \left|\frac{287.6 - 285}{4/\sqrt{10}}\right| \approx 2.05 > u_{0.025} = 1.96.$$

故拒绝 H_0，即可以认为铜丝折断力大小与原先有显著性差异.

【例 8.8】为研究正常成年男女血液中红细胞的平均数之差，检查某地正常成年男子 156

名，正常成年女子 74 名，计算得男性红细胞的平均数为 465.13 万 $/\mathrm{mm}^3$，样本标准差为 54.80 万 $/\mathrm{mm}^3$；女性红细胞的平均数为 422.16 万 $/\mathrm{mm}^3$，样本标准差为 49.20 万 $/\mathrm{mm}^3$．由经验知道正常成年男女血液中红细胞数均服从正态分布，且方差相同．试检验该地正常成年人红细胞的平均数是否与性别有关（$\alpha=0.01$）.

【分析】此题是检验该地正常成年人红细胞的平均数是否与性别有关，即成年男女红细胞的平均数是否有差异，因此属于对两个正态总体均值差的检验.

【解】设 X 表示正常成年男性红细胞数，Y 表示正常成年女性红细胞数.

（1）假设 $H_0:\mu_1=\mu_2, H_1:\mu_1\neq\mu_2$；

（2）选取统计量 $T=\dfrac{(\overline{X}-\overline{Y})-0}{S_w\sqrt{\dfrac{1}{n_1}+\dfrac{1}{n_2}}}\sim t(n_1+n_2-2)$，其中 $S_w^2=\dfrac{(n_1-1)S_1^2+(n_2-1)S_2^2}{n_1+n_2-2}$；

（3）根据显著性水平 $\alpha=0.01$，查 t 分布表，得临界值 $t_{\alpha/2}(n_1+n_2-2)=t_{0.005}(228)=2.60$；

（4）由题可知，$n_1=156, \overline{x}=465.13, s_1=54.8, n_2=74, \overline{y}=422.16, s_2=49.2$，$S_w\sqrt{\dfrac{1}{n_1}+\dfrac{1}{n_2}}=7.49$，

则有 $|t|=\dfrac{\left|\overline{X}-\overline{Y}\right|}{S_w\sqrt{\dfrac{1}{n_1}+\dfrac{1}{n_2}}}=\dfrac{42.97}{7.49}\approx 5.74>2.60=t_{0.005}(228)$.

因此，拒绝 H_0，即认为正常成年男女红细胞平均数有显著性差异.

【例 8.9】某项实验欲比较两种不同塑料材料的耐磨程度，并对各块的磨损深度进行观察，取材料 1，样本大小 $n_1=12$，平均磨损深度 $\overline{x}_1=85$ 个单位，标准差 $s_1=4$；取材料 2，样本大小 $n_2=10$，平均磨损深度 $\overline{x}_2=81$ 个单位，标准差 $s_2=5$．假定两总体是方差相同的正态总体．在 $\alpha=0.05$ 下，是否能推论出材料 1 比材料 2 的磨损深度超过 2 个单位？

【分析】设材料 1 磨损深度总体 $X_1\sim N(\mu_1,\sigma_1^2)$，材料 2 磨损深度总体 $X_2\sim N(\mu_2,\sigma_2^2)$，此题是两个方差均未知，但是它们相等，即 $\sigma_1^2=\sigma_2^2=\sigma^2$ 的情况．应用 t 检验法.

【解】（1）假设 $H_0:\mu_1-\mu_2\leqslant 2, H_1:\mu_1-\mu_2>2$；

（2）在 H_0 成立条件下，选检验统计量为

$$T=\frac{(\overline{X}_1-\overline{X}_2)-(\mu_1-\mu_2)}{S_w\sqrt{\dfrac{1}{n_1}+\dfrac{1}{n_2}}}=\frac{(\overline{X}_1-\overline{X}_2)-2}{S_w\sqrt{\dfrac{1}{n_1}+\dfrac{1}{n_2}}}\sim t(n_1+n_2-2).$$

其中 $S_w^2=\dfrac{(n_1-1)S_1^2+(n_2-1)S_2^2}{n_1+n_2-2}$.

（3）由 $\alpha=0.05$，查 t 分布表得 $t_{0.05}(20)=1.725$.

（4）根据样本值计算得 $S_w=\sqrt{\dfrac{(12-1)\times 4^2+(10-1)\times 5^2}{12+10-2}}\approx 4.478$.

所以，有 $t=\dfrac{(\overline{x}_1-\overline{x}_2)-2}{S_w\sqrt{\dfrac{1}{n_1}+\dfrac{1}{n_2}}}=\dfrac{(85-81)-2}{4.478\sqrt{\dfrac{1}{12}+\dfrac{1}{10}}}\approx 1.04<t_{0.05}(20)=1.725.$ 故接受 H_0，即认为材料 1 比材料 2 的磨损深度并未超过 2 个单位.

【例 8.10】两台机床加工同一种零件，分别取 6 个和 9 个零件测量其长度，计算得 $s_1^2=0.345$，$s_2^2=0.357$．假设零件长度服从正态分布，问：是否认为两台机床加工的零件长度的方差无显著差异（$\alpha=0.05$）？

【分析】问题为在 μ_1,μ_2 未知的条件下，检验 $\sigma_1^2=\sigma_2^2$．

【解】（1）检验假设 $H_0:\sigma^2=\sigma_0^2, H_1:\sigma^2\neq\sigma_0^2$；

（2）选择统计量 $F=\dfrac{S_1^2}{S_2^2}\sim F(n_1-1,n_2-1)$；

（3）$\alpha=0.05$，查 F 分布表得 $F_{0.975}(5,8)=1/F_{0.025}(8,5)=0.1479, F_{0.025}(5,8)=4.82$；

（4）由于，$s_1^2=0.345$，$s_2^2=0.357$，计算得 $F_{0.975}(5,8)<\dfrac{s_1^2}{s_2^2}=\dfrac{0.345}{0.357}\approx 0.9664<F_{0.005}(5,8)$．

故接受 H_0，即认为两台机床加工的零件长度的方差无显著差异.

【例 8.11】机床厂某日从两台机器所加工的同一种零件中，分别抽取若干个测量其尺寸，得：

甲机器：6.2, 5.7, 6.5, 6.0, 6.3, 5.8, 5.7, 6.0, 6.0, 5.8, 6.0.

乙机器：5.6, 5.9, 5.6, 5.7, 5.8, 6.0, 5.5, 5.7, 5.5.

问这两台机器的加工精度是否有显著差异（$\alpha=0.05$）？

【分析】机器的加工精度就体现在总体方差的大小. 因此，比较两台机器的加工精度是否有显著差异的问题，可以视为比较两个总体的方差是否相等的问题.

【解】设甲机器加工的零件尺寸为 X，乙机器加工的零件尺寸为 Y，并设 $X\sim N(\mu_1,\sigma_1^2)$，$Y\sim N(\mu_2,\sigma_2^2)$．

（1）假设 $H_0:\sigma_1^2=\sigma_2^2, H_1:\sigma_1^2\neq\sigma_2^2$；

（2）在 H_0 成立条件下，选取检验统计量 $F=\dfrac{S_1^2}{S_2^2}=\dfrac{\dfrac{1}{n_1-1}\sum\limits_{i=1}^{n_1}(X_i-\overline{X})^2}{\dfrac{1}{n_2-1}\sum\limits_{i=1}^{n_2}(Y_i-\overline{Y})^2}\sim F(n_1-1,n_2-1)$；

（3）由 $\alpha=0.05$，查 F 分布表，得

$$F_{\alpha/2}(n_1-1,n_2-1)=F_{0.025}(10,8)=4.30,$$

$$F_{1-\alpha/2}(n_1-1,n_2-1)=\frac{1}{F_{\alpha/2}(n_2-1,n_1-1)}=\frac{1}{F_{0.025}(8,10)}=\frac{1}{3.85};$$

（4）$n_1=11$，$n_2=9$，算得 $s_1^2=0.064$，$s_2^2=0.030$，则有 $\dfrac{1}{3.85}<\dfrac{s_1^2}{s_2^2}=\dfrac{0.064}{0.030}\approx 2.13<4.30$，故接受 H_0，即可以认为两台机器加工零件的尺寸的精度没有显著性差别.

第九章　方差分析

一、基本要求

1. 掌握方差分析的基本理论，包括方差分析的基本概念、原理、假设条件、模型设定等.

2. 具备进行方差分析的计算能力，包括计算样本方差、均值、方差分析表中的各项指标等.

3. 掌握数据的处理方法，包括数据的整理、筛选、分类等操作，以便进行方差分析.

4. 了解方差分析在实际问题中的应用，包括如何选择适当的方差分析方法、如何解释分析结果等.

二、知识网络图

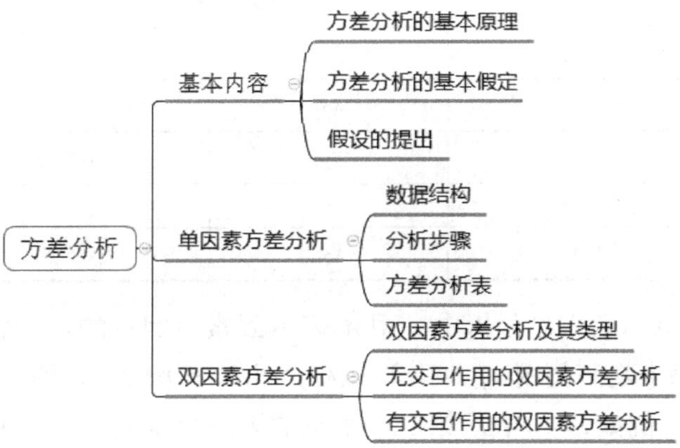

三、知识总结

（一）基本内容

1. 方差分析的基本原理

方差分析（Analysis of Variance，ANOVA）是将试验中总变异分解为组间变异和组内变异，并通过组间变异和组内变异比率的比较来确定影响试验结果因素的数学方法，其实质是以方差来表示变异的程度．组间变异与组内变异的比率越大，各组平均数的差异越大.

2. 方差分析的基本假定

方差分析中有三个基本假定：

（1）每个总体都应服从正态分布.

（2）各个总体的方差 σ^2 必须相同.

（3）观测值是独立的.

在上述假定成立的前提下，要分析自变量对因变量是否有影响，在形式上也就转化为检验自变量的各个水平（总体）的均值是否相等.

3. 假设的提出

设因素有 k 个水平，每个水平的均值分别用 μ_1，$\mu_2,\cdots$，μ_k 表示，要检验 k 个水平（总体）的均值是否相等，需要提出如下假设:

$H_0:\mu_1=\mu_2=\cdots=\mu_k$　　自变量对因变量没有显著影响

$H_1:\mu_1,\mu_2,\cdots,\mu_k$不全相等　　自变量对因变量有显著影响

（二）单因素方差分析

根据所分析的分类型自变量的多少，方差分析可分为单因素方差分析和双因素方差分析. 当方差分析中只涉及一个分类型自变量时，称为单因素方差分析.

1. 数据结构

进行单因素方差分析时，需要得到下面的数据结构，如表 9-1 所示.

表 9-1　单因素方差分析的数据结构

观测值（j）	因素水平（i）			
	A_1	A_2	…	A_k
1	x_{11}	x_{21}	…	x_{k1}
2	x_{12}	x_{22}	…	x_{k2}
⋮	⋮	⋮	⋮	⋮
n	x_{1n}	x_{2n}	…	x_{kn}

为叙述方便，在单因素方差分析中，用 A 表示因素，因素的 k 个水平（总体）分别用 A_1，$A_2,\cdots$，A_k 表示，每个观测值用 $x_{ij}(i=1,2,\cdots,k;j=1,2,\cdots,n)$ 表示，即 x_{ij} 表示第 i 个水平（总体）的第 j 个观测值. 例如，x_{21} 表示第二个水平的第一个观测值. 其中，从不同水平中所抽取的样本量可以相等，也可以不相等.

2. 分析步骤

（1）提出假设：$H_0:\mu_1=\mu_2=\cdots=\mu_k$，$H_1:\mu_1$，$\mu_2,\cdots$，$\mu_k$ 不全相等.

如果拒绝原假设 H_0，则意味着自变量对因变量有显著影响，也就是自变量与因变量之间有显著关系；如果不拒绝原假设 H_0，则没有证据表明自变量对因变量有显著影响，也就是说，不能认为自变量与因变量之间有显著关系.

（2）构造检验统计量：$F=\dfrac{SSA/(k-1)}{SSE/(n-k)}$

SSA 为组间平方和（Sum of Squares for Factor A），又称为因素平方和，反映各样本均值之间的差异程度，表示为 $SSA=\sum\limits_{i=1}^{k}n_i(\overline{x}_i-\overline{x})^2$，$SSE$ 为组内平方和（Sum of Squares for Error），又称为误差平方和，是每个水平或组的各样本数据与其组均值的误差平方和，反映每个样本各观测值的离散状况，即随机误差的大小，表示为 $SSE=\sum\limits_{i=1}^{k}\sum\limits_{j=1}^{n_i}(x_{ij}-\overline{x}_i)^2$. 总均值

为 $\bar{x}=\frac{1}{n}\sum_{i=1}^{k}\sum_{j=1}^{n_i}x_{ij}=\frac{1}{n}\sum_{i=1}^{k}n_i\bar{x}_i$ ，第 i 个总体的样本均值 $\bar{x}_i=\frac{1}{n_i}\sum_{j=1}^{n_i}x_{ij}$ ， $n=n_1+n_2+\cdots+n_k$.

总平方和（Sum of Squares for Total），记为 SST. 它是全部观测值 x_{ij} 与总均值 $\bar{x}$ 的误差平方和，表示为 $SST=\sum_{i=1}^{k}\sum_{j=1}^{n_i}(x_{ij}-\bar{x})^2$ ，且 $\sum_{i=1}^{k}\sum_{j=1}^{n_i}(x_{ij}-\bar{x})^2=\sum_{i=1}^{k}n_i(\bar{x}_i-\bar{x})^2+\sum_{i=1}^{k}\sum_{j=1}^{n_i}(x_{ij}-\bar{x}_i)^2$.

（3）比较判断

根据给定的显著性水平 α ，在 F 分布表中查找与分子自由度 $df_1=k-1$ 、分母自由度 $df_2=n-1$ 相应的临界值 $F_\alpha(k-1,n-k)$.

若 $F>F_\alpha$ ，则拒绝原假设 $H_0:\mu_1=\mu_2=\cdots=\mu_k$ ，表明 $\mu_i(i=1,2,\cdots,k)$ 之间的差异是显著的，也就是说，所检验的因素对观测值有显著影响.

若 $F<F_\alpha$ ，则不拒绝原假设 H_0 ，没有证据表明 $\mu_i(i=1,2,\cdots,k)$ 之间有显著差异，也就是说，这时还不能认为所检验的因素对观测值有显著影响.

3. 方差分析表

通常将上述过程的内容列在一张表内，这就是方差分析表. 其一般形式如表 9-2 所示.

表 9-2　方差分析表

方差来源	平方和 SS	自由度 df	均方 MS	F 值
组间（因子）	$SSA=\sum_{i=1}^{k}n_i(\bar{x}_i-\bar{x})^2$	$k-1$	$SSA/(k-1)$	$F=\frac{SSA/(k-1)}{SSE/(n-k)}$
组内（误差）	$SSE=\sum_{i=1}^{k}\sum_{j=1}^{n_i}(x_{ij}-\bar{x}_i)^2$	$n-k$	$SSE/(n-k)$	
总和	$SST=\sum_{i=1}^{k}\sum_{j=1}^{n_i}(x_{ij}-\bar{x})^2$	$n-1$		

4. 关系强度

用组间平方和（SSA）占总平方和（SST）的比例大小来反映关系强度检测 $R^2=\frac{SSA}{SST}$ ，其平方根 R 就可以用来测量两个变量之间的关系强度.

（三）双因素方差分析

1. 双因素方差分析及其类型

方差分析中涉及两个分类型自变量时，称为双因素方差分析（Two Way Analysis of Variance）. 如果两个分类型自变量对因变量的影响是相互独立的，分别判断这两个自变量对因变量的影响，这时的双因素方差分析称为无交互作用（Interaction）的双因素方差分析，或称为无重复双因素（Two-Factor without Replication）分析；如果两个因素的搭配还会对因变量产生一种新的影响，这时的双因素方差分析称为有交互作用的双因素方差分析，或称为可重复双因素（Two-Factor with Replication）分析.

2. 无交互作用的双因素方差分析

在无交互作用的双因素方差分析中，由于有两个因素，因此在获取数据时，需要将一个因素安排在“行”（Row）的位置，称为行因素；另一个因素安排在“列”（Column）的位置，称为列因素. 设行因素有 k 个水平，列因素有 r 个水平. 行因素和列因素的每一个水平都可以搭配成一组，观察它们对试验数据的影响. 共抽取 kr 个观察数据，其数据结构如表 9-3 所示.

表 9-3　无交互作用的双因素方差分析数据结构

		列因素				平均值 $\bar{x}_{i.}$
		列 1	列 2	…	列 r	
行因素	行 1	x_{11}	x_{12}	…	x_{1r}	$\bar{x}_{1.}$
	行 2	x_{21}	x_{22}	…	x_{2r}	$\bar{x}_{2.}$
	…	…	…	…	…	…
	行 k	x_{k1}	x_{k2}	…	x_{kr}	$\bar{x}_{k.}$
平均值 $\bar{x}_{.j}$		$\bar{x}_{.1}$	$\bar{x}_{.2}$		$\bar{x}_{.r}$	$\bar{x}$

在表 9-3 中，行因素共有 k 个水平，列因素共有 r 个水平. 每一个观测值 x_{ij}（$i=1,2,\cdots,k$；$j=1,2,\cdots,r$）看做从由行因素的 k 个水平和列因素的 r 个水平所组合成的 $k\times r$ 个总体中抽取的独立随机样本. 这 $k\times r$ 个总体中的每一个总体都服从正态分布，且有相同的方差. $\bar{x}_{i.}=\frac{1}{r}\sum_{j=1}^{r}x_{ij}(i=1,2,\cdots,k)$ 是行因素的第 i 个水平下各观测值的平均值. $\bar{x}_{.j}=\frac{1}{r}\sum_{i=1}^{r}x_{ij}(j=1,2,\cdots,r)$ 是列因素的第 j 个水平下各观测值的平均值. $\bar{x}=\frac{1}{kr}\sum_{i=1}^{k}\sum_{j=1}^{r}x_{ij}$ 是全部 kr 个样本数据的总平均值.

（1）提出假设

对行因素提出假设: $H_0:\mu_1=\mu_2=\cdots=\mu_k$，$H_1:\mu_1$，$\mu_2,\cdots$，$\mu_k$ 不全相等，其中 μ_i 为行因素的第 i 个水平的均值.

对列因素提出假设: $H_0:\mu_1=\mu_2=\cdots=\mu_r$，$H_1:\mu_1$，$\mu_2,\cdots$，$\mu_r$ 不全相等，其中 μ_j 为列因素的第 j 个水平的均值.

（2）构造检验统计量

为检验行因素对因变量的影响是否显著，采用统计量

$$F_R=\frac{MSR}{MSE}\sim F(k-1,(k-1)(r-1)),$$

为检验列因素的影响是否显著，采用统计量

$$F_C=\frac{MSC}{MSE}\sim F(r-1,(k-1)(r-1)),$$

其中行因素的均方 $MSR=\frac{SSR}{k-1}$，列因素的均方 $MSC=\frac{SSC}{r-1}$，随机误差项的均方

$MSE = \dfrac{SSE}{(k-1)(r-1)}$.

总平方和 SST 是全部样本观察值 $x_{ij}\left(i=1,2,\cdots,k;\ j=1,2,\cdots,r\right)$ 与总的样本平均值 $\bar{x}$ 的误差平方和，即

$$SST=\sum_{i=1}^{k}\sum_{j=1}^{r}(x_{ij}-\bar{x})^2=\sum_{i=1}^{k}\sum_{j=1}^{r}(\bar{x}_{i.}-\bar{x})^2+\sum_{i=1}^{k}\sum_{j=1}^{r}(\bar{x}_{.j}-\bar{x})^2+\sum_{i=1}^{k}\sum_{j=1}^{r}(x_{ij}-\bar{x}_{i.}-\bar{x}_{.j}+\bar{x})^2,$$

其中分解后的第一项是行因素所产生的误差平方和 $SSR=\sum_{i=1}^{k}\sum_{j=1}^{r}(\bar{x}_{i.}-\bar{x})^2$，第二项是列因素所产生的误差平方和 $SSC=\sum_{i=1}^{k}\sum_{j=1}^{r}(\bar{x}_{.j}-\bar{x})^2$，第三项是除行因素和列因素之外的剩余因素所产生的误差平方和 $SSE=\sum_{i=1}^{k}\sum_{j=1}^{r}(x_{ij}-\bar{x}_{i.}-\bar{x}_{.j}+\bar{x})^2$，也称为随机误差平方.

上述各平方和的关系为：$SST=SSR+SSC+SSE$.

（3）作出统计决策

计算出检验统计量后，根据给定的显著性水平 α 和两个自由度，查 F 分布表得到相应的临界值 F_α，然后将 F_R 和 F_C 与 F_α 进行比较.

若 $F_R>F_\alpha$，则拒绝原假设 $H_0:\mu_1=\mu_2=\cdots=\mu_k$，表明 $\mu_i(i=1,2,\cdots,k)$ 之间的差异是显著的，也就是说，所检验的行因素对观测值有显著影响.

若 $F_C>F_\alpha$，则拒绝原假设 $H_0:\mu_1=\mu_2=\cdots=\mu_r$，表明 $\mu_j(j=1,2,\cdots,r)$ 之间的差异是显著的，也就是说，所检验的列因素对观测值有显著影响.

为使计算过程更加清晰，通常将上述过程的内容列成方差分析表，其一般形式如表 9-4 所示.

表 9-4　无交互作用的双因素方差分析表

方差来源	平方和 **SS**	自由度 **df**	均方 **MS**	**F** 值
行因素	$SSR=\sum_{i=1}^{k}\sum_{j=1}^{r}(\bar{x}_{i.}-\bar{x})^2$	$k-1$	$MSR=\dfrac{SSR}{k-1}$	$F_R=\dfrac{MSR}{MSE}$
列因素	$SSC=\sum_{i=1}^{k}\sum_{j=1}^{r}(\bar{x}_{.j}-\bar{x})^2$	$r-1$	$MSC=\dfrac{SSC}{r-1}$	$F_C=\dfrac{MSC}{MSE}$
误差	$SSE=\sum_{i=1}^{k}\sum_{j=1}^{r}(x_{ij}-\bar{x}_{i.}-\bar{x}_{.j}+\bar{x})^2$	$(k-1)(r-1)$	$MSE=\dfrac{SSE}{(k-1)(r-1)}$	
总和	$SST=\sum_{i=1}^{k}\sum_{j=1}^{r}(x_{ij}-\bar{x})^2$	$kr-1$		

（4）关系强度

行平方和与列平方和加在一起则度量了两个自变量对因变量的联合效应，联合效应与总平方和的比值定义为 $R^2=\dfrac{\text{联合效应}}{\text{总效用}}=\dfrac{SSR+SSC}{SST}$，其平方根 R 则反映了这两个自变量合

起来与因变量之间的关系强度.

3. 有交互作用的双因素方差分析

如果两个因素搭配在一起会对因变量产生一种新的效应，就需要考虑交互作用对因变量的影响，这就是有交互作用的双因素方差分析. 与无交互作用的方差分析方法类似，有交互作用的双因素方差分析也需要提出假设、构造检验的统计量、作出统计决策等步骤. 提出假设时，需要对行变量、列变量和交互作用变量分别提出假设，方法与上述类似.

方差分析表如表 9-5 所示.

表 9-5　有交互作用的双因素方差分析表

方差来源	平方和 SS	自由度 df	均方 MS	F 值
行因素	$SSR=rm\sum_{i=1}^{k}(\bar{x}_{i.}-\bar{x})^2$	$k-1$	$MSR=\frac{SSR}{k-1}$	$F_R=\frac{MSR}{MSE}$
列因素	$SSC=km\sum_{j=1}^{r}(\bar{x}_{.j}-\bar{x})^2$	$r-1$	$MSC=\frac{SSC}{r-1}$	$F_C=\frac{MSC}{MSE}$
交互作用	$SSRC=m\sum_{i=1}^{k}\sum_{j=1}^{r}(\bar{x}_{ij}-\bar{x}_{i.}-\bar{x}_{.j}+\bar{x})^2$	$(k-1)(r-1)$	$MSRC=\frac{SSRC}{(k-1)(r-1)}$	$F_{RC}=\frac{MSRC}{MSE}$
误差	SSE	$kr(m-1)$	$MSE=\frac{SSE}{kr(m-1)}$	
总和	$SST=\sum_{i=1}^{k}\sum_{j=1}^{r}\sum_{l=1}^{m}(x_{ijl}-\bar{x})^2$	$n-1$		

四、典型例题

【例 9.1】 设有五种治疗荨麻疹的药，要比较它们的疗效，假设将 30 个病人分成 5 组，每组 6 人，令同组病人使用同一种药，并记录下病人从服药开始到痊愈所需天数. 这里药物是因素，有 5 个水平，用单因素方差分析法得方差分析表，如表 9-6 所示.

表 9-6　荨麻疹药物疗效的方差分析

方差来源	平方和	自由度	均方	F 值	P 值
因子	36.47				0.0136
误差	58.50			—	—
总和	94.97	29	—	—	—

（1）给出原（零）假设，填补表中空缺数值；

（2）给出 F 的表示式，说明 F 值与假设检验的关系；

（3）就本题解释 P 表示什么事件的概率，P 值大小反映了什么？

【解】（1）该方差分析问题检验的原假设为：H_0：这五种治疗荨麻疹的药的疗效相同.

补全的方差分析表如表 9-7 所示.

表 9-7　补全的方差分析表

方差来源	平方和	自由度	均方	*F* 值	*P* 值
因子	36.47	4	9.1175	3.896	0.0136
误差	58.50	25	2.34	—	—
总和	94.97	29	—	—	—

（2）F 的表达式为：$F=\dfrac{MSA}{MSE}=\dfrac{9.1175}{2.34}\approx 3.896$.

若 F 值 $\leqslant F_\alpha(4,25)$，则不拒绝原假设，即没有证据表明这五种治疗荨麻疹的药的疗效有显著差异；

若 F 值 $> F_\alpha(4,25)$，则拒绝原假设，即认为这五种治疗荨麻疹的药的疗效有显著差异.

（3）对于本题而言，P 值为这五种治疗荨麻疹的药的疗效出现当前样本观测到的差异或更显著差异的概率大小. P 值的大小反映了由样本信息进行假设检验犯第一类错误的实际概率，P 值越小，拒绝原假设的理由越充分.

【例 9.2】一家产品制造公司的管理者想要比较 A、B、C 三种培训方式对产品组装时间是否有显著影响，将 20 名新员工随机分配给每种培训方式. 对培训后的每个员工组装一件产品所花的时间进行方差分析，得到结果如表 9-8 所示.

表 9-8　培训方式对产品组装间影响的方差分析表

方差来源	平方和	自由度	均方	*F* 值
因子	（a）	（b）	3.8	（c）
误差	37.4	（d）	（e）	—
总和	（f）	（g）	—	—

要求：

（1）完成上面的方差分析表，计算表中括号内英文字母 a, b, c, d, e, f, g 代表的数值.

（2）在 0.05 的显著性水平下，检验不同培训方式对产品组装的时间是否有显著影响. 已知 $F_{0.05}(2,17)=3.59$，$F_{0.05}(2,18)=3.55$，$F_{0.05}(3,17)=3.20$.

【解】（1）由已知得，组间平方和 SSA、组内平方和 SSE 及总平方和 SST 的自由度分别为：

$$f_A=3-1=2,\quad f_E=20-3=17,\quad f_r=20-1=19,$$

$$SSA=MSA\cdot f_A=3.8\times 2=7.6,\quad MSE=\frac{SSE}{f_E}=\frac{37.4}{17}=2.2,$$

$$SST=SSA+SSE=7.6+37.4=45,\quad F=\frac{MSA}{MSE}=\frac{3.8}{2.2}\approx 1.73.$$

通过计算得到的方差分析表如表 9-9 所示.

表 9-9　计算得到的方差分析表

方差来源	平方和	自由度	均方	*F* 值
因子	7.6	2	3.8	1.73
误差	37.4	17	2.2	—
总和	45	19	—	—

（2）设 A、B、C 三组的均值分别为 μ_A,μ_B,μ_C . 提出假设： $H_0:\mu_A=\mu_B=\mu_C$ ，$H_1:\mu_A,\mu_B,\mu_C$ 不全相等.

由（1）中方差分析表可得，$F=1.73<F_{0.05}(2,17)=3.59$ ，则不能拒绝原假设，即没有证据表明不同培训方式对产品组装的时间有显著影响.

【例 9.3】为研究蒸馏水的 pH 值和硫酸铜溶液浓度对化验血清中的白蛋白与球蛋白的影响，对蒸馏水的 pH 值（A）取了四个不同的水平，对硫酸铜溶液浓度（B）取了三个不同水平，在不同的组合水平（A,B）下，各测一次白蛋白与球蛋白之比，对其结果进行运算得方差分析表的部分数据，如表 9-10 所示.

表 9-10　双因素对血清蛋白影响的方差分析表

方差来源	平方和	自由度	均方	F 值
因子 A	$Q_A=5.29$			
因子 B	$Q_B=2.22$			
误差	$Q_E=0.26$			
总和	$Q_r=7.77$			

（1）填充方差分析表的空白数据；

（2）检验两个因素不同水平下的化验结果是否有明显差异（ $\alpha=0.05$ ）.

【解】（1）填充方差分析表如表 9-11 所示.

表 9.11　填充的方差分析表

方差来源	平方和	自由度	均方	F 值
因子 A	$Q_A=5.29$	3	1.76	40.93
因子 B	$Q_B=2.22$	2	1.11	25.81
误差	$Q_E=0.26$	6	0.043	—
总和	$Q_r=7.77$	11	—	—

（2）根据表 9-10，计算 F 值可得：

$$F(A)=40.93>F_{0.05}(3,6)=4.76\ ,$$

所以拒绝原假设，即蒸馏水的 pH 值对化验结果有显著的影响.

$$F\left(B\right)=25.81>F_{0.05}\left(2,6\right)=5.14\ ,$$

所以拒绝原假设，即硫酸铜溶液浓度对化验结果有显著的影响.

【例 9.4】欲调查噪声强度对学生完成作业的准确度的影响，随机抽取了 15 名学生，分配到低噪声组、中噪声组和高噪声组中，得到准确度均值与方差如表 9-12 所示.

表 9-12　样本量、准确度均值与方差

	低噪声组	中噪声组	高噪声组
样本量（n）	4	5	6
均值（ $\bar{x}$ ）	60	66	45
方差（ s^2 ）	50	48	45

附：分子自由度为 df_1，分母自由度为 df_2 的 $\alpha=0.05$ 对应的 F 界值表如表 9-13 所示.

表 9-13　F 界值表

df_1	df_2			
	11	12	13	14
1	4.84	4.75	4.67	4.6
2	3.98	3.88	3.81	3.74
3	3.59	3.49	3.41	3.34

（1）计算完成方差分析表，并说明噪声强度能解释作业准确度的变异的比例.

（2）用 $\alpha=0.05$ 的显著性水平，分析噪声强度对作业准确度是否有影响.

（3）要具体确定低噪声组与中噪声组间的准确度是否有差异，怎样分析?（不需计算）

【解】（1）① 计算全部观测值的总均值

$$\bar{x}=\frac{1}{n}\sum_{i=1}^{k}n_i\bar{x}_i=\frac{4\times60+5\times66+6\times45}{4+5+6}=56.$$

② 计算各误差平方和组间平方和：

$$SSA=\sum_{i=1}^{k}n_i(\bar{x}_i-\bar{x})^2=4\times(60-56)^2+5\times(66-56)^2+6\times(45-56)^2=1\ 290.$$

组内平方和：

$$SSE=\sum_{j=1}^{k}\sum_{i=1}^{n_i}(x_{ij}-\bar{x}_i)^2=\sum_{i=1}^{3}(n_i-1)s_i^2=(4-1)\times50+(5-1)\times48+(6-1)\times45=567.$$

总平方和：$SST=SSA+SSE=1\ 290+567=1\ 857$.

③ 计算 F 统计量：

$$F=\frac{SSA/(3-1)}{SSE/(15-3)}=\frac{MSA}{MSE}=\frac{645}{47.25}\approx13.65.$$

故可得到方差分析表如表 9-14 所示.

表 9-14　方差分析表

方差来源	平方和	自由度	均方	F 值	F 临界值
组间	1 290	2	645	13.65	3.88
组内	567	12	47.25	—	—
总和	1 857	14	—	—	—

$$R^2=\frac{SSA}{SST}=\frac{1\ 290}{1\ 857}\approx0.69,$$

即噪声强度能解释作业准确度的变异的比例为 69%.

（2）从方差分析表可以看到，由于 $F=13.65>F_{0.05}(2,12)=3.88$，所以拒绝原假设 H_0，表明不同噪声组之间的差异是显著的，即噪声对学生完成作业的准确度有影响.

（3）在方差分析中，当原假设被拒绝时，可以确定至少有两个总体的均值有显著差异. 但要进一步检验哪些总体的均值之间有显著差异还需要采用多重比较的方法进行分析.

多重比较是对各个总体均值进行的两两比较，可以采用最小差异显著（即 LSD）的方法．检验步骤如下：

① 设 μ_1，μ_2 分别为低噪声组和中噪声组的总体均值，提出假设：

$$H_0: \mu_1 = \mu_2;\quad H_1: \mu_1 \neq \mu_2 .$$

② 构造检验统计量：

$$t = \frac{\overline{x}_1 - \overline{x}_2}{\sqrt{MSE\left(\frac{1}{n_1} + \frac{1}{n_2}\right)}} .$$

③ 做出决策：当 $t < -t_{\alpha/2}$ 或 $t > t_{\alpha/2}$ 时拒绝原假设，即认为低噪声组与中噪声组之间的准确度有显著差异.

【例 9.5】某研究调查市场专业人员的公司伦理价值观念，其数据列表如表 9-15 所示（高分值表明伦理价值观念程度高）．在显著性水平 $\alpha = 0.01$ 下，对上述数据进行单因素方差分析，请把下面未完成的 ANOVA 表（表 9-16）补充完整，并完成方差分析，说出检验的结论.

表 9-15　专业人员的公司伦理价值观念数据

来源	得分	平均分
市场管理人员	6，5，4，5，6，4	5
市场研究人员	5，5，4，4，5，4	4.5
研究人员	6，7，6，5，6，6	6

表 9-16　方差分析表

方差来源	平方和	自由度	均方	*F* 值
专业	7			
误差	7.5			
总和				

【解】补充完整的方差分析表如表 9-17 所示.

表 9-17　完整的方差分析表

方差来源	平方和	自由度	均方	*F* 值
专业	7	2	3.5	7
误差	7.5	15	0.5	—
总和	14.5	17	—	—

从方差分析表可以看到，由于 $F = 7 > F_{0.01}(2,15) = 6.3589$，所以拒绝原假设 H_0，表明不同专业组之间的差异是显著的，即专业对市场专业人员的公司伦理价值观念有影响.

【例 9.6】抽样调查 4 所大学的 3 个不同专业研究生毕业第一年的收入（单位：万元）情况，结果如表 9-18 所示.

表 9-18　不同学校不同专业研究生毕业收入情况

大学	专业		
	B_1	B_2	B_3
A_1	9.6	8.8	10.3
A_2	6.8	7.1	5.2
A_3	7.5	9.8	7.4
A_4	4.5	3.8	6.3

（1）请问大学与专业的不同是否造成学生收入的显著差异（$\alpha = 0.05$）？

（2）给出各大学与各专业的效应，并确定大学与专业的显著选择.（已知上表中的收入和为 87.1，收入的平方和为 680.81，$F_{0.05}(3,6) = 4.76$，$F_{0.05}(2,6) = 5.14$）

【解】（1）提出假设.

行因素（大学）：$H_0: \mu_1 = \mu_2 = \mu_3 = \mu_4, H_1: \mu_1$，$\mu_2$，$\mu_3$，$\mu_4$ 不全相等.

列因素（专业）：$H_0: \mu_1 = \mu_2 = \mu_3, H_1: \mu_1$，$\mu_2$，$\mu_3$ 不全相等.

已知 $\sum x = 87.1$，$\sum x^2 = 680.81$，所以总收入平均值为 $\bar{x} = \dfrac{\sum x}{n} = \dfrac{87.1}{12} \approx 7.26$，总离差平方和为

$$SST = \sum x^2 - \frac{\left(\sum x\right)^2}{n} = 680.81 - \frac{87.1^2}{12} \approx 48.61.$$

这 4 所大学的平均收入分别为：$\bar{x}_{1.} \approx 9.57$，$\bar{x}_{2.} \approx 6.37$，$\bar{x}_{3.} \approx 8.23$，$\bar{x}_{4.} \approx 4.87$，则行因素所产生的误差平方和为

$$SSR = 3\times(9.57-7.26)^2 + 3\times(6.37-7.26)^2 + 3\times(8.23-7.26)^2 + 3\times(4.87-7.26)^2 \approx 38.34.$$

这 3 个专业的平均收入分别为：$\bar{x}_{.1} = 7.1$，$\bar{x}_{.2} = 7.375$，$\bar{x}_{.3} = 7.3$，则列因素所产生的误差平方和为

$$SSC = 4\times(7.1-7.26)^2 + 4\times(7.375-7.26)^2 + 4\times(7.3-7.26)^2 \approx 0.16.$$

所以随机误差平方和为

$$SSE = SST - SSR - SSC = 48.61 - 38.34 - 0.16 = 10.11.$$

所以

$$MSR = SSR/(k-1) = 38.34/3 = 12.78，\quad MSC = SSC/(r-1) = 0.16/2 = 0.08，$$

$$MSE = \frac{SSE}{(k-1)(r-1)} = \frac{10.11}{6} = 1.685.$$

为检验不同的大学对收入的影响是否显著，计算统计量

$$F_1 = MSR/MSE = 12.78/1.685 \approx 7.58.$$

为检验不同的专业对收入的影响是否显著，计算统计量

$$F_2 = MSC/MSE = 0.08/1.685 \approx 0.047.$$

在 $\alpha = 0.05$ 的显著性水平下，$F_1 = 7.58 > 4.76 = F_{0.05}(3,6)$，故拒绝原假设，即不同的大学对收入有显著性影响.

$F_2 = 0.047 < 5.14 = F_{0.05}(2,6)$，故不能拒绝原假设，即不同的专业对收入没有显著性影响.

（2）对于一个因素的某个水平来说，其对因变量的效应为该组数据的均值与总均值之

差. 因此大学 A_1 的效应为：$\alpha_1 = \bar{x}_{1.} - \bar{x} = 9.57 - 7.26 = 2.31$.

同理计算得到其余大学的效应为：$\alpha_2 = -0.89$，$\alpha_3 = 0.97$，$\alpha_4 = -2.39$.

各专业的效应为：$\beta_1 = -0.16$，$\beta_2 = 0.115$，$\beta_3 = 0.04$.

由（1）中的检验可知，各专业之间的收入没有显著差别，而各大学之间的收入存在显著差异，因此应选择大学 A_i.

【例 9.7】一家汽车制造商准备购进一批轮胎，考虑的因素主要有轮胎供应商和耐磨程度. 为了对磨损程度进行测试，分别在低速（40km/h）、中速（80km/h）、高速（120km/h）下进行测试. 对从 5 家供应商抽取的轮胎随机样本在行驶 1000km 后磨损程度进行试验，在显著性水平 $\alpha = 0.01$ 下得到的有关结果如表 9-19 所示.

表 9-19　轮胎磨损程度的方差分析表

方差来源	平方和	自由度	均方	F 值	P 值	F 临界值
行	1.55	4	0.39	21.72	0.000236	7.01
列	3.48	2	1.74	97.68	0.000002	8.65
误差	0.14	8	0.02	—	—	—
总计	5.176	14	—	—	—	—

（1）不同车速对磨损程度是否有显著影响?

（2）不同供应商生产的轮胎之间磨损程度是否有显著差异?

【解】方差分析表中行因素为轮胎供应商因素，列因素为车速因素.

（1）设低速、中速、高速的平均磨损程度分别为 $\mu_{低速}, \mu_{中速}, \mu_{高速}$.

提出假设：$H_0: \mu_{低速} = \mu_{中速} = \mu_{高速}, H_1: \mu_{低速}, \mu_{中速}, \mu_{高速}$ 不全相等.

由于 P值 $= 0.000002 < 0.01 = \alpha$（或 $F_{车速} = 97.68 > 8.65 = F_{0.01}(2,8)$），故拒绝原假设，即不同车速对磨损程度有显著影响.

（2）设不同供应商轮胎的平均磨损程度分别为 $\mu_1, \mu_2, \mu_3, \mu_4, \mu_5$.

提出假设：$H_0: \mu_1 = \mu_2 = \mu_3 = \mu_4 = \mu_5, H_1: \mu_1, \mu_2, \mu_3, \mu_4, \mu_5$ 不全相等.

由方差分析表 9-19 可知，$P = 0.000236 < 0.01 = \alpha$（或 $F_{供应商} = 21.72 > 7.01 = F_{0.01}(4,8)$），故拒绝原假设，即不同供应商生产的轮胎的磨损程度有显著差异.

【例 9.8】一超市为提高收银台的工作效率，设计了 4 种结账流程，并随机选取了 3 个收银员进行重复试验，记录了流程的持续时间（单位：秒），试验结果如表 9-20 所示.

表 9-20　不同流程下不同收银员的操作持续时间

流程	收银员 1	收银员 2	收银员 3
a	15，15，17	19，19，16	16，18，21
b	17，17，17	15，15，15	19，22，22
c	15，17，16	18，17，16	18，18，18
d	18，20，22	15，16，17	17，17，17

请在显著水平 $\alpha = 0.05$ 下，对流程和收银员这两个因素对操作时间的影响进行分析.

【解】这是一个有交互作用的双因素重复试验. 由题意，设结账流程因素为 A，收银员

因素为 B，交互作用为 C，建立假设检验如下.

H_{01} : A 对操作时间无显著影响. H_{11} : A 对操作时间影响显著.

H_{02} : B 对操作时间无显著影响. H_{12} : B 对操作时间影响显著.

H_{03} : C 对操作时间无显著影响. H_{13} : C 对操作时间影响显著.

可由 Excel 软件的方差分析直接得到表 9-21 所示的方差分析表.

表 9-21　方差分析表

方差来源	平方和	自由度	均方	*F* 值	*P* 值	*F* 临界值
流程	2.75	3	0.917	0.532	0.665	3.008786
收银员	27.1667	2	13.583	7.887	0.00233	3.402832
交互	73.5	6	12.25	7.113	0.000192	2.508187
误差	41.3333	24	1.772	—	—	—
总计	144.75	35	—	—	—	—

其中 $SST=\sum_{i=1}^{4}\sum_{j=1}^{3}\sum_{k=1}^{3}(x_{ijk}-\overline{x})^2$ ，$SSA=3\times3\times\sum_{i=1}^{4}(\overline{x}_{i\cdot}-\overline{x})^2$ ，$SSB=4\times3\times\sum_{j=1}^{3}(\overline{x}_{\cdot j}-\overline{x})^2$ ，

$SSE=\sum_{i=1}^{4}\sum_{j=1}^{3}\sum_{k=1}^{3}(x_{ijk}-\overline{x}_{ij})^2$ ，x_{ijk} 为第 i 行第 j 列单元格中的第 k 个观测值，$\overline{x}_{ij}$ 为第 i 行第 j 列单元格（即各流程与各收银员的交互）中的均值，$\overline{x}_{i\cdot}$ 为第 i 行（即各流程）的均值，$\overline{x}_{\cdot j}$ 为第 j 列（即各收银员）的均值，$\overline{x}$ 为总均值.

根据上表，由 P 值 $=0.665>0.05=\alpha$ 可知，结账流程不同不会影响操作时间；由 P 值 $=0.00233$ 可知，收银员不同则显著影响操作时间；而由 P 值 $=0.000192$ 可知，两者的组合也会显著影响操作时间.

【例 9.9】某家电制造公司准备购进一批 5 号电池，现有 A,B,C 3 个电池生产企业愿意供货. 为比较它们生产电池的质量，从每个企业各随机抽取 5 节电池，经试验得其寿命（单位：h）数据如表 9-22 所示. 试分析 3 个企业生产的电池的平均寿命之间有无显著差异（$\alpha=0.05$）？如果有差异，用 LSD 方法检验哪些企业之间有差异？

表 9-22　不同企业生产的电池的寿命数据

试验号	企业 *A*	企业 *B*	企业 *C*
1	50	32	45
2	50	28	42
3	43	30	38
4	40	34	48
5	39	26	40

【解】设 3 个企业生产的电池的平均寿命分别为 μ_A，μ_B，μ_C.

提出假设：$H_0:\mu_A=\mu_B=\mu_C, H_1:\mu_A$，$\mu_B$，$\mu_C$ 不全相等.

由 Excel 输出的方差分析表如表 9-23、表 9-24 所示.

表 9-23　方差分析表 1

组	观测数	求和	平均值	方差
企业 A	5	222	44.4	28.3
企业 B	5	150	30	10
企业 C	5	213	42.6	15.8

表 9-24　方差分析表 2

方差来源	平方和	自由度	均方	F 值	P 值	F 临界值
组间	615.6	2	307.8	17.06839	0.00031	3.885294
组内	216.4	12	18.03333	—	—	—
总计	832	14	—	—	—	—

由于 P 值 $=0.0003<\alpha=0.05$（或 $F=17.0684>F_{0.05}(2,12)=3.8853$），故拒绝原假设，即电池的平均寿命之间有显著差异. 为判断哪两个企业生产的电池平均使用寿命之间有显著差异，首先提出如下假设.

检验 1：$H_0:\mu_A=\mu_B, H_1:\mu_A\neq\mu_B$.

检验 2：$H_0:\mu_A=\mu_C, H_1:\mu_A\neq\mu_C$.

检验 3：$H_0:\mu_B=\mu_C, H_1:\mu_B\neq\mu_C$.

计算检验统计量：

$|\bar{x}_A-\bar{x}_B|=|44.4-30|=14.4$，$|\bar{x}_A-\bar{x}_C|=|44.4-42.6|=1.8$，$|\bar{x}_B-\bar{x}_C|=|30-42.6|=1.26$.

根据方差分析表可知，$MSE=18.03333$. 根据自由度 $n-k=15-3=12$，查 t 分布表得 $t_{\alpha/2}=t_{0.025}=2.179$. 由于每个样本的样本量均为 5，所以

$$LSD=t_{\alpha/2}\sqrt{MSE\left(\frac{1}{n_i}+\frac{1}{n_j}\right)}=2.179\times\sqrt{18.03333\times\left(\frac{1}{5}+\frac{1}{5}\right)}=5.85.$$

由于 $|\bar{x}_A-\bar{x}_B|=14.4>LSD=5.85$，故拒绝原假设，即企业 A 与企业 B 电池的平均使用寿命之间有显著差异.

由于 $|\bar{x}_A-\bar{x}_C|=1.8<LSD=5.85$，故接受原假设，即没有证据表明企业 A 与企业 C 电池的平均使用寿命之间有显著差异.

由于 $|\bar{x}_B-\bar{x}_C|=1.26>LSD=5.85$，故拒绝原假设，即企业 B 与企业 C 电池的平均使用寿命之间有显著差异.

【**例 9.10**】表 9-25 为 3 位操作工分别在 4 台机器上操作 3 天的日产量（单位：件）.

表 9-25　日产量数据

机器	操作工甲			操作工乙			操作工丙		
A_1	15	15	17	17	19	18	16	18	21
A_2	17	17	17	15	15	15	19	22	22
A_3	15	17	16	18	17	16	18	18	18
A_4	18	20	22	15	16	17	17	17	17

试在显著性水平 $\alpha = 0.05$ 下检验：操作工之间有无显著性差异？机器之间的差异是否显著？操作工与机器的交互作用是否显著？

【解】用 r 表示机器的水平数，s 表示操作工的水平数，t 表示重复实验次数，

$$r = 4,\quad s = 3,\quad t = 3,\quad n = rst = 36.$$

列出计算表和方差分析表如表 9-26、表 9-27 所示.

表 9-26 日产量数据分组合计表

y_{ij}	操作工甲	操作工乙	操作工丙	$y_{i\cdot}$
A_1	47	54	55	156
A_2	51	45	63	159
A_3	48	51	54	153
A_4	60	48	51	159
$y_{\cdot j}$	206	198	223	627

$$\sum_i\sum_j\sum_k y_{ijk}^2 = 11065,\qquad \sum_i\sum_j y_{ik\cdot}^2 = 33071,$$

$$\sum_i y_{i\cdot\cdot}^2 = 98307,\quad \sum_j y_{\cdot j\cdot}^2 = 131369,\quad \frac{(\sum\sum\sum y_{ijk})^2}{n} = 10920.25,$$

$$S_A = \frac{1}{9}\times 98307 - 10920.25 = 2.75,\quad S_B = \frac{1}{12}\times 131369 - 10920.25 = 27.17,$$

$$S_{A\times B} = \frac{1}{3}\times 33071 - 10920.25 - 2.75 - 27.17 = 73.50,$$

$$S_T = 11065 - 10920.25 = 144.75,\quad S_e = 144.75 - 2.75 - 27.17 - 77.50 = 41.33.$$

表 9-27 方差分析表

方差来源	平方和	自由度	均方和	F 值
机器 A	2.75	3	0.92	
操作工 B	27.17	2	13.59	<1
交互作用 $A\times B$	73.50	6	12.25	7.90
误差	41.33	24	1.72	7.12
总和	144.75	35		

由于 $F_B = 7.90>3.40$，$F_{0.95}(2,24) = 3.40$，$F_{0.95}(6,24) = 2.51$，$F_{A\times B} = 7.12>2.51$. 所以在 $\alpha = 0.05$ 水平上，操作工有显著差异，机器之间无显著差异，交互作用有显著差异.

第十章　回归分析

一、基本要求

1. 了解回归分析的概念及其主要类型，理解显著性检验的基本思想，熟练掌握回归分析的基本步骤.

2. 掌握一元回归分析法的数学模型、参数估计、回归检验及在实际中的应用.

3. 掌握多元回归分析法的数学模型、参数估计、回归检验及在实际中的应用.

二、知识网络图

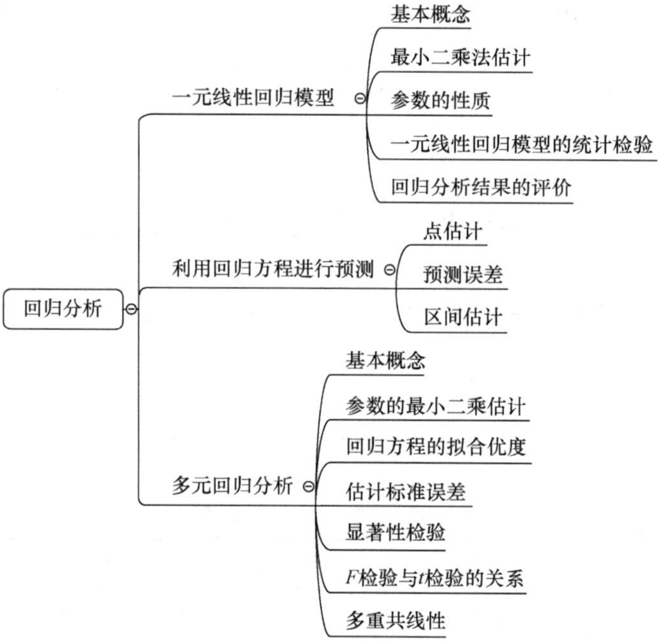

三、知识总结

（一）一元线性回归模型

1. 基本概念

回归分析是利用样本数据建立起相关变量之间相关关系的数学模型，用样本所估计的参数来代替总体的真实参数，或者说用样本回归线代替总体回归线.

一元线性回归模型为

$$y_i = \beta_0 + \beta_1 x_i + \varepsilon_i .$$

其中 β_0, β_1 称为回归系数（模型参数），$\varepsilon_i \sim N(0, \sigma^2)$.

2. 最小二乘法估计

最小二乘法（OLS）估计的基本思想是通过最小化观测数据的实际值与模型预测值之间

的残差平方和来估计模型参数，使得模型预测值与实际观测值之间的误差最小化.

构造残差平方和

$$Q=\sum_{i=1}^{n}(y_i-\hat{y}_i)^2=\sum_{i=1}^{n}(y_i-\beta_0-\beta_1x_i)^2 .$$

通过求 Q 对模型参数 β_0,β_1 的偏导数并令其为零，求得参数 β_0,β_1 的估计值

$$\hat{\beta}_1=\frac{\sum_{i=1}^{n}x_iy_i-n\overline{x}\,\overline{y}}{\sum_{i=1}^{n}x_i^2-n\overline{x}^2}=\frac{\sum_{i=1}^{n}(x_i-\overline{x})(y_i-\overline{y})}{\sum_{i=1}^{n}(x_i-\overline{x})^2},$$

$$\hat{\beta}_0=\overline{y}-\hat{\beta}_1\overline{x} .$$

3. 参数的性质

（1）$\hat{\beta}_0,\hat{\beta}_1$ 是 $y_1,y_2,\cdots,y_n$ 的线性组合.

（2）$\hat{\beta}_0,\hat{\beta}_1$ 是线性无偏估计，即 $E(\hat{\beta}_0)=\beta_0,E(\hat{\beta}_1)=\beta_1$.

（3）$D(\hat{\beta}_1)=\dfrac{\sigma^2}{L_{xx}},D(\hat{\beta}_0)=\left(\dfrac{1}{n}+\dfrac{\overline{x}^2}{L_{xx}}\right)\sigma^2,\mathrm{Cov}(\hat{\beta}_0,\hat{\beta}_1)=-\dfrac{\overline{x}}{L_{xx}}\sigma^2$.

（4）若 $\varepsilon_i\sim N(0,\sigma^2)$，则 $\hat{\beta}_0\sim N\left(\beta_0,\left(\dfrac{1}{n}+\dfrac{\overline{x}^2}{L_{xx}}\right)\sigma^2\right)$，$\hat{\beta}_1\sim N\left(\beta_1,\dfrac{\sigma^2}{L_{xx}}\right)$，且 $\overline{y}$ 与 $\hat{\beta}_1$ 相互独立.

（5）$\hat{\beta}_0,\hat{\beta}_1$ 分别是 β_0 和 β_1 的最佳线性无偏估计.

4. 一元线性回归模型的统计检验

根据统计性质知，若有足够多的重复抽样，参数的估计值的数学期望（均值）就等于其总体的参数真值. 但在一次抽样中，估计值不一定等于其真值. 那么，在一次抽样中，参数的估计值与真值的差异有多大、是否显著，就需要进行统计检验，主要包括拟合优度检验、变量的显著性检验以及参数的区间估计.

（1）拟合优度检验

将 $\hat{y}=\hat{\beta}_0+\hat{\beta}_1x$ 称为 $\hat{y}$ 关于 x 的样本回归方程，也称为样本回归函数或样本回归公式，其图形称为样本回归直线.

对样本回归直线与样本观测值之间拟合程度进行检验. 度量拟合优度的指标为判定系数（可决系数）$R^2=1-\dfrac{\sum_{i=1}^{n}(y_i-\hat{y}_i)^2}{\sum_{i=1}^{n}(y_i-\overline{y})^2}$，其中 $TSS=\sum_{i=1}^{n}(y_i-\overline{y})^2$ 为总离差平方和，与样本回归方程 $\hat{y}=\hat{\beta}_0+\hat{\beta}_1x$ 无关；$\sum_{i=1}^{n}(y_i-\hat{y}_i)^2$ 为残差平方和，与样本回归方程有关.

Y 的观测值围绕其均值的总离差平方和 TSS 可分解为两部分：一部分（ESS）来自经验回归线，另一部分（RSS）则来自随机扰动. 在给定的样本中，总离差平方和 TSS 不变. 如果实际观测点离样本回归直线越近，则 R^2 越大，模型的拟合效果越好. 判定系数 R^2 的取值范围为[0,1].

（2）变量的显著性检验

检验样本回归方程 $\hat{y}=\hat{\beta}_0+\hat{\beta}_1 x$ 是否有效，或 x,y 之间线性相关关系是否显著，这就需要进行变量的显著性检验. 只要检验回归系数 $\hat{\beta}_1=0$ 是否成立. 检验线性相关显著性或回归方程有效性的一般步骤如下.

根据最小二乘法，使 $Q=\sum_{i=1}^{n}(y_i-\hat{y}_i)^2=\sum_{i=1}^{n}(y_i-\beta_0-\beta_1 x_i)^2$ 最小.

令 $$\begin{cases}\left.\dfrac{\partial Q}{\partial \beta_0}\right|_{\beta_0=\hat{\beta}_0}=-2\sum\limits_{i=1}^{n}(y_i-\hat{\beta}_0-\hat{\beta}_1 x_i)=0,\\ \dfrac{\partial Q}{\partial \beta_1}=-2\sum\limits_{i=1}^{n}x_i(y_i-\hat{\beta}_0-\hat{\beta}_1 x_i)=0,\end{cases}$$

则 $$\begin{cases}\hat{\beta}_1=\dfrac{n\sum\limits_{i=1}^{n}x_i y_i-\sum\limits_{i=1}^{n}x_i\sum\limits_{i=1}^{n}y_i}{n\sum\limits_{i=1}^{n}x_i^2-(\sum\limits_{i=1}^{n}x_i)^2}=\dfrac{\sum\limits_{i=1}^{n}(x_i-\overline{x})(y_i-\overline{y})}{\sum\limits_{i=1}^{n}(x_i-\overline{x})^2},\\ \hat{\beta}_0=\overline{y}-\hat{\beta}_1\overline{x}.\end{cases}$$

① 提出检验假设 $H_0:\beta_1=0, H_1:\beta_1\neq 0$.

② 构造 t 统计量：$t=\dfrac{\hat{\beta}_1-\beta_1}{S_{\hat{\beta}_1}}\sim t(n-2)$.

③ 给定显著性水平，查 t 分布表，得临界值 $t_{\alpha/2}(n-2)$.

④ 根据样本值计算，得出结论：若 $|t|<t_{\alpha/2}(n-2)$，则接受 H_0；否则拒绝 H_0.

运用 F 检验（如表10-1所示）.

① 提出检验假设 $H_0:\beta_1=0, H_1:\beta_1\neq 0$.

② 选用统计量 $F=\dfrac{(mr-r)S_A^2}{(r-1)S_E^2}$，并计算其值.

③ 在给定的显著性水平 α 下，查 F 分布表得到临界值 $F_\alpha(r-1,mr-r)$.

④ 根据样本值计算，得出结论：当 $F<F_\alpha(r-1,mr-r)$ 时，接受 H_0；否则拒绝 H_0.

方差分析表如表10-1所示.

表10-1 方差分析表

方差来源	平方和	方差	自由度	F 值	F 临界值
组间	SSA	$\dfrac{SSA}{r-1}$	$r-1$	$F=\dfrac{(mr-r)SSA}{(r-1)SSE}$	$F_\alpha(r-1,mr-r)$
组内	SSE	$\dfrac{SSE}{mr-r}$	$mr-r$		
总变差	SST	$\dfrac{SST}{mr-1}$	$n-1$ 或 $mr-1$		

5. 回归分析结果的评价

（1）所估计的回归系数 $\hat{\beta}_1$ 的符号是否与理论或事先预期相一致；

（2）如果理论上认为 y 与 x 之间的关系不仅是正的，而且是统计上显著的，那么所建立的回归方程也应该如此；

（3）可以用判定系数 R^2 来回答回归模型在多大程度上解释了因变量 y 取值的差异；

（4）考察关于误差项 ε 的正态性假定是否成立.

（二）利用回归方程进行预测

回归分析的目的之一是对因变量做合理的预测，预测是指通过自变量 x 的取值来预测因变量 y 的取值.

1. 点估计

利用估计的回归方程，对于 x 的一个特定值 x_0，求出 y 的一个估计值就是点估计. 点估计可分为两种：一是平均值的点估计；二是特殊值的点估计.

（1）平均值的点估计是利用估计的回归方程，对于 x 的一个特定值 x_0，求出 y 的平均值的一个估计值 $E(y_0)$；

（2）特殊值的点估计是利用估计的回归方程，对于 x 的一个特定值 x_0，求出 y 的一个个别值的估计值 $\hat{y}_0$；

（3）在点估计条件下，对于同一个 x_0，平均值的点估计和特殊值的点估计的结果是一样的，但在区间估计中则有所不同.

2. 预测误差

在实际的回归模型预测中，发生预测误差的原因可以概括为以下几点.

（1）模型本身中的误差因素所造成的误差.

（2）由于回归系数的估计值与其真值不一致所造成的误差.

（3）由于自变量 x 的设定值与其实际值的偏离所造成的误差.

（4）由于未来时期总体回归系数发生变化所造成的误差.

3. 区间估计

利用估计的回归方程，对于 x 的一个特定值 x_0，求出 y 的一个估计值的区间就是区间估计. 区间估计也有两种类型：

一是置信区间估计，它是对 x 的一个给定值 x_0，求出 y 的平均值的估计区间，这一区间称为置信区间.

二是预测区间估计，它是对 x 的一个给定值 x_0，求出 y 的一个个别值的估计区间，这一区间称为预测区间.

（1）y 的平均值的置信区间估计

对于给定的 x_0，用 $S_{\hat{y}_0}$ 表示 $\hat{y}_0$ 标准差的估计量，其计算公式为

$$S_{\hat{y}_0}=S_e\sqrt{\frac{1}{n}+\frac{(x_0-\overline{x})^2}{\sum_{i=1}^{n}(x_i-\overline{x})^2}}\ .$$

对于给定的 x_0，$E(y_0)$ 在 $1-\alpha$ 置信水平下的置信区间可表示为

$$\hat{y}_0 \pm t_{\alpha/2} S_e \sqrt{\frac{1}{n}+\frac{(x_0-\overline{x})^2}{\sum_{i=1}^{n}(x_i-\overline{x})^2}}\ .$$

当 $x_0=\overline{x}$ 时，估计是最准确的. x_0 偏离 $\overline{x}$ 越远，y 的平均值的置信区间就变得越宽，估计的效果也就越不好.

（2）y 的个别值的预测区间估计

对于给定的 x_0，用 S_{ind} 表示 y 的一个个别估计值 y_0 的标准差的估计量，其计算公式为

$$S_{\text{ind}} = S_e \sqrt{1+\frac{1}{n}+\frac{(x_0-\overline{x})^2}{\sum_{i=1}^{n}(x_i-\overline{x})^2}}\ .$$

对于给定的 x_0，y 的一个个别值 y_0 在 $1-\alpha$ 置信水平下的预测区间可表示为

$$\hat{y}_0 \pm t_{\alpha/2} S_e \sqrt{1+\frac{1}{n}+\frac{(x_0-\overline{x})^2}{\sum_{i=1}^{n}(x_i-\overline{x})^2}}\ .$$

对同一个 x_0，这两个区间的宽度不一样，预测区间要比置信区间宽一些.

（三）多元回归分析

1. 基本概念

多元线性回归模型为

$$y=\beta_0+\beta_1x_1+\beta_2x_2+\cdots+\beta_kx_k+\varepsilon\ ,$$

其中 $\varepsilon \sim N(0,\sigma^2)$，$\beta_0,\beta_1,\beta_2,\cdots,\beta_k$ 称为回归系数.

在多元线性回归模型中，对误差项 ε 有三个基本的假定：

（1）误差项 ε 是一个期望值为 0 的随机变量，即 $E(\varepsilon)=0$；

（2）对于自变量 $x_1,x_2,\cdots,x_k$ 的所有值，ε 的方差 σ^2 都相同；

（3）误差项 ε 是一个服从正态分布的随机变量，且相互独立，即 $\varepsilon \sim N(0,\sigma^2)$.

回归模型所包含的自变量之间不能具有较强的线性关系，同时样本容量必须大于所要估计的回归系数的个数，即 $n>k$.

$E(y)=\beta_0+\beta_1x_1+\cdots+\beta_kx_k+\varepsilon$ 为多元回归方程，它描述了因变量 y 的期望值与自变量 $x_1,x_2,\cdots,x_k$ 之间的关系.

2. 参数的最小二乘估计

根据最小二乘法求得回归方程中的 $\hat{\beta}_0,\hat{\beta}_1,\hat{\beta}_2,\cdots,\hat{\beta}_k$，也就是使残差平方和

$$Q=\sum(y_i-\hat{y}_i)^2=\sum(y_i-\hat{\beta}_0-\hat{\beta}_1x_1-\cdots-\hat{\beta}_kx_k)^2$$

达到最小. 由此可以得到求解 $\hat{\beta}_0,\hat{\beta}_1,\hat{\beta}_2,\cdots,\hat{\beta}_k$ 的标准方程组为：

$$\begin{cases} \left.\dfrac{\partial Q}{\partial \beta_0}\right|_{\beta_0=\hat{\beta}_0}=0, \\ \left.\dfrac{\partial Q}{\partial \beta_i}\right|_{\beta_i=\hat{\beta}_i}=0, \end{cases} \quad i=1,2,\cdots,k.$$

类似于简单线性回归，在模型假定成立的情况下，可以证明多元线性回归模型参数的最小二乘估计也是因变量观测值 y_i 的线性组合，并具有无偏性与有效性. 因此多元线性回归的最小二乘估计是最佳线性无偏估计.

3. 回归方程的拟合优度

（1）多重判定系数

类似于一元回归模型，多元线性回归有如下离差平方和分解式

$$\sum(y_i-\overline{y})^2=\sum(y_i-\hat{y}_i)^2+\sum(\hat{y}_i-\overline{y})^2,$$

$$SST=SSR+SSE.$$

自由度：$(n-1)=(k-1)+(n-k)$.

其中总离差平方和 SST 反映了因变量观测值总离差的大小. 回归平方和 SSR 反映了因变量回归估计值说明的总离差的大小，它是因变量观测值总离差中由自变量解释的那部分离差. 残差平方和 SSE 反映了因变量观测值与估计值之间的总离差，是因变量观测值总离差中未被自变量解释的那部分.

多重判定系数是多元回归中的回归平方和占总平方和的比例，即

$$R^2=\frac{SSR}{SST}=1-\frac{SSE}{SST}.$$

它是度量多元回归方程拟合程度的一个统计量，反映了因变量 y 的变差中被估计的回归方程所解释的比例，介于 0 和 1 之间. R^2 越接近 1，模型对数据的拟合程度就越好.

（2）调整的多重判定系数

$$R_a^2=1-(1-R^2)\left(\frac{n-1}{n-k-1}\right).$$

R^2 会随着自变量的增加而增大，但由于 R_a^2 同时考虑了样本量 n 和模型中自变量的个数 k 的影响，所以 R_a^2 的值永远小于 R^2，而且 R_a^2 的值不会由于模型中自变量个数的增加而越来越接近 1. 因此，在多元回归分析中，通常用调整的多重判定系数.

（3）多重相关系数（复相关系数）

R^2 的平方根称为多重相关系数，也称为复相关系数，它度量了因变量与 k 个自变量的相关程度.

4. 估计标准误差

（1）概念

多元回归中的估计标准误差是对误差项 ε 的方差 σ^2 的一个估计值，计算公式为

$$S_e=\sqrt{\frac{\sum(y_i-\hat{y}_i)^2}{n-k-1}}=\sqrt{\frac{SSE}{n-k-1}}=\sqrt{MSE},$$

其中 k 为自变量的个数.

（2）作用

它是对 y 的观测值与估计值之间的离差的一种度量，在衡量多元回归方程的拟合优度方面起着重要作用，同时也是计算置信区间的基础指标.

（3）解释

由于 S_e 所估计的是预测误差的标准差，其含义是根据自变量 $x_1,x_2,\cdots,x_k$ 来预测因变量 y 时的平均预测误差.

5. 显著性检验

（1）线性关系检验

线性关系检验是检验因变量 y 与 k 个自变量之间的关系是否显著，也称为总体显著性检验. 检验的具体步骤如下.

① 提出假设 $H_0:\beta_1=\beta_2=\cdots=\beta_k=0$， $H_1:\beta_1,\beta_2,\cdots,\beta_k$ 至少有一个不等于 0.

② 构造 F 统计量：

$$F=\frac{SSR/k}{SSE/(n-k-1)}\sim F(k,n-k-1).$$

③ 根据给定的显著性水平 α，查 F 分布表得临界值 $F_\alpha(k,n-k-1)$.

④ 根据样本值计算，得出结论：若 $F<F_\alpha(k,n-k-1)$，则接受原假设；若 $F>F_\alpha(k,n-k-1)$，则拒绝原假设.

或直接利用 P 值做出决策：若 $P<\alpha$，则拒绝原假设；若 $P>\alpha$，则不拒绝原假设.

（2）回归系数检验和推断

回归方程通过线性关系检验后，就可以对各个回归系数 β_i 有选择地进行一次或多次检验，具体步骤如下.

① 提出假设：$H_0:\beta_i=0, H_1:\beta_i\neq 0$（对于任意参数 $\beta_i,i=1,2,\cdots,k$）.

② 构造 t 统计量：

$$t=\frac{\hat{\beta}_1}{S_{\hat{\beta}_i}}\sim t(n-k-1).$$

其中 $S_{\hat{\beta}_i}$ 是回归系数 $\hat{\beta}_i$ 的抽样分布的标准差，即

$$S_{\hat{\beta}_i}=\frac{S_e}{\sqrt{\sum x_i^2-\frac{1}{n}(\sum x_i)^2}}.$$

③ 根据给定的显著性水平 α，查 t 分布表得临界值 $t_{\alpha/2}(n-k-1)$.

④ 根据样本值计算，得出结论：若 $|t|<t_{\alpha/2}(n-k-1)$，则接受原假设；若 $|t|>t_{\alpha/2}(n-k-1)$，则拒绝原假设.

6. *F* 检验与 *t* 检验的关系

在一元线性回归中，线性关系检验（F 检验）与回归系数检验（t 检验）是等价的. 但在多元回归中，这两种检验不再等价.

线性关系检验主要是检验因变量与多个自变量的线性关系是否显著，在 k 个自变量中，只要有一个自变量与因变量的线性关系显著，F 检验就能通过，但这不一定意味着每个自变量与因变量的关系都显著. 回归系数检验则是对每个回归系数分别进行单独的检验，它主要用于检验每个自变量对因变量的影响是否显著. 如果某个自变量没有通过检验，就意味着这个自变量对因变量的影响不显著，此时就没有必要将这个自变量放进回归模型中.

7. 多重共线性

（1）多重共线性及其所产生的问题

当回归模型中存在两个或两个以上的自变量彼此相关时，则称回归模型中存在多重共线性. 在回归分析中存在多重共线性时将会产生的问题如下.

① 变量之间高度相关时，可能会使回归的结果混乱，甚至会把分析引入歧途；

② 多重共线性可能对参数估计值的正负号产生影响，特别是 β_i 的正负号有可能与预期的正负号相反，此时对回归系数的解释是危险的.

（2）多重共线性的判别

检测多重共线性中最简单的一种办法是计算模型中各对自变量之间的相关系数，并对各相关系数进行显著性检验. 如果有一个或多个相关系数是显著的，就表示模型中所使用的自变量之间相关，因而存在多重共线性问题. 具体来说，如果出现下列情况，则暗示存在多重共线性.

① 模型中各对自变量之间显著相关.

② 当模型的线性关系检验（F 检验）显著时，几乎所有回归系数 β_i 的 t 检验却不显著.

③ 回归系数的正负号与预期的相反.

④ 根据容忍度与方差扩大因子（VIF）进行判断. 某个自变量的容忍度等于 1 减去该自变量为因变量而其他 k-1 个自变量为预测变量时所得到的线性回归模型的判定系数，即 $1-R_i^2$. 容忍度越小，多重共线性越严重. 通常认为容忍度小于 0.1 时，存在严重的多重共线性. 方差扩大因子等于容忍度的倒数，即 $\text{VIF}=\dfrac{1}{1-R_i^2}$. 显然，VIF 越大，多重共线性越严重. 一般认为 VIF 大于 10 时，存在严重的多重共线性.

（3）多重共线性问题的处理

根据多重共线性的严重程度，可选择下列不同的解决办法.

① 将一个或多个相关的自变量从模型中剔除，使保留的自变量尽可能不相关；

② 如果要在模型中保留所有的自变量，则需避免根据 t 统计量对单个参数 β 进行检验；对因变量 y 值的推断（估计或预测）限定在自变量样本值的范围内.

四、典型例题

【例 10.1】某公司的 10 家下属企业的产量与生产费用之间的关系如表 10-2 所示.

表 10-2 企业的产量与生产费用数据

产量/万件	40	42	48	55	65	79	88	100	120	140
生产费用/万元	150	140	160	170	150	162	185	165	190	185

要求：（1）计算相关系数；（2）计算判定系数 R^2.

【解】（1）绘制产量与生产费用之间的散点图，如图 10-1 所示.

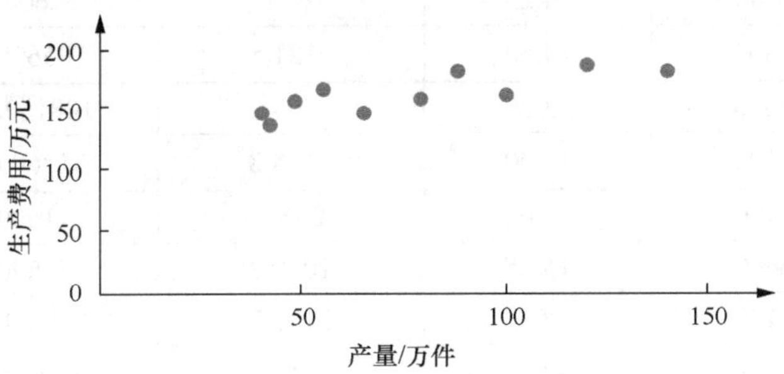

图 10-1 产量与生产费用的散点图

相关系数为：

$$r=\frac{n\sum xy-(\sum x)(\sum y)}{\sqrt{n\sum x^2-(\sum x)^2}\cdot\sqrt{n\sum y^2-(\sum y)^2}}\approx 0.8078 .$$

以下以 $\alpha=0.05$ 作显著性检验.

提出假设：$H_0:\rho=0, H_1:\rho\neq 0$.

t 检验统计量的值为：

$$t=|r|\sqrt{\frac{n-2}{1-r^2}}=0.8078\times\sqrt{\frac{10-2}{1-0.8078^2}}\approx 3.876 .$$

而 $t_{\alpha/2}(n-2)=t_{0.025}(8)=2.306<t=3.876$.

故拒绝原假设，认为 r 在统计上是显著的.

（2）由于为一元线性回归模型，所以判定系数是相关系数的平方，即

$$R^2=r^2=0.8078^2\approx 0.6525 \cdot$$

【**例 10.2**】某公司每周的广告费支出和每周的销售额数据如表 10-3 所示.

表 10-3　广告费支出与销售额对应表

广告费/元	4100	5400	6300	5400	4800	4600	6200	6100	6400	7100
销售额/万元	12.50	13.80	14.25	14.25	14.50	13.00	14.00	15.00	15.75	16.50

试问：

（1）广告费支出与销售额之间是否存在显著的相关关系？

（2）计算回归模型参数.

（3）回归模型能解释销售额变动的比例有多大？

（4）若下周的广告费支出为 6700 元，试预测下周的销售额的置信度为 95%的置信区间.

【**解**】（1）计算广告费与销售额的方差及平方和如表 10-4 所示.

表 10-4　广告费 x 与销售额 y 的方差及平方和

i	广告费 x_i	销售额 y_i	$(x_i-\bar{x})(y_i-\bar{y})$	$(x_i-\bar{x})^2$	$(y_i-\bar{y})^2$
1	4100	12.5	2856.7	2371600	3.44
2	5400	13.8	133.2	57600	0.31
3	6300	14.25	−69.3	435600	0.01
4	5400	14.25	25.2	57600	0.01
5	4800	14.50	−121.8	705600	0.02
6	4600	13.00	1409.2	1081600	1.84
7	6200	14.00	−198.8	313600	0.13
8	6100	15.00	296.7	211600	0.42
9	6400	15.75	1060.2	577600	1.95
10	7100	16.5	3131.7	2131600	4.60
总和	56400	143.55	8523	7944000	12.73

由表 10-4 的数据可得，样本线性相关系数

$$r=\frac{8523}{\sqrt{7944000\times 12.73}}\approx 0.848.$$

以下以 $\alpha=0.05$ 作显著性检验.

提出假设：$H_0:\rho=0, H_1:\rho\neq 0$.

t 检验统计量的值为 $t=|r|\sqrt{\dfrac{n-2}{1-r^2}}=0.848\times\sqrt{\dfrac{10-2}{1-0.848^2}}\approx 4.526$.

而 $t_{\alpha/2}(n-2)=t_{0.025}(8)=2.306<t=4.526$，故拒绝原假设，认为 r 在统计上是显著的，即广告费支出与销售额之间存在显著的相关关系.

（2）建立一元回归模型：$\hat{y}=\hat{\beta}_0+\hat{\beta}_1 x$. 由于 $\overline{x}=0.564$（万元），$\overline{y}=14.355$（万元），由最小二乘法得

$$\hat{\beta}_1=\frac{\sum_{i=1}^{n}x_i y_i-n\overline{x}\,\overline{y}}{\sum_{i=1}^{n}x_i^2-n\overline{x}^2}=\frac{81.8145-10\times 0.564\times 14.355}{3.2604-10\times 0.564^2}\approx 10.729,$$

$$\hat{\beta}_0=\overline{y}-\hat{\beta}_1\overline{x}=14.355-10.729\times 0.564\approx 8.304.$$

即一元回归模型为：$\hat{y}=8.304+10.729x$.

（3）$R^2=r^2=0.848^2\approx 0.719$，即回归模型能解释销售额变动的比例约为 71.9%.

（4）当广告费支出为 6700 元，即 $x_0=0.67$ 万元时，销售额为 $\hat{y}=8.304+10.729\times 0.67\approx 15.5$（万元）.

估计标准误差

$$S_e=\sqrt{\frac{\sum(y_i-\hat{y}_i)^2}{n-2}}=\sqrt{\frac{3.5856}{8}}\approx 0.669,$$

$$\alpha=0.05,\quad t_{\alpha/2}(n-2)=t_{0.025}(8)=2.306,$$

$$S_{\hat{y}_0}=S_e\sqrt{\frac{1}{n}+\frac{(x_0-\overline{x})^2}{\sum_{i=1}^{n}(x_i-\overline{x})^2}}=0.669\times\sqrt{\frac{1}{10}+\frac{112360}{7944000}}\approx 0.226.$$

所以在广告费支出为 6700 元时，销售额的置信度为 95%的置信区间为

$$\hat{y}\pm t_{\alpha/2}S_e\sqrt{\frac{1}{n}+\frac{(x_0-\overline{x})^2}{\sum_{i=1}^{n}(x_i-\overline{x})^2}}=15.50\pm 2.306\times 0.226=[14.979,16.021].$$

【例 10.3】炼铝厂测得所产铸模用的硬度 X 与抗张强度 Y 数据如表 10-5 所示.

表 10-5 硬度与抗张强度数据

X	68	53	70	84	60	72	51	83	70	64
Y	288	293	349	343	290	354	283	324	340	286

（1）求 Y 关于 X 的回归方程；

（2）检验所得回归直线的显著性$(\alpha=0.05)$；

（3）预报当铝的硬度$x_0=65$时的抗张强度Y.

【解】根据表格中的数据计算可知

$$\sum_{i=1}^{n}x_i=\sum_{i=1}^{10}x_i=675\text{；}\sum_{i=1}^{n}y_i=\sum_{i=1}^{10}y_i=3150\text{，}\ \sum_{i=1}^{n}x_i^2=\sum_{i=1}^{10}x_i^2=46659\text{，}$$

$$\sum_{i=1}^{n}x_iy_i=\sum_{i=1}^{10}x_iy_i=214672\text{，}\ \overline{x}=67.5\text{，}\ \overline{y}=315\text{，}$$

$$SST=\sum_{i=1}^{n}(y_i-\overline{y})^2=\sum_{i=1}^{n}(y_i-315)^2=7870\text{，}\ \sum_{i=1}^{n}(x_i-\overline{x})^2=1096.5.$$

（1）设估计的回归方程为$\hat{y}=\hat{\beta}_0+\hat{\beta}_1x$，则根据最小二乘法解得未知参数的估计

$$\hat{\beta}_1=\frac{n\sum_{i=1}^{n}x_iy_i-\sum_{i=1}^{n}x_i\sum_{i=1}^{n}y_i}{n\sum_{i=1}^{n}x_i^2-(\sum_{i=1}^{n}x_i)^2}\approx1.867\text{，}\ \hat{\beta}_0=\overline{y}-\hat{\beta}_1\overline{x}\approx188.978.$$

所以Y关于X的回归方程为$\hat{y}=188.978+1.867x$.

（2）$SSR=\sum_{i=1}^{n}(\hat{y}_i-\overline{y})^2=\sum_{i=1}^{10}(\hat{y}_i-315)^2=3822$，$MSR=\dfrac{SSR}{1}=\dfrac{3822}{1}=3822$，

$$SSE=\sum_{i=1}^{n}(y_i-\hat{y}_i)^2=\sum_{i=1}^{10}(y_i-\hat{y}_i)^2=4048\text{，}\ MSE=\frac{SSE}{n-2}=\frac{4028}{10-2}=506\text{，}$$

$$S_e=\sqrt{MSE}=22.494\text{，}$$

$$S_{\hat{\beta}_1}=\frac{S_e}{\sqrt{\sum_{i=1}^{n}x_i^2-\frac{1}{n}(\sum_{i=1}^{n}x_i)^2}}=\frac{22.494}{\sqrt{\sum_{i=1}^{10}x_i^2-\frac{1}{10}(\sum_{i=1}^{10}x_i)^2}}=0.679.$$

线性关系的显著性检验如下.

提出假设：$H_0:\beta_1=0,H_1:\beta_1\neq0$.

计算统计量$F=\dfrac{MSR}{MSE}=\dfrac{3822}{506}\approx7.553$.

查表得，$F_\alpha=F_{0.05}(1,8)=5.318$.

由于$F>F_\alpha$，所以拒绝H_0，表明抗张强度Y和硬度X之间的线性关系是显著的.

回归系数的显著性检验如下.

提出假设：$H_0:\beta_1=0,H_1:\beta_1\neq0$.

计算统计量 $t=\dfrac{\hat{\beta}_1}{S_{\hat{\beta}_1}}=2.750$.

查表得$t_{\alpha/2}(n-2)=t_{0.025}(8)=2.306$. 由于$t>t_{\alpha/2}(8)$，故拒绝原假设$H_0$，表明硬度$X$是影响抗张强度$Y$的一个显著性因素.

（3）根据估计出的回归方程，当铝的硬度$x_0=65$时，预测的抗张强度为

$$\hat{y}=188.978+1.867\times 65=310.333 .$$

【例 10.4】研究人员通过随机调查取得了 50 名从业人员的月收入和月消费支出数据. 用 Excel 进行回归分析（支出为因变量，收入为自变量），部分结果如表 10-6、表 10-7 所示.

表 10-6　回归模型拟合优度表

回归分析	
R^2	0.9188
调整 R^2	0.9171
标准误差	229.1852
观测值	50

表 10-7　回归系数估计结果

变量	系数	标准误差	t 值	P 值
常数项	191.91	82.04	2.34	0.0235
收入	0.62	0.03	23.30	0.0000

（1）计算收入和支出的相关系数；

（2）根据本题的经济意义，对收入进行 t 检验时应该进行单侧检验还是双侧检验？写出零假设和备择假设. 根据 Excel 的计算结果，如果 $\alpha=0.01$，检验的结论如何？

（3）写出回归方程的表达式，说明回归系数的含义，并计算月收入为 3000 元时的平均支出.

【解】（1）在该一元线性回归方程中，回归系数为正数，所以收入和支出之间存在正相关关系. 则

$$r=\sqrt{R^2}=\sqrt{0.9188}\approx 0.9585 \cdot$$

（2）根据本题的经济意义，考察的是收入与支出之间的关系，即随着收入的增加，支出是否也会增加. 所以对收入进行 t 检验时，应进行右侧检验.

零假设与备择假设分别为：$H_0:\beta_1\leqslant 0, H_1:\beta_1>0$.

由 Excel 计算结果可知，回归系数 $\hat{\beta}_1$ 为正数，从而检验统计量 $t=\dfrac{\hat{\beta}_1}{S_{\hat{\beta}_1}}>0$.

又因为在进行双侧检验时，P 值=0.0000＜α=0.01，即拒绝了 $\beta_1\leqslant 0$ 的原假设，t 统计量的值落在了拒绝域 $(t_{\alpha/2}(n-2),+\infty)$. 在进行右侧检验时，t 统计量的值也会落在拒绝域 $(t_{\alpha/2}(n-2),+\infty)$ 中，因此拒绝 $\beta_1\leqslant 0$ 的原假设，认为收入与支出之间存在正的线性关系（支出随着收入的增加而增加）.

（3）由表 10-7 可以得到，线性回归方程为 $\hat{y}=191.91+0.62x$.

回归系数 $\hat{\beta}_1=0.62$ 表示月收入每增加 1 元，月消费支出平均增加 0.62 元.

当月收入 x=3000 元时，平均支出的预测值为：$\hat{y}=191.91+0.62\times 3000=2051.91$（元）

【例 10.5】工业企业某种产品产量与单位成本资料如表 10-8 所示.

表 10-8 某种产品产量与单位成本数据

年份	1995	1996	1997	1998	1999	2000	2001	2002
产品产量/万件	2	3	4	3	4	5	6	7
单位成本/（元/件）	73	72	71	73	69	68	66	65

要求：

（1）根据表 10-8 资料，绘制相关图，判别该数列相关关系与回归的种类；

（2）写出适当的回归方程；

（3）根据回归方程，指出每当产品产量增加 1 万件时，单位成本的变动情况；

（4）计算相关系数；

（5）计算估计标准误差：

（6）当产量为 8 万件时，在 95.45%的概率保证程度下，对单位成本作区间估计.

【解】（1）由已知数据可得产品产量与单位成本的相关图，如图 10-2 所示.

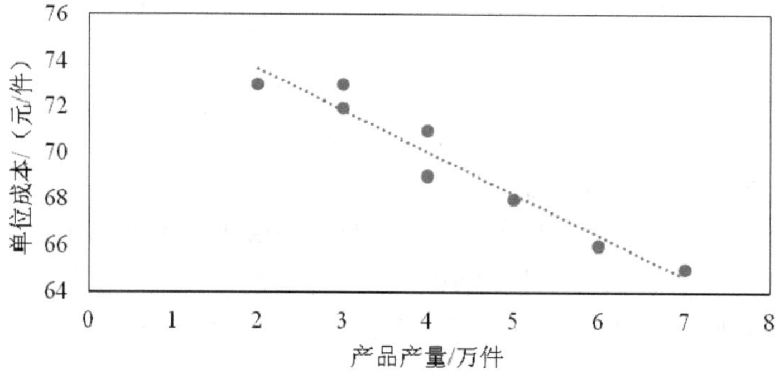

图 10-2 产品产量与单位成本的相关图

根据图 10-2 可以看出，随着产品产量的增加，单位成本呈现出下降的趋势，两者之间存在着一定的负相关关系，且图中的点围绕在一条直线附近上下波动，故可以采用线性回归.

（2）设 x 表示产品产量，y 表示单位成本，则样本回归函数为 $\hat{y}=\hat{\beta}_1+\hat{\beta}_2 x$，由题中已知数据可得

$$\overline{x}=\frac{\sum_{i=1}^{n}x_i}{n}=\frac{(2+3+\cdots+7)}{8}=4.25,\quad \overline{y}=\frac{\sum_{i=1}^{n}y_i}{n}=\frac{(73+72+\cdots+65)}{8}=69.625,$$

$$\sum_{i=1}^{n}(x_i-\overline{x})^2=(2-4.25)^2+(3-4.25)^2+\cdots+(7-4.25)^2=19.5,$$

$$\sum_{i=1}^{n}(y_i-\overline{y})^2=(73-69.625)^2+(72-69.625)^2+\cdots+(65-69.625)^2\approx 67.875,$$

$$\sum_{i=1}^{n}(x_i-\overline{x})(y_i-\overline{y})=-35.25.$$

将得到的结果代入回归系数方程中可得

$$\hat{\beta}_2=\frac{\sum_{i=1}^{n}(x_i-\bar{x})(y_i-\bar{y})}{\sum_{i=1}^{n}(x_i-\bar{x})^2}=-\frac{35.25}{19.5}\approx-1.808,\quad \hat{\beta}_1=\bar{y}-\hat{\beta}_2\bar{x}=69.625+1.808\times4.25=77.309.$$

所以回归方程为 $\hat{y}=77.309-1.808x$.

（3）每当产品产量增加 1 万件时，单位成本 y 平均减少 1.808 元.

（4）样本线性相关关系为

$$r=\frac{\sum_{i=1}^{n}(x_i-\bar{x})(y_i-\bar{y})}{\sqrt{\sum_{i=1}^{n}(x_i-\bar{x})^2\sum_{i=1}^{n}(y_i-\bar{y})^2}}=-\frac{35.25}{\sqrt{19.5\times67.875}}\approx-0.9689.$$

（5）因为在一元线性回归中，相关系数的平方等于判定系数，所以估计的标准误差为

$$S_e=\sqrt{\frac{\sum_{i=1}^{n}(y_i-\hat{y}_i)^2}{n-2}}=\sqrt{\frac{(1-r^2)\sum_{i=1}^{n}(y_i-\bar{y})^2}{n-2}}=\sqrt{\frac{(1-0.9689^2)\times67.875}{8-2}}\approx0.832.$$

（6）当产量 $x_0=8$ 万件时，其单位成本的估计值为 $\hat{y}=77.309-1.808\times8=62.845$（元）.

由于

$$t_{\alpha/2}S_e\sqrt{1+\frac{1}{n}+\frac{(x_0-\bar{x})^2}{\sum_{i=1}^{n}(x_i-\bar{x})^2}}=2.517\times0.832\times\sqrt{1+\frac{1}{8}+\frac{(8-4.25)^2}{19.5}}\approx2.845,$$

故置信度为 95.45%的预测区间为

$$\hat{y}\pm t_{\alpha/2}S_e\sqrt{1+\frac{1}{n}+\frac{(x_0-\bar{x})^2}{\sum_{i=1}^{n}(x_i-\bar{x})^2}}=62.845\pm2.845=[60,65.69],$$

即单位成本作区间估计为 60~65.69 元.

【例 10.6】 一家房地产评估公司对某社区的住宅销售价格 y（单位：万元）、住宅建筑成本 x_1（单位：万元）、住宅估价 x_2（单位：万元）和使用面积 x_3（单位：平方米）建立一个多元线性回归模型．为此，收集了 18 栋该社区住宅的房地产评估数据，并采用 Excel 进行回归分析，得到表 10-9、表 10-10、表 10-11 的回归结果.

表 10-9　回归模型拟合优度表

回归分析	
复相关系数 R	0.939029
R^2	0.881776
调整 R^2	0.856442
标准误差	843.8631
观测值	18

表 10-10　回归方程的方差分析表

方差来源	自由度	平方和	均方	*F* 值	*P* 值
回归	3	74357181.26	24785727.09	34.8062859	9.60385E-07
残差	14	9969468.743	712104.9102	—	—
总计	17	84326650	—	—	—

表 10-11　回归系数估计结果

变量	系数	标准误差	*t* 值	*P* 值
常数项	110.6594	654.1965982	0.16915311	0.868095919
x_1	0.849811	0.617519173	1.376169919	0.190383713
x_2	0.847648	0.247824918	3.420348866	0.004141812
x_3	0.127337	0.078371378	1.624790104	0.126499781

给定显著性水平 $\alpha = 0.05$．根据上述输出结果，回答（保留到小数点后 4 位）：

（1）写出估计的多元回归方程.

（2）在销售价格的总变差中，由回归方程所解释的比例是多少？

（3）检验回归方程的线性关系是否显著.

（4）检验各回归系数是否显著.

（5）指出该模型可能存在的问题.

【**解**】（1）由题可得估计的多元回归方程为 $\hat{y} = 110.6594 + 0.8498x_1 + 0.8476x_2 + 0.1273x_3$.

（2）该回归方程的判定系数 $R^2 = 88.1776\%$，则在销售价格的总变差中，由回归方程所解释的比例为 $\dfrac{SSR}{SST} = R^2 = 88.1776\%$.

（3）方差分析表显示，F 统计量的 P 值 $9.6039 \times 10^{-7} < \alpha = 0.05$，表明回归方程的线性关系是显著的.

（4）用于回归系数检验的 P 值中，x_1 和 x_3 的 P 值均大于 $\alpha = 0.05$，所以 x_1 和 x_3 的回归系数均不显著；x_2 的 P 值小于 $\alpha = 0.05$，所以 x_2 的回归系数是显著的.

（5）一方面，回归模型整体显著，而重要性的回归变量住宅建筑成本 x_1 和使用面积 x_3 通不过检验，则模型的自变量之间可能存在多重共线性．另一方面，从定性角度来看，模型中的自变量住宅建筑成本 x_1、住宅估价 x_2 和使用面积 x_3 存在一定的相关关系．故需要对该模型的自变量做进一步的检验，判断自变量间有无多重共线性.

【**例 10.7**】一家产品销售公司在 25 个地区设有销售分公司．为研究产品销售量 y 与该公司的销售价格 x_1、各地区的年人均收入 x_2、广告费用 x_3 之间的关系，搜集到 25 个地区的有关数据．利用 Excel 得到表 10-12、表 10-13 的回归结果（$\alpha = 0.05$）.

表 10-12　回归方程的方差分析表

方差来源	自由度	平方和	均方	*F* 值	*P* 值
回归			32789.7		0.00001
残差				—	—
总计	24	112617.6	—	—	—

表 10-13　回归系数估计结果

变量	系数	标准误差	*t* 值	*P* 值
常数项	758.12	45.03	3.105	0.0045
x_1	−87.84	11.87	−3.096	0.0010
x_2	80.61	15.67	4.867	0.0000
x_3	0.51	0.19	2.583	0.0034

（1）将方差分析表中所缺的数值补齐.

（2）写出销售量与销售价格、年人均收入和广告费用的多元线性回归方程，并解释各回归系数的意义.

（3）检验回归方程的线性关系是否显著.

（4）计算判定系数 R^2，并解释它的实际意义.

（5）计算估计标准误差 S_e，并解释它的实际意义.

【解】（1）方差分析表如表 10-14 所示.

表 10-14　方差分析表

方差来源	自由度	平方和	均方	*F* 值	*P* 值
回归	3	98369.1	32789.7	48.33	0.00001
残差	21	14248.5	678.5	—	—
总计	24	112617.6	—	—	—

（2）根据参数估计表，得到销售量与销售价格、年人均收入和广告费用的多元线性回归方程为 $\hat{y}=758.12-87.84x_1+80.61x_2+0.51x_3$. 各回归系数的实际意义如下.

$\hat{\beta}_1=-87.84$ 表示在年人均收入和广告费用不变的条件下，销售价格每增加 1 个单位，销售量平均减少 87.84 个单位.

$\hat{\beta}_2=80.61$ 表示在销售价格和广告费用不变的条件下，年人均收入每增加 1 个单位，销售量平均增加 80.61 个单位.

$\hat{\beta}_3=0.51$ 表示在销售价格和年人均收入不变的条件下，广告费用每增加 1 个单位，销售量平均增加 0.51 个单位.

（3）提出假设：$H_0:\beta_1=\beta_2=\beta_3=0, H_1:\beta_i\left(i=1,2,3\right)$至少有一个不等于0.

根据方差分析表中给定的 P 值 $=0.00001$ 远小于显著性水平 $\alpha=0.05$，所以拒绝原假设. 这意味着销售量与销售价格、年人均收入和广告费用之间的线性关系是显著的.

（4）$R^2=\dfrac{SSR}{SST}=\dfrac{98369.1}{112617.6}=0.8735=87.35\%$.

判定系数是度量多元回归方程拟合度的一个统计量，反映了在因变量 y 的变差中被估计的回归方程所解释的比例，即在销售量的总变差中有 87.35%可由该估计出的回归方程解释，说明其对观测值的拟合程度较好.

（5）$S_e=\sqrt{MSE}=\sqrt{678.5}=26.05$ 估计的是预测误差的标准差，其含义是根据自变量来预测因变量时的平均预测误差. 本题中的含义为：根据所建立的多元回归方程，用销售价格、年人均收入和广告费用来预测销售量时，平均的预测误差为 26.05 个单位.

【例 10.8】通过原点的一元线性回归模型是怎样的？通过原点的二元线性回归模型是怎样的？分别写出结构矩阵 $\boldsymbol{X}$，正规方程组的系数矩阵 $\boldsymbol{X'X}$，常数项矩阵 $\boldsymbol{X'Y}$，并写出回归系数的最小二乘法估计公式.

【解】通过原点的一元线性回归模型：

$$\begin{cases} y_\alpha = \beta x_\alpha + \varepsilon_\alpha \quad \alpha = 1,2,\cdots,N, \\ \text{各}\varepsilon_\alpha\text{独立同分布，}\varepsilon_\alpha \sim N(0,\sigma^2), \end{cases}$$

$$\boldsymbol{X} = \begin{pmatrix} x_1 \\ x_2 \\ \vdots \\ x_N \end{pmatrix},\quad \boldsymbol{X'X} = \sum_{\alpha=1}^{N} x_\alpha^2,\quad \boldsymbol{X'Y} = (x_1, x_2 \cdots x_N)\begin{pmatrix} y_1 \\ y_2 \\ \vdots \\ y_N \end{pmatrix} = \sum_{\alpha=1}^{N} x_\alpha y_\alpha .$$

β 的最小二乘法估计为

$$\hat{\beta} = \left(\boldsymbol{X'X}\right)^{-1}\boldsymbol{X'Y} = \sum_{\alpha=1}^{N} x_\alpha y_\alpha \Big/ \sum_{\alpha=1}^{N} x_\alpha^2 .$$

通过原点的二元线性回归模型：

$$\begin{cases} y_\alpha = \beta_1 x_{\alpha 1} + \beta_2 x_{\alpha 2} + \varepsilon_\alpha \quad \alpha = 1,2,\cdots,N, \\ \text{各}\varepsilon_\alpha\text{独立同分布，}\varepsilon_\alpha \sim N(0,\sigma^2), \end{cases}$$

$$\boldsymbol{X} = \begin{pmatrix} x_{11} & x_{12} \\ x_{21} & x_{22} \\ \vdots & \vdots \\ x_{N1} & x_{N2} \end{pmatrix},\quad \boldsymbol{X'X} = \begin{pmatrix} \sum_\alpha x_{\alpha 1}^2 & \sum_\alpha x_{\alpha 1}x_{\alpha 2} \\ \sum_\alpha x_{\alpha 1}x_{\alpha 2} & \sum_\alpha x_{\alpha 2}^2 \end{pmatrix},\quad \boldsymbol{X'Y} = \begin{pmatrix} \sum_\alpha x_{\alpha 1}y_\alpha \\ \sum_\alpha x_{\alpha 2}y_\alpha \end{pmatrix}.$$

β_1, β_2 的最小二乘法估计为 $\hat{\beta} = \begin{pmatrix} \hat{\beta}_1 \\ \hat{\beta}_2 \end{pmatrix} = (\boldsymbol{X'X})^{-1}\boldsymbol{X'Y}$.

【例 10.9】对不同的麦堆测得的数据如表 10-15 所示.

表 10-15　麦堆的质量与跨度数据

堆号	1	2	3	4	5	6
质量 p	2813	2705	11103	2590	2131	5181
跨度 l	3.25	3.20	5.07	3.14	2.90	4.02

试求重量对跨度的回归方程，并求出均方差 σ 的估计值.

【解】设所求回归方程为 $\hat{p} = \hat{\beta}_0 + \hat{\beta}_1 l$，由数据可以求出

$$\sum_\alpha p_\alpha = 26523,\quad \sum_\alpha p_\alpha l_\alpha = 109230.58,\quad \sum_\alpha p_\alpha^2 = 176598625,$$

$$\sum_\alpha l_\alpha = 21.58,\quad \sum_\alpha l_\alpha^2 = 80.9374,\quad N = 6$$

由最小二乘法估计公式可知

$$\hat{\beta}_1 = \frac{\sum\limits_{\alpha} p_\alpha l_\alpha - \frac{1}{N} p_\alpha \sum\limits_{\alpha} l_\alpha}{\sum\limits_{\alpha} l_\alpha^2 - \frac{1}{N}\left(\sum\limits_{\alpha} l_\alpha\right)^2} = 4165.85,\ \hat{\beta}_0 = \frac{1}{N}\sum_{\alpha} p_\alpha - \hat{\beta}_1 \frac{1}{N}\sum_{\alpha} l_\alpha = -10562.$$

故可得回归方程：$\hat{p} = -10562 + 4165.85l$.

σ^2 的估计是

$$\hat{\sigma}^2 = \frac{1}{N-2}\left\{\left[\sum_{\alpha} p_\alpha^2 - \frac{1}{N}(\sum_{\alpha} p_\alpha)^2\right] - \hat{\beta}_1\left[\sum_{\alpha} p_\alpha l_\alpha - \frac{1}{N}(\sum_{\alpha} p_\alpha)(\sum_{\alpha} l_\alpha)\right]\right\} = 428538,$$

则 σ 的估计为 655.

【例 10.10】 设 $y_i = \beta_0 + \beta_1 x_i + \beta_2(3x_i^2 - 2) + \varepsilon_i$，$i = 1,2,3$，$x_1 = -1, x_2 = 0, x_3 = 1$，$\varepsilon_1, \varepsilon_2, \varepsilon_3$ 相互独立同服从于 $N(0,\sigma^2)$.（1）写出矩阵 $\boldsymbol{X}$；（2）求 $\beta_0, \beta_1, \beta_2$ 的最小二乘估计；（3）证明当 $\beta_2 = 0$ 时，β_0, β_1 的最小二乘估计不变.

【解】（1）$\boldsymbol{X} = \begin{pmatrix} 1 & -1 & 1 \\ 1 & 0 & -2 \\ 1 & 1 & 1 \end{pmatrix}$.

（2）$\boldsymbol{X'X} = \begin{pmatrix} 3 & 0 & 0 \\ 1 & 2 & 0 \\ 0 & 0 & 6 \end{pmatrix}$，$\boldsymbol{X'Y} = \begin{pmatrix} y_1 + y_2 + y_3 \\ -y_1 + y_3 \\ y_1 - 2y_2 + y_3 \end{pmatrix}$，则 $\beta_0, \beta_1, \beta_2$ 的最小二乘法估计为

$$\hat{\beta} = \begin{pmatrix} \hat{\beta}_0 \\ \hat{\beta}_1 \\ \hat{\beta}_2 \end{pmatrix} = (\boldsymbol{X'X})^{-1}\boldsymbol{X'Y} = \begin{pmatrix} \frac{1}{3}(y_1 + y_2 + y_3) \\ \frac{1}{2}(-y_1 + y_3) \\ \frac{1}{6}(y_1 - 2y_2 + y_3) \end{pmatrix}.$$

（3）若 $\beta_2 = 0$，此时模型为 $y_i = \beta_0 + \beta_1 x_i + \varepsilon_i\ i = 1,2,3$，则对应的

$$\boldsymbol{X} = \begin{pmatrix} 1 & -1 \\ 1 & 0 \\ 1 & 1 \end{pmatrix},\quad \boldsymbol{X'X} = \begin{pmatrix} 3 & 0 \\ 0 & 2 \end{pmatrix},\quad \boldsymbol{X'Y} = \begin{pmatrix} y_1 + y_2 + y_3 \\ -y_1 + y_3 \end{pmatrix},$$

β_0, β_1 的最小二乘法估计为 $\hat{\beta} = \begin{pmatrix} \hat{\beta}_0 \\ \hat{\beta}_1 \end{pmatrix} = (\boldsymbol{X'X})^{-1}\boldsymbol{X'Y} = \begin{pmatrix} \frac{1}{3}(y_1 + y_2 + y_3) \\ \frac{1}{2}(-y_1 + y_3) \end{pmatrix}$.

【例 10.11】 若 y 与 x 有下述关系：

$$y = \beta_0 + \beta_1 x + \beta_2 x^2 + \cdots + \beta_p x^p + \varepsilon,$$

其中 $\varepsilon \sim N(0,\sigma^2)$. 从中获得了 n 组独立观测值 (x_α, y_α)，能否求出 $\beta_0, \beta_1, \cdots, \beta_p$ 的最小二乘法估计？试写出最小二乘法估计的公式，能否检验假设 $H_0: \beta_i = 0$，试写出检验的拒绝域.

【解】 记 $X_{\alpha i} = x_\alpha^i, \bar{X}_i = \frac{1}{n}\sum\limits_{\alpha=1}^{n} x_\alpha^i$，$\alpha = 1,\cdots,n; i = 1,\cdots,p$，

$$l_{ij}=\sum_{\alpha=1}^{n}(X_{\alpha i}-\bar{X}_i)(X_{\alpha j}-\bar{X}_j)\,,\quad i,j=1,\cdots,p\,,$$

$$l_{i0}=\sum_{\alpha=1}^{n}(X_{\alpha i}-\bar{X}_i)(y_{\alpha}-\bar{y})\,,\quad i=1,\cdots,p\,.$$

则 $\beta_1,\cdots,\beta_p$ 的最小二乘法估计为下述方程组的解：

$$\begin{cases} l_{11}\hat{\beta}_1+l_{12}\hat{\beta}_2+\cdots+l_{1p}\hat{\beta}_p=l_{10}, \\ l_{21}\hat{\beta}_1+l_{22}\hat{\beta}_2+\cdots+l_{2p}\hat{\beta}_p=l_{20}, \\ \quad\cdots\quad\cdots \\ l_{p1}\hat{\beta}_1+l_{p2}\hat{\beta}_2+\cdots+l_{pp}\hat{\beta}_p=l_{p0}. \end{cases} \qquad (*)$$

β_0 的最小二乘法估计为

$$\hat{\beta}_0=\bar{y}-\hat{\beta}_1\bar{X}_1-\cdots-\hat{\beta}_p\bar{X}_p\,.$$

若把方程组（*）的系数矩阵记为 $\boldsymbol{L}$，则 $\boldsymbol{L}=(l_{ij})$，又记 $\boldsymbol{L}^{-1}=(l^{ij})$，则在显著性水平 α 上检验 $H_0:\beta_i=0$ 的拒绝域为

$$F_i=\frac{\hat{\beta}_i^2}{l^{ij}\hat{\sigma}^2}>F_{1-\alpha}(1,n-p-1)\,.$$

其中，$\hat{\sigma}^2=\dfrac{1}{n-p-1}\left\{\sum_{\alpha}(y_{\alpha}-\bar{y})^2-\hat{\beta}_1 l_{10}-\cdots-\hat{\beta}_p l_{p0}\right\}$.

【例 10.12】研究同一地区土壤中所含植物可给态磷的情况，得到 18 组数据如表 10-16 所示，其中：

x_1 表示土壤内所含无机磷浓度.

x_2 表示土壤内溶于 K_2CO_3 溶液并受溴化物水解的有机磷浓度.

x_3 表示土壤内溶于 K_2CO_3 溶液但不溶于溴化物的有机磷浓度.

y 表示载在 20℃土壤内的玉米中可给态磷的浓度.

已知 y 与 x_1,x_2,x_3 之间有下述关系：$y_i=\beta_0+\beta_1x_{i1}+\beta_2x_{i2}+\beta_3x_{i3}+\varepsilon_i, i=1,2,\cdots,18$. 各 ε_i 相互独立，均服从 $N(0,\sigma^2)$ 分布，试求出回归方程，并对方程及各因子的显著性进行检验.

表 10-16　土壤样本数据

土壤样本	x_1	x_2	x_3	y	土壤样本	x_1	x_2	x_3	y
1	0.4	53	158	64	10	12.6	58	112	51
2	0.4	23	163	60	11	10.9	37	111	76
3	3.1	19	37	71	12	23.1	46	114	96
4	0.6	34	157	61	13	23.1	50	134	77
5	4.7	24	59	54	14	21.6	44	73	93
6	1.7	65	123	77	15	23.1	56	168	95
7	9.4	44	46	81	16	1.9	36	143	54
8	10.1	31	117	93	17	26.8	28	202	168
9	11.6	29	173	93	18	29.9	51	124	99

【解】由上述数据可以求得下面的结果.

$p=3, n=18$.

$\overline{x}_1=11.94, \overline{x}_2=42.11, \overline{x}_3=123, \overline{y}=81.28$.

$$\boldsymbol{L}=\begin{pmatrix} l_{11} & l_{12} & l_{13} \\ l_{21} & l_{22} & l_{23} \\ l_{31} & l_{32} & l_{33} \end{pmatrix}=\begin{pmatrix} 1752.9644 & 1085.6111 & 1200.0000 \\ 1085.6111 & 3155.7778 & 3364.0000 \\ 1200.0000 & 3364.0000 & 35572.0000 \end{pmatrix}, \quad \boldsymbol{l}=\begin{pmatrix} l_{10} \\ l_{20} \\ l_{30} \end{pmatrix}=\begin{pmatrix} 3231.4778 \\ 2216.4445 \\ 7953.0000 \end{pmatrix},$$

$$\boldsymbol{L}^{-1}=\begin{pmatrix} l^{11} & l^{12} & l^{13} \\ l^{21} & l^{22} & l^{23} \\ l^{31} & l^{32} & l^{33} \end{pmatrix}=\begin{pmatrix} 0.000725 & -0.000248 & -0.000001 \\ -0.000248 & 0.000437 & -0.000033 \\ -0.000001 & -0.000033 & 0.000031 \end{pmatrix}, \quad \hat{\boldsymbol{\beta}}=\begin{pmatrix} \hat{\beta}_1 \\ \hat{\beta}_2 \\ \hat{\beta}_3 \end{pmatrix}=\boldsymbol{L}^{-1}\boldsymbol{l}=\begin{pmatrix} 1.784780 \\ -0.083397 \\ 0.161133 \end{pmatrix},$$

$\hat{\beta}_0=\overline{y}-\hat{\beta}_1\overline{x}_1-\hat{\beta}_2\overline{x}_2-\hat{\beta}_3\overline{x}_3=43.652198$.

所求得的回归方程为 $\hat{y}=43.65+1.78x_1-0.08x_2+0.16x_3$.

记 $S_T=\sum_{\alpha}(y_\alpha-\overline{y})^2=12389.6111, S_R=\sum_{j=1}^{3}\hat{\beta}_j l_{j0}=6806.1115, S_e=S_T-S_R=5583.4997$.

因为 $F=\dfrac{S_R/p}{S_e/(n-p-1)}=5.6885>F_{1-0.05}(3,14)=3.34$，所以在 $\alpha=0.05$ 的水平上方程是显著的.

对各因子作 F 检验的统计量分别为

$$F_1=\frac{\hat{\beta}_1^2}{l^{11}S_e/(n-p-1)}=11.02>F_{0.95}(1,14)=4.60,$$

$$F_2=\frac{\hat{\beta}_2^2}{l^{22}S_e/(n-p-1)}=0.0399<F_{0.95}(1,14)=4.60,$$

$$F_3=\frac{\hat{\beta}_3^2}{l^{33}S_e/(n-p-1)}=2.0822<F_{0.95}(1,14)=4.60.$$

故在 $\alpha=0.05$ 的水平上，x_1 是显著的，x_2 与 x_3 是不显著的.

【例 10.13】某种膨胀合金含有两种主要成分，做了一批试验如表 10-17 所示，从中发现这两种成分含量和 x 与合金的膨胀数 y 之间有一定关系.

（1）试确定 x 与 y 之间的关系表达式.

（2）求出其中系数的最小二乘估计.

（3）对回归方程及各项作显著性检验.

表 10-17　试验结果

试验号	金属成分和 x	膨胀系数 y
1	37.0	3.40
2	37.0	3.00
3	38.0	3.00
4	38.5	3.27
5	39.0	2.10
6	39.5	1.83
7	40.0	1.53

续表

试验号	金属成分和 x	膨胀系数 y
8	40.5	1.70
9	41.0	1.80
10	41.5	1.90
11	42.0	2.35
12	42.5	2.54
13	43.0	3.90

【解】（1）由散点图可知 y 与 x 的关系为 $y=\beta_0+\beta_1 x+\beta_2 x^2+\varepsilon$，并可假设 $\varepsilon\sim N(0,\sigma^2)$.

（2）由以上数据可求得：

$$p=2, n=13, \overline{x}=40, \overline{x}_2=\overline{x^2}=1603.5, \overline{y}=2.409231\overline{x},$$

$$L=\begin{pmatrix} l_{11} & l_{12} \\ l_{21} & l_{22} \end{pmatrix}=\begin{pmatrix} 45.50 & 3640.00 \\ 3640.00 & 291325 \end{pmatrix},\quad l=\begin{pmatrix} l_{10} \\ l_{20} \end{pmatrix}=\begin{pmatrix} -6.37 \\ -490.08 \end{pmatrix},$$

$$L^{-1}=\begin{pmatrix} l^{11} & l^{12} \\ l^{21} & l^{22} \end{pmatrix}=\begin{pmatrix} 51.170829 & -0.639361 \\ -0.369361 & 0.007992 \end{pmatrix}.$$

据最小二乘法估计为

$$\begin{pmatrix} \hat{\beta}_1 \\ \hat{\beta}_2 \end{pmatrix}=L^{-1}l=\begin{pmatrix} -12.620320 \\ 0.156004 \end{pmatrix},$$

$$\hat{\beta}_0=\overline{y}-\hat{\beta}_1\overline{x}-\hat{\beta}_2\overline{x}_2=257.069610.$$

则回归方程为 $\hat{y}=257.070-12.620x+0.156x^2$.

（3）对方程作检验：

$$S_T=\sum_{\alpha}(y_\alpha-\overline{y})^2=5.019692, S_R=\hat{\beta}_1 l_{10}+\hat{\beta}_2 l_{20}=3.9370, S_e=S_T-S_R=1.0827,$$

$$F=\frac{S_R/p}{S_e/(n-p-1)}=18.18>F_{1-0.05}(2,10)=4.10.$$

故在 $\alpha=0.05$ 的水平上方程是显著的.

对 x 及 x^2 项作检验：

$$F_1=\frac{\hat{\beta}_1^2}{l^{11}S_e/(n-p-1)}=28.7483>F_{0.95}(1,10)=4.96.$$

$$F_2=\frac{\hat{\beta}_2^2}{l^{22}S_e/(n-p-1)}=28.1261>F_{0.95}(1,10)=4.96.$$

故方程中两项均为显著.

相关系数的临界值 r_α 表

班级__________________ 学号__________________ 姓名__________________

同步练习

练习 1-1，1-2

1．下列说法正确的是（　　）.

A．如果一件事发生的机会只有千万分之一，那么它就是不可能事件

B．如果一件事发生的机会达 99.999%，那么它就是必然事件

C．如果一件事不是不可能事件，那么它就是必然事件

D．如果一件事不是必然事件，那么它就是不可能事件或随机事件

2．从 1,2,3,4,5 这 5 个数中任取两数，其中：①恰有一个是偶数和恰有一个是奇数；②至少有一个是奇数和两个都是奇数；③至少有一个是奇数和两个都是偶数；④至少有一个是奇数和至少有一个是偶数．上述事件中，是对立事件的是（　　）.

A．①　　B．②④　　C．③　　D．①③

3．从装有两个红球和两个黑球的口袋内任取两个球，那么互斥而不对立的两个事件是（　　）

A．“至少有一个黑球”与“都是黑球”

B．“至少有一个黑球”与“至少有一个红球”

C．“恰有一个黑球”与“恰有两个黑球”

D．“至少有一个黑球”与“都是红球”

4．抽查 10 件产品，设事件 A：至少有两件次品，则 A 的对立事件为（　　）.

A．至多两件次品　　B．至多一件次品

C．至多两件正品　　D．至少两件正品

5．抛掷一枚骰子，事件 A 表示出现点数为 1 或 2，B 表示出现点数为 2 或 3，则（　　）

A．$A \subset B$

B．$A = B$

C．$A + B$ 表示出现点数为 1 或 2 或 3

D．AB 表示出现点数为 1 或 2 或 3

6．以 A 表示事件“甲种产品畅销，乙种产品滞销”，则其对立事件为（　　）.

A．甲种产品滞销，乙种产品畅销　　B．甲、乙两种产品均畅销

C．甲种产品滞销　　D．甲种产品滞销或乙种产品畅销

7．假设 A,B 是两个随机事件，且 $AB = \overline{A}\,\overline{B}$，则 $A + B =$ __________________，$AB =$ ____________.

同步练习答案

班级__________________ 学号__________________ 姓名__________________

练习 1-3

1. 设事件 A 与 B 互不相容，$P(A)=0.4$，$P(A\cup B)=0.7$，则 $P(B)=$______________ .

2. 某市有 50% 的住户订日报，有 65% 的住户订晚报，有 85% 的住户至少订这两种报纸中的一种，则同时订这两种的住户百分比为____________.

3. 设 $P(A)=P(B)=P(C)=\dfrac{1}{4}$，$P(AB)=P(BC)=0$，$P(AC)=\dfrac{1}{8}$，则 A、B、C 三件事至少有一个发生的概率为________________.

4. 对于任意事件 A,B，有 $P(A-B)=$ ________________.

5. 若 $P(AB)=P(\overline{A}\overline{B})$ 且 $P(A)=p$，则 $P(B)=$______________.

6. 设事件 A 与 B 互不相容，$P(A)>0$，$P(B)>0$，则（　　）.

A. $P(A)=1-P(B)$　　B. $P(AB)=P(A)P(B)$

C. $P(A\cup B)=1$　　D. $P(\overline{AB})=1$

7. 设事件 A 与 B 同时发生的概率为 0，则（　　）.

A. A、B 互斥　　B. AB 是不可能事件

C. $P(A)=0$ 或 $P(B)=0$　　D. AB 未必是不可能事件

8. 设 A、B、C 为 3 个随机事件，$C\subset A, C\subset B, P(A)=0.7, P(A-C)=0.4, P(AB)=0.5$，则 $P(AB\overline{C})=$ ________________.

9. 设 $P(A)=0.7$，$P(A-B)=0.3$，$P(B-A)=0.2$，求 $P(\overline{AB})$ 与 $P(\overline{A}\overline{B})$.

10. 设事件 A 与 B 互不相容，$P(A)=0.4$，$P(B)=0.3$，求 $P(\overline{A}\overline{B})$ 与 $P(\overline{A}\cup B)$.

班级________________ 学号________________ 姓名________________

练习 1-4

1. 在电话号码中任取一个电话号码，求后面 4 个数字全不相同的概率.

2. 一批晶体管共 40 个，其中 3 个是不合格品. 今从中任取 5 个，求：

（1）5 个全是合格品的概率；

（2）5 个中有两个是不合格品的概率.

3. 袋中有编号为 1 到 10 的 10 个球，今从袋中任取 3 个球，求：

（1）3 个球的最小号码为 5 的概率；

（2）3 个球的最大号码为 5 的概率.

4.（1）教室里有 r 个学生，求他们的生日都不相同的概率（ $r \leqslant 365$ ）；

（2）房间里有 4 个人，求至少两个人的生日在同一个月的概率.

班级__________________ 学号__________________ 姓名__________________

5. 设一个人的生日在星期几是等可能的，求 6 个人的生日都集中在一个星期中的某两天，但不是都在同一天的概率.

6. 甲袋中有白球 10 个、红球 5 个、黑球 15 个，乙袋中有白球 5 个、红球 15 个、黑球 10 个. 独立地从两袋各取一球，求两球颜色相同的概率.

7. 从 0,1,2,⋯,9 这10个数字中，任意选出不同的 3 个数字，试求下列事件的概率：A_1 = “3 个数字中不含 0 和 5”，A_2 = “3 个数字中不含 0 或 5”，A_3 = “3 个数字中含 0 但不含 5”.

班级＿＿＿＿＿＿＿＿＿　学号＿＿＿＿＿＿＿＿＿　姓名＿＿＿＿＿＿＿＿＿

练习 1-5

1. 某公共汽车站每隔 5 分钟有一辆汽车到达，乘客到达汽车站的时刻是任意的，求一个乘客候车时间不超过 3 分钟的概率.

2. 两艘轮船都要停靠同一个泊位，它们可能在一昼夜的任意时刻到达. 设两船停靠泊位的时间分别为 1 小时与 2 小时，求有一艘船要停靠泊位时必须等待一段时间的概率.

3. 随机地取两个正数 x 和 y，这两个数中的每一个都不超过 1，试求 x 与 y 之和不超过 1、积不小于 0.09 的概率.

4. 把长为 a 的木棒任意折成 3 段，求它们可以构成三角形的概率.

5. 在区间(0,1)中随机地取两个数，求两数之差的绝对值小于 $\frac{1}{2}$ 的概率.

班级________________ 学号________________ 姓名________________

练习 1-6

1. 假设一批产品中一、二、三等品各占 60%、30%和 10%，从中任取一件，结果不是三等品，求取到的是一等品的概率.

2. 某住宅楼共有 3 个孩子，已知其中至少有一个是女孩，求至少有一个是男孩的概率（假设一个小孩为男或为女是等可能的）.

3. 一次掷 10 颗骰子，已知至少出现一个一点，问至少出现两个一点的概率是多少？

4. 为了防止意外，在矿内同时装有两种报警系统 I 和 II. 两种报警系统单独使用时，系统 I 和 II 有效的概率分别 0.92 和 0.93，在系统 I 失灵的条件下，系统 II 仍有效的概率为 0.85，求：（1）报警系统 I 和 II 都有效的概率；

（2）系统 II 失灵而系统 I 有效的概率；

（3）在系统 II 失灵的条件下，系统 I 仍有效的概率.

班级__________ 学号__________ 姓名__________

5. n 个人用摸彩的方式决定谁得一张电影票，他们依次摸彩，求：

（1）已知前 $k-1$ $(k \leqslant n)$ 个人都没摸到，第 k 个人摸到的概率；

（2）第 k $(k \leqslant n)$ 个人摸到的概率.

6. 某射击小组共有 20 名射手，其中一级射手 4 人，二级射手 8 人，三级射手 7 人，四级射手 1 人，一、二、三、四级射手能通过选拔进入决赛的概率分别是 0.9、0.7、0.5 和 0.2. 求在一组内任选一名射手，该射手能通过选拔进入决赛的概率.

7. 有 3 个形状相同的箱子，在第一个箱中有 2 个正品，1 个次品；在第二个箱中有 3 个正品，1 个次品；在第三个箱中有 2 个正品，2 个次品. 现从任何一个箱子中任取一件产品，求取到正品的概率.

8. 某工厂有 4 个车间生产同一种产品，其产品分别占总产量的 15%、20%、30%和 35%，各车间的次品率依次为 0.05、0.04、0.03 和 0.02. 现从出厂产品中任取一件，问恰好取到次品的概率是多少？

班级________________ 学号________________ 姓名________________

练习 1-7

1. 设事件 A 与 B 相互独立，两个事件中只有 A 发生的概率与只有 B 发生的概率都是 $\frac{1}{4}$，求 $P(A)$ 和 $P(B)$.

2. 甲、乙、丙 3 台机床独立工作，在同一段时间内它们不需要工人照顾的概率分别为 0.7、0.8 和 0.9，求在这段时间内，最多只有一台机床需要工人照顾的概率.

3. 10 张奖券中含有 4 张中奖的奖券，每人购买 1 张，求：

（1）前三人中恰有一人中奖的概率；

（2）第二人中奖的概率.

4. 一大批产品的优质品率为 30%，每次任取 1 件，连续抽取 5 次，计算下列事件的概率：

（1）取到的 5 件产品中恰有 2 件是优质品；

（2）在取到的 5 件产品中已发现有 1 件是优质品，这 5 件中恰有 2 件是优质品.

5. 每箱产品有 10 件，其次品数从 0 到 2 是等可能的. 开箱检验时，从中任取 1 件，如果检验是次品，则认为该箱产品不合格而拒收. 假设由于检验有误，1 件正品被误检是次品的概率是 2%，1 件次品被误判是正品的概率是 5%，试计算：

（1）抽取的 1 件产品为正品的概率；

（2）该箱产品通过验收的概率.

班级__________________ 学号__________________ 姓名__________________

练习 2-1，2-2

1．盒中有 10 个形状相同的灯泡，其中 7 个为螺口灯泡，3 个为卡口灯泡，但灯口向下放着无法区分．需要取出一个螺口灯泡，若取出的为卡口灯泡，就放到另一个空盒中．求取到螺口灯泡前已取出卡口灯泡的个数的分布律．

2．已知随机变量 X 只能取 $-1,0,1,2$ 四个值，相应概率依次为 $\frac{1}{2c},\frac{3}{4c},\frac{5}{8c},\frac{7}{16c}$，试确定常数 c，并计算 $P\{X<1|X\neq 0\}$．

3．设随机变量 X 的取值为 $-1,0,1$，且取这 3 个值的概率之比为 $3:2:1$．

（1）求 X 的分布律；

（2）求概率 $P\{-1<X\leqslant 1\}$ 和 $P\{-1\leqslant X<1\}$．

4．对以下各题随机变量的概率分布，试确定常数 a．

（1）$P\{X=k\}=(k+1)a^{k+1}, k=0,1$；

（2）$P\{X=k\}=a3^{k}, k=1,2,\cdots,20$；

（3）$P\{X=k\}=3a^{k}, k=1,2,\cdots$．

班级__________________ 学号__________________ 姓名__________________

5. 设随机变量 $X \sim B(2, p)$，$Y \sim B(3, p)$，若 $P\{X \geqslant 1\} = \dfrac{5}{9}$，求 $P\{Y \geqslant 1\}$.

6. 10 门火炮各自独立地同时向一敌船射击一次. 设当敌船被命中两发或两发以上的炮弹时，则被击沉. 若每门炮射击一次命中率都为 0.6，求敌船被击沉的概率.

7. 某一城市每天发生火灾的次数 X 服从参数 $\lambda = 0.8$ 的泊松分布，求该城市一天内发生 3 次或 3 次以上火灾的概率.

8. 设 X 服从泊松分布，且已知 $P\{X = 1\} = P\{X = 2\}$，求 $P\{X = 4\}$.

班级________________ 学号________________ 姓名________________

练习 2-3

1. 若函数 $f(x)=\begin{cases}\sin x, & x\in D,\\ 0, & x\notin D\end{cases}$ 是某随机变量的密度函数，则 D 是（　　）.

A. $[0,\pi]$　　B. $\left[0,\frac{\pi}{2}\right]$　　C. $\left[-\frac{\pi}{2},\pi\right]$　　D. $\left[0,\frac{3\pi}{2}\right]$

2. 设随机变量 X 的密度函数为 $f(x)=\begin{cases}\frac{|x|}{4}, & -2<x<2,\\ 0, & \text{其他},\end{cases}$ 则 $P\{-1<X<1\}=$（　　）.

A. $\frac{1}{4}$　　B. $\frac{1}{2}$　　C. $\frac{3}{4}$　　D. 1

3. 设随机变量 X 服从 $N(\mu,\sigma^2)$（其中 μ, σ^2 已知，且 $\sigma>0$），如果 $P\{X<k\}=\frac{1}{2}$，则 $k=$__________.

4. 已知 $X\sim f(x)=\begin{cases}kx(1-x), & 0<x<1,\\ 0, & \text{其他},\end{cases}$ 其中常数 $k>0$，试确定常数 k 的值，并求概率 $P\{X=0.3\}$，$P\{X>0.3\}$.

5. 随机变量 X 的密度函数为 $f(x)=c\mathrm{e}^{-|x|}, -\infty<x<+\infty$.

（1）求 c；

（2）X 落入区间 $(-1,1)$ 的概率.

班级________________ 学号________________ 姓名________________

6. 设某型号电子管的寿命（以小时计）为一随机变量，密度函数为 $f(t)=\begin{cases}\dfrac{a}{t^2}, & t\geqslant 100,\\ 0, & t<100\end{cases}$（其中 a 为未知参数），某一无线电器材配有 3 个这种电子管，求使用 150 小时内不需要更换的概率.

7. 设随机变量 $X\sim U[0,5]$，求方程 $4t^2+4Xt+X+2=0$ 有实根的概率.

8. 设一个汽车站上，每 5 分钟有一辆公共汽车到达，设乘客在 5 分钟内任何一时间达到是等可能的，计算在车站候车的 10 位乘客中只有 1 位等候时间超过 4 分钟的概率.

9. 设某电子管的使用寿命 X（单位：小时）服从参数 $\lambda=0.0002$ 的指数分布，求电子管的使用寿命超过 3000 小时的概率.

班级__________ 学号__________ 姓名__________

练习 2-4

1．设随机变量 X 服从正态分布 $N(\mu_1,\sigma_1^2)$，Y 服从正态分布 $N(\mu_2,\sigma_2^2)$，且 $P\{|X-\mu_1|<1\}>P\{|Y-\mu_2|<1\}$，则必有（　　）.

A. $\sigma_1<\sigma_2$　　B. $\sigma_1>\sigma_2$　　C. $\mu_1<\mu_2$　　D. $\mu_1>\mu_2$

2. 设随机变量 X 的密度函数为 $f(x)$，且 $f(-x)=f(x)$，$F(x)$ 为 X 的分布函数，则对任意实数 a，有（　　）.

A. $F(-a)=1-\int_0^a f(x)\mathrm{d}x$　　B. $F(-a)=\frac{1}{2}-\int_0^a f(x)\mathrm{d}x$

C. $F(-a)=F(a)$　　D. $F(-a)=2F(a)-1$

3. 设随机变量 X 服从正态分布 $N(\mu,\sigma^2)$，则随 σ 的增大，概率 $P\{|X-\mu|<\sigma\}$（　　）.

A. 单调增加　　B. 单调减少　　C. 保持不变　　D. 增减不定

4. 设随机变量 X 的分布列为

X	-1	1	2
P	0.5	a	$a+0.1$

（1）求常数 a；（2）求概率 $P\{X>0.5\}$ 和 $P\{0<X\leqslant 5\}$；（3）求 X 的分布函数 $F(x)$.

5. 设离散型随机变量 X 的分布函数为 $F(x)=\begin{cases}0, & x<-1,\\ 0.4, & -1\leqslant x<1,\\ 0.8, & 1\leqslant x<3,\\ 1, & x\geqslant 3,\end{cases}$ 求 $P\{X<2|X\neq 1\}$.

6. 已知随机变量 X 的密度函数为 $f(x)=\frac{1}{2}\mathrm{e}^{-|x|}, -\infty<x<+\infty$，求 X 的分布函数 $F(x)$.

班级__________________ 学号__________________ 姓名__________________

7. 已知 $X \sim f(x)=\begin{cases} x, & 0\leqslant x\leqslant 1, \\ 2-x, & 1<x\leqslant 2, \\ 0, & \text{其他}, \end{cases}$ 求 X 的分布函数 $F(x)$.

8. 已知连续型随机变量 X 的分布函数为 $F(x)=\begin{cases} 0, & x\leqslant 0, \\ Ax^2, & 0\leqslant x<1, \\ 1, & x\geqslant 1. \end{cases}$

（1）求常数 A；（2）求 X 分别落在 $\left(-1,\frac{1}{2}\right)$ 和 $\left(\frac{1}{3},2\right)$ 内的概率；（3）求 X 的密度函数 $f(x)$.

9. 已知随机变量 X 的分布函数为 $F(x)=A+B\arctan 2x, -\infty<x<+\infty$.

（1）求常数 A, B；（2）求概率 $P\left\{|X|\leqslant\frac{1}{2}\right\}$；（3）求 X 的密度函数 $f(x)$.

10. 某单位招聘 2500 人，按考试成绩从高分到低分依次录用，共有 10000 人报名，假设报名者的成绩 $X\sim N(\mu,\sigma^2)$，已知 90 分以上有 359 人，60 分以下有 1151 人，问被录用者中最低分为多少？

班级____________________ 学号____________________ 姓名____________________

练习 2-5

1. 设随机变量 X 的概率密度为 $f(x)$, $Y=1+2X$，则 Y 的概率密度为（　　）.

A. $\frac{1}{2}f\left(\frac{y-1}{2}\right)$　　B. $f\left(\frac{y-1}{2}\right)$　　C. $\frac{1}{2}f\left(\frac{1-y}{2}\right)$　　D. $2f(2y-1)$

2. 设随机变量 X 的分布列为

X	-1	0	1	2
P	0.1	0.2	0.3	0.4

求：（1）$Y=3X+1$ 的分布列；（2）$Y=X^2$ 的分布列.

3. 设随机变量 X 的密度函数为 $f_X(x)=\begin{cases}Ax^2, & 0\leqslant x\leqslant 1,\\ 0, & x<0\text{或}x>1.\end{cases}$

求：（1）常数 A；（2）$Y=-2X+1$ 的密度函数；（3）$Y=X^2$ 的密度函数.

4. 设 $X\sim N(0,1)$，求：（1）$Y=\mathrm{e}^X$ 的密度函数；（2）$Y=|X|$ 的密度函数.

班级__________________ 学号__________________ 姓名__________________

练习 3-1

1. 设 (X,Y) 为二维随机变量，对于任意实数 x,y，$\overline{\{X\leqslant x,Y\leqslant y\}}=$（　　）.

A. $\{X>x\}\cup\{Y>y\}$　　B. $\{X>x\}\cap\{Y>y\}$

C. $\{X<x\}\cap\{Y<y\}$　　D. $\{X<x\}\cup\{Y<y\}$

2. 设 $F_1(x)$ 与 $F_2(x)$ 分别为随机变量 X_1 与 X_2 的分布函数，为使 $F(x)=aF_1(x)-bF_2(x)$ 是某一随机变量的分布函数，在下列给定的各组数值中应取（　　）.

A. $a=\frac{3}{5},b=-\frac{2}{5}$　　B. $a=\frac{2}{3},b=\frac{2}{3}$

C. $a=-\frac{1}{2},b=\frac{3}{2}$　　D. $a=\frac{1}{2},b=-\frac{3}{2}$

3. 下列四个二元函数，能作为二维随机变量 (X,Y) 的分布函数的是（　　）.

A. $F(x,y)=\begin{cases}(1-\mathrm{e}^{-x})(1-\mathrm{e}^{-y}), & 0<x<+\infty,0<y<+\infty\\ 0, & 其他\end{cases}$

B. $F(x,y)=\begin{cases}\sin x\sin y, & 0\leqslant x\leqslant\frac{\pi}{2},0\leqslant y\leqslant\frac{\pi}{2}\\ 0, & 其他\end{cases}$

C. $F(x,y)=\begin{cases}1, & x+2y\geqslant 1\\ 0, & 其他\end{cases}$

D. $F(x,y)=1+2^{-x}-2^{-y}+2^{-x-y}$

4. 已知二维随机变量 (ξ,η) 的联合分布函数 $F(x,y)=P\{\xi<x,\eta<y\}$，则事件 $\{\xi\geqslant 2,\eta\geqslant 3\}$ 的概率是（　　）.

A. $F(2,3)$　　B. $F(2,+\infty)-F(2,3)$

C. $1-F(2,3)$　　D. $1-F(2,+\infty)-F(+\infty,3)+F(2,3)$

5. 设随机变量 (X,Y) 只能取 $(-1,0),(0,0)$ 和 $(0,1)$，且相应的概率分别是 $\frac{1}{2},\frac{1}{3},\frac{1}{6}$，试写出 (X,Y) 的联合分布列.

6. 一口袋中装有四个球，标号分别为 $1,2,2,3$，从中先后任取两个球，第一次取得的球标号记为 X，第二次取得的球标号记为 Y. 试就放回抽取与不放回抽取两种情况分别求出 (X,Y) 的联合分布列.

7. 设二维随机向量(X,Y)的概率密度为

$$f(x,y)=\begin{cases}Axy, & \text{当}x^2\leqslant y\leqslant 1\text{且}0\leqslant x\leqslant 1,\\ 0, & \text{其他}.\end{cases}$$

（1）确定常数A；（2）计算$P\left\{0\leqslant X\leqslant 1,0\leqslant Y\leqslant \frac{1}{2}\right\}$；（3）计算$P\{(X,Y)\in D\}$，$D$由$x^2\leqslant y\leqslant x,0\leqslant x\leqslant 1$确定.

8. 设(X,Y)服从区域D上的均匀分布，D是由$y=x+1$、x轴和y轴围成的区域.
求：（1）(X,Y)的联合密度函数；（2）概率$P\{Y\leqslant -X\}$.

9. 抛一枚硬币3次，X和Y分别表示出现正面的次数和出现反面的次数，求$P\{X>Y\}$.

班级________________ 学号________________ 姓名________________

练习 3-2

1. 设相互独立的随机变量 X,Y 具有同一分布

X	1	2
P	$\frac{1}{3}$	$\frac{2}{3}$

则下列式子中正确的是（　　）.

A. $X=Y$　　B. $P\{X=Y\}=1$　　C. $P\{X=Y\}=\frac{1}{2}$　　D. $P\{X=Y\}=\frac{5}{9}$

2. 设二维随机变量 (X,Y) 的联合分布列为

Y	X		
	0	1	2
0	0.1	0.2	0
1	0.3	0.1	0.1
2	0.1	0	0.1

则 $P(XY=0)=$（　　）.

A. 0.3　　B. 0.5　　C. 0.7　　D. 0.8

3. 设两个相互独立的随机变量 X 和 Y 分别服从正态分布 $N(0,1)$ 和 $N(1,1)$，则（　　）.

A. $P(X+Y\leqslant 0)=\frac{1}{2}$　　B. $P(X+Y\leqslant 1)=\frac{1}{2}$

C. $P(X-Y\leqslant 0)=\frac{1}{2}$　　D. $P(X-Y\leqslant 1)=\frac{1}{2}$

4. 设随机变量 X 与 Y 独立，且 $P(X=1)=P(Y=1)=p>0$，$P(X=0)=P(Y=0)=1-p>0$，记 $Z=\begin{cases}1, & 当X+Y为偶数,\\ 0, & 当X+Y为奇数.\end{cases}$ 要使 X 与 Z 独立，则 p 的值为（　　）.

A. $\frac{1}{6}$　　B. $\frac{1}{4}$　　C. $\frac{1}{3}$　　D. $\frac{1}{2}$

5. 设 ξ,η 相互独立，并服从区间[0,1]上的均匀分布，则（　　）.

A. $\zeta=\xi+\eta$ 服从[0,2]上的均匀分布

B. $\zeta=\xi-\eta$ 服从[−1,1]上的均匀分布

C. $\zeta=\max\{\xi,\eta\}$ 服从[0,1]上的均匀分布

D. (ξ,η) 服从区域 $\begin{cases}0\leqslant x\leqslant 1\\ 0\leqslant y\leqslant 1\end{cases}$ 上的均匀分布

6. 盒中有 3 个黑球、2 个红球和 2 个白球，从中任取 4 个，以 X 表示求取到的黑球数，以 Y 表示取到的红球数．求 (X,Y) 的联合分布列和边缘分布列，并判断 X 与 Y 是否独立.

7.（1）若 (X,Y) 的联合密度函数为 $f(x,y)=\begin{cases}4xy, & 0\leqslant x\leqslant 1, 0\leqslant y\leqslant 1,\\ 0, & \text{其他},\end{cases}$ 问 X 与 Y 是否独立？

（2）设 (X,Y) 的联合分布函数为 $F(x,y)=\begin{cases}(1-\mathrm{e}^{-x})(1-\mathrm{e}^{-y}), & x>0, y>0,\\ 0, & \text{其他},\end{cases}$ 求 X 与 Y 中至少有一个大于 1 的概率.

8. 设 ξ 与 η 相互独立，$P\{\xi=0\}=P\{\xi=1\}=\dfrac{1}{2}$，$P\{\eta<x\}=x(0\leqslant x\leqslant 1)$，求 $P\{\xi+\eta<1\}$.

班级＿＿＿＿＿＿＿＿＿ 学号＿＿＿＿＿＿＿＿＿ 姓名＿＿＿＿＿＿＿＿＿

练习 3-3

1. 设 X 与 Y 相互独立，$X \sim N(\mu_1, \sigma_1^2)$，$Y \sim N(\mu_2, \sigma_2^2)$，则 $Z = X + Y$ 仍然服从正态分布，且有（　　）.

A. $Z \sim N(\mu_1 + \mu_2, \sigma_1^2 + \sigma_2^2)$

B. $Z \sim N(\mu_1 + \mu_2, \sigma_1^2 - \sigma_2^2)$

C. $Z \sim N(\mu_1 - \mu_2, \sigma_1^2 - \sigma_2^2)$

D. $Z \sim N(\mu_1 - \mu_2, \sigma_1^2 + \sigma_2^2)$

2. 假设随机变量 X 与 U 同分布，Y 与 V 同分布，则（　　）.

A. $X+Y$ 与 $U+V$ 同分布

B. $X-Y$ 与 $U-V$ 同分布

C. (X,Y) 与 (U,V) 同分布

D. aX 与 aU 同分布，aY 与 aV 同分布（$a \neq 0$）

3. 设随机变量 X 服从指数分布，则 $Y = \min(X, 2)$ 的分布函数为（　　）.

A. 是连续的　　B. 至少两个间断点

C. 是阶梯函数　　D. 恰有一个间断点

4. 设 X 与 Y 相互独立，其分布列分别为

X	1	2	3
P	0.3	0.1	0.6

Y	1	2	3
P	0.2	0.5	0.3

求：（1）$X+Y$ 的分布列；（2）XY 的分布列.

5. 设 X 与 Y 相互独立，其密度函数分别为

$$f_X(x) = \begin{cases} 1, & 0 \leqslant x \leqslant 1, \\ 0, & \text{其他}; \end{cases} \qquad f_Y(y) = \begin{cases} \mathrm{e}^{-y}, & y \geqslant 0, \\ 0, & y < 0. \end{cases}$$

求 $Z = X + Y$ 的概率密度.

班级__________ 学号__________ 姓名__________

6．设随机变量 (X,Y) 的概率密度为 $f(x,y)=\begin{cases}2\mathrm{e}^{-(x+2y)}, & x>0, y>0,\\ 0, & 其他,\end{cases}$ 求随机变量 $Z=X+2Y$ 的分布函数.

7. 设某种商品一周的需求量是一随机变量，密度函数为 $\varphi(x)=\begin{cases}x\mathrm{e}^{-x}, & x>0,\\ 0, & x\leqslant 0,\end{cases}$ 假定各周的需求量相互独立，求两周需求量的密度函数.

8. 设随机变量 X,Y 相互独立，且都服从[0,1]上的均匀分布，求 $Z=\max(X,Y)$ 的概率密度函数.

班级____________ 学号____________ 姓名____________

练习 3-4

1. 已知(X,Y)的联合分布律为

$$P\{X=n,Y=m\}=\frac{\mathrm{e}^{-14}(7.14)^m(6.86)^{n-m}}{m!(n-m)!},\quad n=0,1,2,3,\cdots,m=0,1,2,\cdots,n.$$

求：（1）边缘分布律；（2）条件分布律.

2. 设随机变量(X,Y)的概率密度为$f(x,y)=\begin{cases}1, & |y|<x,0<x<1,\\ 0, & 其他.\end{cases}$

求条件概率密度$f_{Y|X}(y|x),f_{X|Y}(x|y)$.

3. 一电子仪器由两部分构成，以X与Y分别表示这两部分的寿命（单位：千小时），已知X,Y的联合分布函数为

$$F(x,y)=\begin{cases}1-\mathrm{e}^{-0.5x}-\mathrm{e}^{-0.5y}+\mathrm{e}^{-0.5(x+y)}, & x\geqslant0,y\geqslant0,\\ 0, & 其他.\end{cases}$$

（1）问X,Y是否独立?

（2）求两个部件的寿命都超过 100 小时的概率α.

4. 若(X,Y)的联合分布列如下，求在$Y\neq1$时关于X的条件分布列.

Y	X	
	0	1
1	0.11	0.2
2	0.2	0.1
3	0.1	0.3

班级________________ 学号________________ 姓名________________

练习 4-1

1. 已知连续型随机变量 X 的概率密度为 $f(x)=\frac{1}{\sqrt{\pi}}\mathrm{e}^{-x^2+2x-1}$，则 $E(X)=$__________.

2. 已知随机变量 X 服从参数为 2 的泊松分布，且随机变量 $Z=3X-2$，则 $E(Z)=$ __________.

3. 若 ξ 的分布列为

x_k	1	2	3
$P\{\xi=x_k\}$	0.15	0.3	0.55

则 $E(\xi)=$__________.

4. 随机变量 ξ 服从区间 $[-3,3]$ 上的均匀分布，则 $E(\xi)=$（　　）.

A. 0　　B. 3　　C. -3　　D. 6

5. 设 ξ_1,ξ_2 都服从区间 $[0,2]$ 上的均匀分布，则 $E(\xi_1+\xi_2)=$（　　）.

A. 1　　B. 2　　C. 0.5　　D. 4

6. 设 $F(x)=P\{\xi\leqslant x\}=\begin{cases}0, & x<0,\\ x^2, & 0\leqslant x\leqslant 1,\\ 1, & x>1,\end{cases}$ 则 $E(\xi)=$（　　）.

A. $\int_0^1 x^3\mathrm{d}x$　　B. $\int_0^1 2x^2\mathrm{d}x$　　C. $\int_0^1 x^2\mathrm{d}x$　　D. $\int_0^{+\infty} 2x^2\mathrm{d}x$

7. 设 X 的分布列为

X	-1	0	0.5	1	2
P	$\frac{1}{3}$	$\frac{1}{6}$	$\frac{1}{6}$	$\frac{1}{12}$	$\frac{1}{4}$

求 $E(X), E(-X+1), E(X^2)$.

8. 已知连续型随机变量 X 的概率密度为 $f(x)=\frac{1}{\sqrt{\pi}}\mathrm{e}^{-x^2+2x-1}$，求 $E(X)$.

9. 设 X 的密度函数为 $f(x)=\begin{cases} kx^a, & 0<x<1\ (k,a>0), \\ 0, & 其他, \end{cases}$ 又已知 $E(X)=0.75$. 求 k 和 a 的值.

10. 设二维随机变量 (X,Y) 服从区域 D 上的均匀分布，其中 D 是由 x 轴、y 轴及直线 $x+y+1=0$ 所围成的区域. 求 $E(X), E(-3X+2Y), E(XY)$.

11. 设 X 表示 10 次独立重复射击中击中目标的次数，每次命中目标的概率为 0.4. 求 $E(X^2)$.

班级__________________ 学号__________________ 姓名__________________

练习 4-2

1. 设随机变量 X 服从均值为 2、方差为 σ^2 的正态分布，且 $P\{2<X<4\}=0.3$，则 $P\{X<0\}=$__________.

2. 设随机变量 X 的概率密度为 $f(x)=\begin{cases}1+x, & -1\leqslant x\leqslant 0,\\ 1-x, & 0<x\leqslant 1,\\ 0, & \text{其他},\end{cases}$ 则 $D(X)=$__________.

3. 设随机变量 X 在区间$[-1,2]$上服从均匀分布，随机变量函数 $Y=\begin{cases}1, & X>0,\\ 0, & X=0,\\ -1, & X<0,\end{cases}$ 则 $D(Y)=$__________.

4. 设 X 服从在区间$[-1,5]$上的均匀分布，则 $D(X)=$______________.

5. (X,Y)的联合概率密度为 $f(x,y)=\begin{cases}x+y, & 0\leqslant x\leqslant 1, 0\leqslant y\leqslant 1,\\ 0, & \text{其他},\end{cases}$ 则 $D(X)=$__________，$D(Y)=$__________.

6. 已知 X 服从二项分布，已知 $E(X)=20, D(X)=4$，则 ξ 的分布律为 $P\{X=k\}=$__________________.

7. 设 $\xi\sim N(0,\ 1), \eta\sim N(a,\ \sigma^2)$，则 η 与 ξ 之间的关系是（　　）.

A. $\eta=\dfrac{\xi-a}{\sigma}$　　B. $\eta=a+\sigma\xi$　　C. $\eta=\dfrac{\xi-a}{\sigma^2}$　　D. $\eta=a+\sigma^2\xi$

8. 下面的数学期望与方差都存在，当随机变量 ξ 与 η 相互独立时，下列**错误**的是（　　）.

A. $E(\xi\eta)=E(\xi)E(\eta)$　　B. $D(\xi\pm\eta)=D(\xi)+D(\eta)$

C. $D(\xi\eta)=D(\xi)D(\eta)$　　D. $\mathrm{Cov}(\xi,\eta)=0$

9. 设 ξ 服从 $n=100, p=0.02$ 的二项分布，η 服从正态分布且 $E(\xi)=E(\eta),\ D(\xi)=D(\eta)$，则 η 的概率密度函数 $\varphi(x)=$（　　）.

A. $\dfrac{1}{\sqrt{2\pi}}\mathrm{e}^{-\frac{x^2}{2}}$　　B. $\dfrac{1}{\sqrt{2\pi}}\mathrm{e}^{-\frac{(x-2)^2}{1.96}}$

C. $\dfrac{1}{1.4\sqrt{2\pi}}\mathrm{e}^{-\frac{(x-2)^2}{1.96}}$　　D. $\dfrac{1}{1.4\sqrt{2\pi}}\mathrm{e}^{-\frac{(x-2)^2}{3.92}}$

10. 设 ξ 服从二项分布 $\xi\sim B(25,0.2), \eta\sim N(a,\sigma^2)$，且 $E(\xi)=E(\eta), D(\xi)=D(\eta)$，则 η 的密度函数 $f(y)=$（　　）.

A. $\dfrac{1}{\sqrt{2\pi}}\mathrm{e}^{-\frac{y^2}{2}}$　　B. $\dfrac{1}{2\sqrt{2\pi}}\mathrm{e}^{-\frac{y^2}{8}}$　　C. $\dfrac{1}{2\sqrt{2\pi}}\mathrm{e}^{-\frac{(y-5)^2}{8}}$　　D. $\dfrac{1}{4\sqrt{2\pi}}\mathrm{e}^{-\frac{(y-5)^2}{32}}$

11. 设 $\xi\sim N(a,\ \sigma^2), \eta\sim N(0,\ 1)$，则 η 与 ξ 的关系为（　　）.

A. $\eta=\dfrac{\xi-a}{\sigma^2}$　　B. $\eta=a\xi+a$　　C. $\eta=\dfrac{\xi-a}{\sigma}$　　D. $\eta=\dfrac{\xi}{\sigma}-a$

班级________________ 学号________________ 姓名________________

12. 设 $X \sim B(n,p)$，且 $E(X)=1.6, D(X)=1.28$．求 n 和 p．

13. 设随机变量 X 与 Y 独立，且 $X \sim N(1,2), Y \sim N(0,1)$，试求随机变量 Z=2X−Y+3 的概率密度函数.

14. 设二维随机变量 (X,Y) 的密度为 $f(x,y)=\begin{cases} k, & 0<x<1,\ 0<y<x, \\ 0, & \text{其他}, \end{cases}$ 试确定常数 k，并求 $E(XY)$．

15. 设 X,Y 相互独立，密度函数分别为 $f_X(x)=\begin{cases} 2x, & 0\leqslant x\leqslant 1, \\ 0, & \text{其他}, \end{cases}$ $f_Y(y)=\begin{cases} \mathrm{e}^{-(y-5)}, & y>5, \\ 0, & \text{其他}. \end{cases}$ 求 $E(XY)$．

16. 设随机变量 ξ 服从指数分布，其概率密度为 $\varphi(x)=\begin{cases} \lambda \mathrm{e}^{-\lambda x}, & x>0, \\ 0, & x\leqslant 0, \end{cases}$ 其中 $\lambda>0$ 是常数，求 $E\xi, D(\xi)$．

班级________________ 学号________________ 姓名________________

练习 4-3

1. 设二维随机变量(X,Y)服从二维正态分布，则随机变量$\xi = X+Y$与$\eta = X-Y$不相关的充分必要条件为（　　）.

A. $E(X)=E(Y)$　　B. $E(X^2)-[E(X)]^2=E(Y^2)-[E(Y)]^2$

C. $E(X^2)=E(Y^2)$　　D. $E(X^2)+[E(X)]^2=E(Y^2)+[E(Y)]^2$

2. 将一枚硬币重复掷n次，以X和Y分别表示正面向上和反面向上的次数，则X和Y的相关系数等于（　　）.

A. -1　　B. 0　　C. $\frac{1}{2}$　　D. 1

3. 设随机变量$X_1,X_2,\cdots,X_n(n>1)$独立同分布，且其方差为$\sigma^2(\sigma>0)$. 令$Y=\frac{1}{n}\sum_{i=1}^{n}X_i$，则（　　）.

A. $\mathrm{Cov}(X_1,Y)=\frac{\sigma^2}{n}$　　B. $\mathrm{Cov}(X_1,Y)=\sigma^2$

C. $D(X_1+Y)=\frac{n+2}{n}\sigma^2$　　D. $D(X_1-Y)=\frac{n+1}{n}\sigma^2$

4. 对任意两个随机变量X和Y，若$E(XY)=E(X)E(Y)$，则（　　）.

A. $D(XY)=D(X)D(Y)$　　B. $D(X+Y)=D(X)+D(Y)$

C. X与Y独立　　D. X与Y不独立

5. 设随机变量X和Y独立同分布，记$U=X-Y,V=X+Y$，则随机变量U与V必然（　　）.

A. 不独立　　B. 独立

C. 相关系数不为零　　D. 相关系数为零

6. 设随机变量X和Y的方差存在且不等于0，则$D(X+Y)=D(X)+D(Y)$是X和Y（　　）.

A. 不相关的充分条件，但不是必要条件

B. 独立的充分条件

C. 不相关的充分必要条件

D. 独立的充分必要条件

7. 相关系数ρ的取值范围是（　　）.

A. $[0,+\infty)$　　B. $[-1,1]$　　C. $[0,1]$　　D. $(-\infty,+\infty)$

8. 已知随机变量ξ_1,ξ_2,ξ_3的协方差$\mathrm{Cov}(\xi_1,\xi_3)=2,\mathrm{Cov}(\xi_2,\xi_3)=1$，则$\mathrm{Cov}(\xi_1+\xi_2,3\xi_3)=$ ____________.

9. 设随机变量X和Y的联合分布在以点（0,1）、（1,0）、（1,1）为顶点的三角形区域上服从均匀分布，试求随机变量$U=X+Y$的方差.

班级________________ 学号________________ 姓名________________

10. 设 A,B 为两个随机事件且 $P(A)=\frac{1}{4}$，$P(B|A)=\frac{1}{3}$，$P(A|B)=\frac{1}{2}$，令

$$X=\begin{cases}1, & A\text{发生},\\ 0, & A\text{不发生},\end{cases}\qquad Y=\begin{cases}1, & B\text{发生},\\ 0, & B\text{不发生}.\end{cases}$$

求：(1)二维随机变量 (X,Y) 的概率分布；(2) X 与 Y 的相关系数 ρ_{XY}；(3) $Z=X^2+Y^2$ 的概率分布.

11. 设随机变量 X 的概率密度为 $f_X(x)=\begin{cases}\frac{1}{2}, & -1<x<0,\\ \frac{1}{4}, & 0\leqslant x<2,\\ 0, & \text{其他}.\end{cases}$ 令 $Y=X^2$. 求：(1) Y 的概率密度 $f_Y(y)$；(2) $\mathrm{Cov}(X,Y)$.

12. 设随机变量 X 与 Y 的联合分布列为

X \ Y	0	1	2	3
1	0	$\frac{3}{8}$	$\frac{3}{8}$	0
3	$\frac{1}{8}$	0	0	$\frac{1}{8}$

求 X 与 Y 的相关系数 ρ_{XY}.

班级＿＿＿＿＿＿＿＿　学号＿＿＿＿＿＿＿＿　姓名＿＿＿＿＿＿＿＿

练习 5-1

1. 设随机变量ξ的数学期望和方差均是$m+1$（m为自然数），那么$P\{0<\xi<2(m+1)\}\geqslant$（　　）.

A. $\dfrac{1}{m+1}$　　B. $\dfrac{m}{m+1}$

C. 0　　D. $\dfrac{1}{m}$

2. 设随机变量$X\sim B(n,p)$，对于任意$0<p<1$，利用切比雪夫不等式估计有$P(|X-np|\geqslant\sqrt{2n})\leqslant$（　　）.

A. $\dfrac{1}{2}$　　B. $\dfrac{1}{4}$

C. $\dfrac{1}{8}$　　D. $\dfrac{1}{16}$

3. 设随机变量序列$X_1,X_2,\cdots,X_n$独立同分布，且$E(X_1)=D(X_1)=1$. 令$S_{16}=\sum\limits_{i=1}^{16}X_i$，则对于任意$\varepsilon>0$，由切比雪夫不等式直接可得（　　）.

A. $P\left(\left|\dfrac{1}{16}S_{16}-1\right|<\varepsilon\right)\geqslant1-\dfrac{1}{16\varepsilon^2}$

B. $P(|S_{16}-1|<\varepsilon)\geqslant1-\dfrac{16}{\varepsilon^2}$

C. $P\left(\left|\dfrac{1}{16}S_{16}-1\right|>\varepsilon\right)\geqslant1-\dfrac{1}{\varepsilon^2}$

D. $P(|S_{16}-16|<\varepsilon)\geqslant1-\dfrac{1}{\varepsilon^2}$

4. 设随机变量序列$X_1,X_2,\cdots,X_n$独立同分布，其分布函数为$F(x)=a+\dfrac{1}{\pi}\arctan\dfrac{x}{b}$，$(b\neq0)$，则辛钦大数定律对此序列（　　）.

A. 当常数a,b取适当的数值时适用

B. 不适用

C. 适用

D. 无法判断

5. 设$\{X_n\}$为独立同分布的随机变量序列，其概率密度为$f(x)=\begin{cases}xe^{-x}, & x\geqslant0,\\ 0, & x<0,\end{cases}$则根据切比雪夫不等式有$P\left\{0<\sum\limits_{k=1}^{n}X_k<4n\right\}\geqslant$ ＿＿＿＿＿＿＿＿.

6. 已知正常男性成人血液中，每一毫升白细胞数均值是 7200，均方差是 600，利用切比雪夫不等式估计每毫升血液含白细胞数在 5400 ~ 9000 之间的概率.

7. 设随机变量 X 和 Y 分别服从正态分布 $N(1,1)$ 与 $N(0,1)$ ，且 $E(XY)=-0.1$ ，试用切比雪夫不等式估计 $P\{-4<X+2Y<6\}$.

8. 随机掷六颗骰子，试利用切贝雪夫不等式估计六颗骰子出现的点数总和不小于 11 点且不超过 31 点的概率.

班级__________ 学号__________ 姓名__________

练习 5-2

1．设 $\{X_n\}$ 为独立同分布的随机变量序列，且都服从参数为 $\lambda(\lambda>1)$ 的指数分布，记 $\Phi(x)$ 为标准正态分布的分布函数，则（　　）.

A. $\lim\limits_{n\to+\infty} P\left(\dfrac{\sum\limits_{i=1}^{n} X_i - n\lambda}{\lambda\sqrt{n}} \leqslant x\right) = \Phi(x)$　　B. $\lim\limits_{n\to+\infty} P\left(\dfrac{\sum\limits_{i=1}^{n} X_i - n\lambda}{\sqrt{n\lambda}} \leqslant x\right) = \Phi(x)$

C. $\lim\limits_{n\to+\infty} P\left(\dfrac{\lambda\sum\limits_{i=1}^{n} X_i - n}{\sqrt{n}} \leqslant x\right) = \Phi(x)$　　D. $\lim\limits_{n\to+\infty} P\left(\dfrac{\sum\limits_{i=1}^{n} X_i - \lambda}{\sqrt{n\lambda}} \leqslant x\right) = \Phi(x)$

2．设 $\{X_n\}$ 为相互独立的随机变量序列，且服从相同的概率分布．设 $E(X_i)=\mu$，$D(X_i)=\sigma^2\ (\sigma>0,\ i=1,2,\cdots)$，记 $Z_n=\sum\limits_{k=1}^{n} X_k$，则当 n 充分大时，有（　　）.

A. Z_n 的分布近似于正态分布 $N(n\mu, n\sigma^2)$

B. Z_n 的分布近似于标准正态分布 $N(0,1)$

C. Z_n 的分布近似于正态分布 $N(\mu, \sigma^2)$

D. Z_n 的分布近似于正态分布 $N(n\mu, \sqrt{n\sigma^2})$

3．设随机变量序列 $X_1, X_2, \cdots, X_n$ 相互独立同分布，且 X_1 的密度函数为 $f(x)$，记 $p=P\left\{\sum\limits_{i=1}^{n} X_i \leqslant x_0\right\}$，当 n 充分大时，则有（　　）.

A. p 可以根据 $f(x)$ 进行计算

B. p 不可以根据 $f(x)$ 进行计算

C. p 一定可以根据中心极限定理进行计算

D. p 一定不可以根据中心极限定理进行计算

4．设 $\{X_n\}$ 为相互独立的随机变量序列，且 $X_i\ (i=1,2,\cdots)$ 均服从参数为 λ 的泊松分布，则 $\lim\limits_{n\to+\infty} P\left\{\dfrac{\sum\limits_{i=1}^{n} X_i - n\lambda}{\sqrt{n\lambda}} > x\right\} =$ __________．当 $n=100, \lambda=2$ 时，$P\left\{\sum\limits_{1}^{n} X_i > 200\right\} \approx$ ________.

5．为了使问题简化，假定计算机进行数的加法运算时，把每个加数取为最接近于它的整数（最后一位四舍五入）来计算．设所有的取整误差是相互独立的，且它们都在[−0.5,0.5]上服从均匀分布，若有 1200 个数相加，问误差总和的绝对值超过 12 的概率是多少？

6. 某厂有 400 台同型号的的机器，每台机器发生故障的概率为 0.02，假设每台机器独立工作，试用中心极限定理求机器出故障的台数不少于 2 台的概率.

7. 一个零件的重量是随机变量 ξ_i，$E(\xi_i)=10$（克），$D(\xi_i)=1$. 试用中心极限定理求一盒 100 个同型号零件的重量大于 1020 克的概率的近似值（设各个零件的重量相互独立）.

8. 一复杂系统由 100 个相互独立的部件组成，在运行期间每个部件损坏的概率为 0.10. 为使系统能起作用，需要至少 85 个部件正常工作，求整个系统起作用的概率.

班级________________ 学号________________ 姓名________________

练习 6-1

1. 在数理统计中，总体 X 是（　　）.

A. 一个随机变量

B. 所要研究的对象构成的集合

C. 全体研究对象的某个特征量构成的集合

D. 一些数的集合，但这些数的值是不确定的

2. 已知总体 X 服从 $[0,\lambda]$ 上的均匀分布（λ 未知），$X_1,X_2,\cdots,X_n$ 为 X 的样本，则（　　）.

A. $\frac{1}{n}\sum_{i=1}^{n}X_i-\frac{\lambda}{2}$ 是一个统计量　　B. $\frac{1}{n}\sum_{i=1}^{n}X_i-E(X)$ 是一个统计量

C. X_1+X_2 是一个统计量　　D. $\frac{1}{n}\sum_{i=1}^{n}X_i^2-D(X)$ 是一个统计量

3. 设 $X_1,X_2,\cdots,X_n$ 为总体 X 的样本，则不成立的是（　　）.

A. $X_i(i=1,2,\cdots,n)$ 与 X 有相同的分布

B. $X_i(i=1,2,\cdots,n)$ 是确定的数

C. $(X_1,X_2,\cdots,X_n)$ 是 n 维随机变量

D. $(X_1,X_2,\cdots,X_n)$ 各分量是相互独立且同分布的随机变量

4. 从一批加工的零件中随机取 8 件，测得其与标准件的误差（单位：mm）为

$$3.0, 2.6, 2.8, 3.3, 2.9, 3.3, 2.4, 2.5.$$

（1）写出总体、样本、样本值、样本容量；

（2）求样本均值、样本方差和样本二阶原点矩（精确至小数点后 4 位）.

班级__________________ 学号__________________ 姓名__________________

练习 6-2

1．已知 $X \sim t(n)$，求证：$X^2 \sim F(1,n)$．

2．设 $X_1,X_2,\cdots,X_{10}$ 为 $N(0,0.3^2)$ 的样本．求 $P\left(\sum_{i=1}^{10} X_i^2>1.44\right)$．

3．设 $\xi_1,\xi_2,\cdots,\xi_6$ 是来自正态 $\xi \sim N(0,1)$ 的样本，$\eta = c(\xi_1+\xi_2+\xi_3)^2 + c(\xi_4+\xi_5+\xi_6)^2$，求 c 使 η 服从 χ^2 分布，并指出自由度．

班级________________ 学号________________ 姓名________________

练习 6-3

1. 设 $X_1,X_2,\cdots,X_n\ (n\geqslant 2)$ 为来自总体 $X\sim N(0,1)$ 的样本，$\bar{X}$ 为样本均值，S^2 为样本方差，则（　　）.

A. $n\bar{X}\sim N(0,1)$　　B. $nS^2\sim\chi^2(n)$

C. $\dfrac{(n-1)\bar{X}}{S}\sim t(n-1)$　　D. $\dfrac{(n-1)X_1^2}{\sum\limits_{k=2}^{n}X_k^2}\sim F(1,n-1)$

2．设 $X_1,X_2,\cdots,X_n$ 为来自总体 $X\sim N(\mu,\sigma^2)$ 的样本，$\bar{X}$ 为样本均值，记 $S_1^2=\dfrac{1}{n-1}\sum\limits_{k=1}^{n}(X_k-\bar{X})^2, S_2^2=\dfrac{1}{n}\sum\limits_{k=1}^{n}(X_k-\bar{X})^2, S_3^2=\dfrac{1}{n-1}\sum\limits_{k=1}^{n}(X_k-\mu)^2, S_4^2=\dfrac{1}{n}\sum\limits_{k=1}^{n}(X_k-\mu)^2$，则服从自由度为 $n-1$ 的 t 分布的随机变量是（　　）.

A. $t=\dfrac{\bar{X}-\mu}{S_1/\sqrt{n-1}}$　　B. $t=\dfrac{\bar{X}-\mu}{S_2/\sqrt{n-1}}$

C. $t=\dfrac{\bar{X}-\mu}{S_3/\sqrt{n}}$　　D. $t=\dfrac{\bar{X}-\mu}{S_4/\sqrt{n}}$

3. 设随机变量 X 和 Y 相互独立，且都服从参数为 n,p 的二项分布，则（　　）.

A. $X+Y\sim B(n,p)$　　B. $X+Y\sim B(2n,p)$

C. $X+Y\sim B(2n,2p)$　　D. $X+Y\sim B(n,2p)$

4. 设 $X_1,X_2,\cdots,X_n$ 是正态总体 $X\sim N(\mu,\sigma^2)$ 的一个样本，样本均值为 $\bar{X}$，样本的二阶中心矩为 S^2，则统计量 $Q=(\bar{X}-\mu)/(S/\sqrt{n-1})$ 服从________分布.

5．设总体 $X\sim N(2,3^2)$，$X_1,X_2,\cdots,X_9$ 为 X 的一个简单样本，则 $\dfrac{\sum\limits_{i=1}^{9}(X_i-2)^2}{3^2}$ 服从__________分布.

6. 在总体 $N(12,4)$ 中随机地抽取一容量为 5 的样本 $X_1,X_2,\cdots,X_5$.

（1）求样本均值与总体均值之差的绝对值大于 1 的概率.

（2）求概率 $P\{\max(X_1,X_2,\cdots,X_5)>15\}$.

（3）求概率 $P\{\min(X_1,X_2,\cdots,X_5)<10\}$.

班级__________ 学号__________ 姓名__________

7. 求总体 $N(20,3)$ 的容量分别为 10 和 15 的两独立样本均值差的绝对值大于 0.3 的概率.

8. 设 $X \sim N(\mu,\sigma^2)$，$X_1,X_2,\cdots,X_n$ 为 X 的一个样本，试证明：$E\left[\sum_{i=1}^{n}(X_i-\bar{X})^2\right]=(n-1)\sigma^2$.

9. 设 $X_1,X_2,\cdots,X_n$ 是来自总体服从泊松分布 $P(\lambda)$ 的一个样本，$\bar{X},S^2$ 分别是样本均值与样本方差. 求 $E(\bar{X}),D(\bar{X}),E(S^2)$.

10. 在总体 $N(\mu,\sigma^2)$ 中随机地抽一容量为 16 的样本，这里 μ,σ^2 均为未知参数.
（1）求 $P\{S^2/\sigma^2 \leqslant 2.041)$，其中 S^2 为样本方差.（2）求 $D(S^2)$.

班级__________ 学号__________ 姓名__________

练习 7-1

1．总体未知参数 θ 的估计量 $\hat{\theta}$ 是（　　）.

A．随机变量　　B．总体　　C．θ　　D．均值

2．设某零件的寿命 $N(\mu,\sigma^2)$，其中 μ 和 σ^2 均未知．现随机抽取 4 个零件，测得寿命（单位：小时）为 1502,1453,1367,1650，则用矩法估计可求得 $\hat{\mu}=$__________，$\hat{\sigma}^2=$__________.

3．设 $x_1,x_2,\cdots,x_n$ 为来自于总体 X 的样本观测值，X 的概率密度函数为 $f(x)=\begin{cases}\dfrac{1}{\theta}\mathrm{e}^{-\frac{x}{\theta}}, & x\geqslant 0,\\ 0, & \text{其他}.\end{cases}$ 试求参数 θ 的矩估计值.

4．设总体 X 的密度函数为

$$f(x)=\begin{cases}\dfrac{2}{\theta^2}(\theta-x), & 0<x<\theta,\\ 0, & \text{其他}.\end{cases}$$

已知 $X_1,X_2,\cdots,X_n$ 为其样本，试求参数 θ 的矩估计量.

5．设总体 X 服从于区间 $[a,b]$ 上的均匀分布，求 a 和 b 的矩估计量，并估计区间长度.

班级__________ 学号__________ 姓名__________

6．设总体 X 的概率分布为

X	1	2	3
P	$1-\theta$	$\theta-\theta^2$	θ^2

其中 θ 是未知参数，假设总体 X 有如下的样本值：

3，1，3，1，3，1，2，3.

求 θ 的矩估计值和最大似然估计值.

7．设 $x_1,x_2,\cdots,x_n$ 为一样本，总体的概率密度函数为

$$f(x,\alpha)=\begin{cases}\dfrac{4x^2}{\alpha^3\sqrt{\pi}}\mathrm{e}^{-\frac{x^2}{\alpha^2}}, & x\geqslant 0,\\ 0, & x<0.\end{cases}$$

试用最大似然法估计未知参数 α .

8．设总体 X 的概率密度函数为

$$f(x,\theta)=\begin{cases}\mathrm{e}^{-(x-\theta)}, & x\geqslant\theta,\\ 0, & x<\theta.\end{cases}$$

若 $X_1,X_2,\cdots,X_n$ 为总体的一个样本，求未知参数 θ 的最大似然估计量.

9．设 X 的概率密度为 $f(x)=\begin{cases}\dfrac{6x(\theta-x)}{\theta^3}, & 0<x<\theta,\\ 0, & 其他,\end{cases}$ $X_1,X_2,\cdots,X_n$ 是取自总体 X 的简单随机样本．求：（1）θ 的矩估计量 $\hat{\theta}$；（2）$\hat{\theta}$ 的方差 $D(\hat{\theta})$.

班级________ 学号________ 姓名________

练习 7-2

1. 设总体 X 服从正态分布 $N(\mu,\sigma^2)$，$X_1,X_2,\cdots,X_n$ 是来自 X 的简单随机样本，为使 $\hat{\sigma}=a\sum_{i=1}^{n}|X_i-\bar{X}|$ 是 σ 的无偏估计量，则 a 的值为（　　）.

A. $\frac{1}{\sqrt{n}}$　　B. $\frac{1}{n}$　　C. $\frac{1}{\sqrt{n-1}}$　　D. $\sqrt{\frac{\pi}{2n(n-1)}}$

2. 设总体 X 在 $[0,\theta]$ 上均匀分布，从中抽取容量为 1 的样本 X_1，则下述 $\hat{\theta}$ 是 θ 的无偏差估计量的是（　　）.

A. $\hat{\theta}=X_1$　　B. $\hat{\theta}=2X_1$　　C. $\hat{\theta}=\frac{1}{2}X_1$　　D. $\hat{\theta}=\frac{\theta}{2}+X_1$

3. 设总体 X 的概率密度为 $f(x)=\frac{1}{2}\mathrm{e}^{-|x|}\ (-\infty<x<+\infty)$，$X_1,X_2,\cdots,X_n$ 为总体的一个样本，记 S^2 为样本方差，则 $E(S^2)=$____________.

4. 设 X_1,X_2 是从正态总体 $N(\mu,\sigma^2)$ 中抽取的样本，

$$\hat{\mu}_1=\frac{2}{3}X_1+\frac{1}{3}X_2,\hat{\mu}_2=\frac{1}{4}X_1+\frac{3}{4}X_2,\hat{\mu}_3=\frac{1}{2}X_1+\frac{1}{2}X_2.$$

试证 $\hat{\mu}_1,\hat{\mu}_2,\hat{\mu}_3$ 都是 μ 的无偏估计量，并求出每一估计量的方差.

5. 设 $\hat{\theta}_1$ 和 $\hat{\theta}_2$ 都是参数 θ 的无偏估计量，适当选择常数 $k>0$ 使 $k\hat{\theta}_1+2k\hat{\theta}_2$ 成为参数 θ 的无偏估计.

班级__________________ 学号__________________ 姓名__________________

6．设总体 X 的简单随机样本为 $X_1,\cdots,X_n,X_{n+1}$，则估计总体的数学期望时 X_n、$\overline{X}_n=\frac{1}{n}\sum_{i=1}^{n}X_i$、$\overline{X}_{n+1}=\frac{1}{n+1}\sum_{i=1}^{n+1}X_i$ 哪个最有效?

7. 从均值为 μ、方差为 $\sigma^2>0$ 的总体中，分别抽取容量为 n_1,n_2 的两个独立样本. $\overline{X}_1$ 和 $\overline{X}_2$ 分别是两样本的均值. 试证对于任意常数 $a,b(a+b=1)$，$Y=a\overline{X}_1+b\overline{X}_2$ 都是 μ 的无偏估计，并确定常数 a,b，使 $D(Y)$ 达到最小.

8．设总体 X 的概率密度为

$$f(x)=\begin{cases}\frac{1}{2\theta}, & 0<x<\theta,\\ \frac{1}{2(1-\theta)}, & \theta\leqslant x<1,\\ 0, & \text{其他}.\end{cases}$$

已知 $X_1,X_2\cdots,X_n$ 是来自总体 X 的简单随机样本，$\overline{X}$ 是样本均值.（1）求参数 θ 的矩估计量 $\hat{\theta}$；（2）判断 $4\overline{X}^2$ 是否为 θ^2 的无偏估计量，并说明理由.

班级________________ 学号________________ 姓名________________

练习 7-3

1. 设 $x_1,x_2,\cdots,x_n$ 为正态总体 $N(\mu,4)$ 的一个样本，$\overline{x}$ 表示样本均值，则 μ 的置信度为 $1-\alpha$ 的置信区间为（　　）.

A. $\left(\overline{x}-u_{\alpha/2}\dfrac{4}{\sqrt{n}},\ \overline{x}+u_{\alpha/2}\dfrac{4}{\sqrt{n}}\right)$　　B. $\left(\overline{x}-u_{1-\alpha/2}\dfrac{2}{\sqrt{n}},\ \overline{x}+u_{\alpha/2}\dfrac{2}{\sqrt{n}}\right)$

C. $\left(\overline{x}-u_{\alpha}\dfrac{2}{\sqrt{n}},\ \overline{x}+u_{\alpha}\dfrac{2}{\sqrt{n}}\right)$　　D. $\left(\overline{x}-u_{\alpha/2}\dfrac{2}{\sqrt{n}},\ \overline{x}+u_{\alpha/2}\dfrac{2}{\sqrt{n}}\right)$

2. 设一批零件的长度服从正态分布 $N(\mu,\sigma^2)$，其中 μ,σ^2 均未知. 现在从中抽取 16 个零件，测得样本均值 $\overline{x}=20\ \text{cm}$，样本标准差 $s=1\ \text{cm}$，则 μ 的置信度为 0.90 的置信区间为（　　）.

A. $\left(20-\dfrac{1}{4}t_{0.05}(16),\ 20+\dfrac{1}{4}t_{0.05}(16)\right)$　　B. $\left(20-\dfrac{1}{4}t_{0.10}(16),\ 20+\dfrac{1}{4}t_{0.10}(16)\right)$

C. $\left(20-\dfrac{1}{4}t_{0.05}(15),\ 20+\dfrac{1}{4}t_{0.05}(15)\right)$　　D. $\left(20-\dfrac{1}{4}t_{0.10}(15),\ 20+\dfrac{1}{4}t_{0.10}(15)\right)$

3. 假设一批电子管的寿命服从正态分布 $N(\mu,40^2)$，从中抽取 100 个，若抽取的电子管的平均寿命为 1000（单位：小时）. 试求整批电子管的平均寿命的置信区间（给定置信度为 0.95）.

4. 对方差 σ^2 为已知的正态分布总体来说，问抽取容量 n 为多大的样本，才能使总体期望值 μ 的置信度为 $1-\alpha$ 的置信区间的长度不大于 L？

5. 设某种清漆的 9 个样品，其干燥时间（以小时计）分别为 6.0，5.7，5.8，6.5，7.0，6.3，5.6，6.1，5.0. 设干燥时间总体服从正态分布 $N(\mu,\sigma^2)$，试就下述两种情况求 μ 的置信度为 0.95 的置信区间：（1）若由以往经验知 $\sigma=0.6$；（2）若 σ 为未知.

6. 设某种砖头的抗压强度 $X\sim N(\mu,\sigma^2)$，今随机抽取 20 块砖头，测得数据如下（单位：$kg\cdot cm^{-2}$）：

64	69	49	92	55	97	41	84	88	99
84	66	100	98	72	74	87	84	48	81

（1）求 μ 的置信度为 0.95 的置信区间.

（2）求 σ^2 的置信度为 0.95 的置信区间.

7. 随机地从 A 批导线中抽取 4 根，又从 B 批导线中抽取 5 根，测得电阻（Ω）为

A 批导线：0.143　0.142　0.143　0.137；

B 批导线：0.140　0.142　0.136　0.138　0.140.

设测定数据分别来自分布 $N(\mu_1,\sigma^2)$ 和 $N(\mu_2,\sigma^2)$，且两样本独立，又 μ_1,μ_2,σ^2 均未知. 求 $\mu_1-\mu_2$ 的置信度为 0.95 的置信区间.

8. 研究机器 A 和机器 B 生产的钢管内径，随机抽取机器 A 生产的钢管 18 根，测得样本方差 $s_1^2=0.34(\text{mm}^2)$；抽取机器 B 生产的钢管 13 根，测得样本方差 $s_2^2=0.29(\text{mm}^2)$. 设两样本独立，且机器 A，B 生产的钢管内径分别服从正态分布 $N(\mu_1,\sigma_1^2)$ 和 $N(\mu_2,\sigma_2^2)$，这里 $\mu_i,\sigma_i^2(i=1,2)$ 均未知. 试求方差比 σ_1^2/σ_2^2 的置信度为 0.90 的置信区间.

班级__________________ 学号__________________ 姓名__________________

练习 8-1

1．对正态总体的数学期望进行假设检验，如果在显著水平 $\alpha = 0.05$ 下，接受假设 $H_0: \mu = \mu_0, H_1: \mu \neq \mu_0$，则在显著水平 $\alpha = 0.01$ 下，下列结论中正确的是（　　）.

A．必接受 H_0　　B．可能接受，也可能拒绝 H_0

C．必拒绝 H_0　　D．不接受，也不拒绝 H_0

2．在 H_0 成立的情况下，样本值落入了拒绝域，因而 H_0 被拒绝，称这种错误为____________；

在 H_0 不成立的情况下，样本值未落入拒绝域，因而 H_0 被接受，称这种错误为____________.

3．在统计假设的显著性检验中，取小的显著性水平 α 的目的在于（　　）.

A．不轻易拒绝备选假设　　B．不轻易拒绝原假设

C．不轻易接受原假设　　D．不考虑备选假设

4．假设总体 $X \sim N(\mu, \sigma^2)$，σ^2 未知. $X_1, X_2, \cdots, X_n$ 为总体的一个样本. 记 $\overline{X}$ 为样本均值，S 为样本标准差，则检验假设 $H_0: \mu = \mu_0, H_1: \mu \neq \mu_0$ 采用的检验统计量为（　　）.

A．$\dfrac{\overline{X} - \mu_0}{\sigma}\sqrt{n} \sim N(0,1)$　　B．$\dfrac{\overline{X} - \mu_0}{\sigma}\sqrt{n} \sim t(n-1)$

C．$\dfrac{\overline{X} - \mu_0}{S}\sqrt{n} \sim t(n-1)$　　D．$\dfrac{\overline{X} - \mu_0}{S}\sqrt{n} \sim t(n)$

5．某车间有一台葡萄糖自动包装机，额定标准为每袋重 500 克．设每袋产品重量 $X \sim N(\mu, 15^2)$．某天开工后，为了检验包装机工作是否正常，随机取得 9 袋产品，称得重量数据（单位：克）如下：

497，506，518，524，498，511，520，515，512.

问这天包装机工作是否正常（取 $\alpha = 0.05$）？

6．某校毕业班历年语文毕业成绩接近 $N(78.5, 7.6^2)$，今年毕业 40 名学生，平均分数 76.4 分，有人说这届学生的语文水平和历届学生相比不相上下，这个说法能接受吗（取 $\alpha = 0.05$）？

7. 某一厂家生产某种旧安眠药，根据资料用该种旧安眠药时，平均睡眠时间为 20.8 小时，标准差为 1.6 小时. 现厂家生产一种新安眠药，厂家声称在剂量不变时，其能比旧安眠药至少平均增加睡眠时间 3 小时（设标准差不变）. 为了检验这个说法是否正确，收集到一组使用新安眠药的睡眠时间为：26.7，22.0，24.1，21.0，27.2，25.0，23.4. 假定睡眠时间服从正态分布，试问：从这组数据能否说明厂家的声称属实（取 $\alpha = 0.05$）？

8. 有一批枪弹，其初速度 $X \sim N(950, 10^2)$，经过较长时间储存后，现取出 9 发枪弹试射，测其初速度，得样本值如下（单位：m/s）：914，920，910，934，953，945，912，924，940. 给定显著性水平 $\alpha = 0.05$，问这批枪弹的初速度是否变小了（假定 σ 没有变化）？

9. 某公司宣称由他们生产的某种型号的电池的平均寿命为 21.5 小时，标准差为 2.9 小时. 在实验室测试了该公司生产的 6 节电池，得到它们的寿命（以小时计）为

19，18，20，22，16，25.

问这些结果是否表明这种电池的平均寿命比该公司宣称的平均寿命要短？设电池寿命近似地服从正态分布（取 α =0.05）.

10. 某厂生产的电子元件的电阻值服从正态分布，其平均电阻值为 $2.6\,\Omega$，标准差为 $0.11\,\Omega$. 今该厂换了一种材料生产同类产品，从中抽查了 20 个，测得其样本电阻均值为 $3.0\,\Omega$，问新材料生产的元件的平均电阻较原来的元件的平均电阻是否有明显的提高（取 $\alpha = 0.05$）？

班级__________________ 学号__________________ 姓名__________________

11. 炼钢厂为测定混铁炉铁水温度，用测温枪测温 6 次，记录如下（单位：℃）：

1318，1315，1308，1316，1315，1312.

若用更精确的方法测得铁水温度为 1310℃（可视为铁水真正温度）. 问在显著性水平 0.05 下，这种测温枪有无系统误差？

12. 设某次考试的学生成绩服从正态分布，从中随机抽取 36 位考生的成绩，算得平均成绩为 66.5 分，标准差为 15 分. 问在显著性水平 0.05 下，是否可以认为这次考试全体考生的平均成绩为 70 分？

13. 某运动设备制造厂生产一种新的人造钓鱼线，其平均切断力为 $8\,\text{kg}$，标准差 $\sigma = 0.5\,\text{kg}$，如果有 50 条随机样本进行检验，测得其平均切断力为 $7.8\,\text{kg}$，试检验假设 $H_0: \mu = 8\,\text{kg}, H_1: \mu \neq 8\,\text{kg}$（取 $\alpha = 0.01$）.

14. 有甲、乙两个检验员，对同样的试样进行分析，结果如下：

实验号	1	2	3	4	5	6	7	8
甲	4.3	3.2	8	3.5	3.5	4.8	3.3	3.9
乙	3.7	4.1	3.8	3.8	4.6	3.9	2.8	4.4

试问甲、乙两人的实验分析之间有无显著差异？

班级________________ 学号________________ 姓名________________

练习 8-2

1. 单个正态总体的方差检验：$H_0:\sigma^2=\sigma_0^2, H_1:\sigma^2\neq\sigma_0^2$（均值$\mu$未知）采用的检验统计量为____________，在显著性水平α下的拒绝域为____________.

2. 设$X_1,X_2,\cdots,X_n$为正态总体$N(\mu,\sigma^2)$的一个样本，$n\geqslant 2$，其中参数μ已知，σ^2未知. 则下列说法正确的是（　　）.

A. $\dfrac{\sigma^2}{n}\sum\limits_{k=1}^{n}(X_k-\mu)^2$ 是统计量　　B. $\dfrac{\sigma^2}{n}\sum\limits_{k=1}^{n}X_k{}^2$ 是统计量

C. $\dfrac{\sigma^2}{n-1}\sum\limits_{k=1}^{n}(X_k-\mu)^2$ 是统计量　　D. $\dfrac{\mu}{n}\sum\limits_{k=1}^{n}X_k{}^2$ 是统计量

3. 已知维尼纶纤度在正常条件下服从正态分布，且标准差$\sigma=0.048$. 从某天生产的产品中抽取 5 根纤维，测得其纤度为：1.32，1.55，1.36，1.40，1.44. 问这一天纤度的总体标准差是否正常（取α=0.05）？

4. 某电工器材厂生产一种保险丝，现测量其熔化时间. 依通常情况，方差为 400. 今从某天的产品中抽取容量为 25 的样本，测量其熔化时间并计算得$s^2=440$. 假定熔化时间服从正态分布，问这天保险丝的熔化时间的方差与通常有无显著差异（取$\alpha=0.1$）？

5. 某种导线的电阻服从正态分布$N(\mu,0.005^2)$. 今从新生产的一批导线中抽取 9 根，测其电阻$s=0.008\,\Omega$. 对于$\alpha=0.05$，能否认为这批导线电阻的标准差仍为 0.005?

6. 已知某种溶液中水分含量$X\sim N(\mu,\sigma^2)$，要求平均水分含量μ不低于0.5%. 今测定该溶液9个样本，得到平均水分含量为0.451%，均方差s=0.039%. 试在显著性水平$\alpha=0.05$下，检验溶液水分含量是否合格.

班级______________ 学号______________ 姓名______________

练习 8-3

1. 测得两批电子器件的样品的电阻（单位：Ω）为

A 批：0.140　0.138　0.143　0.142　0.144　0.137

B 批：0.135　0.140　0.142　0.138　0.136　0.140

设这两批器材的电阻值总体分别服从分布 $N(\mu_1,\sigma_1^2)$ 和 $N(\mu_2,\sigma_2^2)$，且两样本独立.

（1）检验假设 $H_0:\sigma_1^2=\sigma_2^2$（取 $\alpha=0.05$）；（2）在（1）的基础上检验 $H_0:\mu_1=\mu_2$（取 $\alpha=0.05$）.

2. 两位化验员 A、B 对一种矿砂的含铁量独立地用同一种方法作分析. A、B 分别分析 5 次、7 次，得到样本方差值分别为 0.432 与 0.5006. 设 A、B 两人测定的总体都服从正态分布，试在 $\alpha=0.05$ 下检验两位化验员测定两总体的方差有无显著差异.

3. 两台机床加工同一种零件，分别取 6 个和 9 个零件测量其长度，计算得 $S_1^2=0.345, S_2^2=0.357$，假设零件长度服从正态分布，问：是否认为两台机床加工的零件长度的方差无显著差异（取 $\alpha=0.05$）？

4. 需要比较两种汽车用的燃料的辛烷值，数据如下：

燃料 *A*	80	84	79	76	82	83	84	80	79	82	81	79
燃料 *B*	76	74	78	79	80	79	82	76	81	79	82	78

燃料的辛烷值越高，燃料质量越好. 因燃料 B 较燃料 A 总体价格便宜，因此，如果两种辛烷值相同时，则使用燃料 B. 设两总体均为正态分布，而且两样本相互独立，问应采用哪种燃料（取 $\alpha=0.1$）？

5. 用两种工艺生产的某种电子元件的抗击穿强度 X 和 Y 为随机变量，分布分别为 $N(\mu_1,\sigma_1^2)$ 和 $N(\mu_2,\sigma_2^2)$（单位：V）. 某日分别抽取 9 只和 6 只样品，测得抗击穿强度数据分别为 $x_1,\cdots,x_9$ 和 $y_1,\cdots,y_6$，并计算得 $\sum_{i=1}^{9}x_i=370.80, \sum_{i=1}^{9}x_i^2=15280.17, \sum_{i=1}^{6}y_i=204.60$，$\sum_{i=1}^{6}y_i^2=6978.93$. 试检验 X 和 Y 的方差有无明显差异（取 $\alpha=0.05$）.

6. 据公告，一种新镇痛药在一定剂量下，比旧镇痛药镇痛的时间平均延长 3 小时以上. 现从服用旧药的人中抽出 7 人，得知其平均镇痛时间为 20 小时，标准差为 1.6 小时；从服用新药的人中抽出 8 个人，测得平均镇痛时间为 24.2 小时，标准差为 2.125 小时. 假设镇痛时间都服从正态分布，且两种药镇痛时间的方差相同，问在显著性水平 $\alpha=0.05$ 下，是否表明新药达到了公布的疗效？

7. 有甲、乙两台机床加工同样产品，从这两台机床加工的产品中随机抽取若干件，测得产品直径（单位：mm）为

机车甲：	20.5	19.8	19.7	20.4	20.1	20.0	19.0
机车乙：	19.7	20.8	20.5	19.8	19.4	20.6	19.2

假定两台机床加工的产品的直径都服从正态分布，且总体方差相等，试比较甲、乙两台机床加工的产品的直径有无显著差异（取 $\alpha=0.05$）.

班级________ 学号________ 姓名________

练习 8-4

1. 把一颗骰子重复抛掷 300 次，结果如下表所示：

出现的点数	1	2	3	4	5	6
出现的频数	40	70	48	60	52	30

试检验这颗骰子的六个面是否匀称（取 $\alpha = 0.05$ ）.

2. 在某校甲、乙两个班级进行某种技能训练，测验成绩按优、良、及格、不及格四级给分，其结果如下表所示. 试问成绩与班级有无关系（取 $\alpha = 0.05$ ）？

班级	优	良	及格	不及格	合计
甲	14	20	15	11	60
乙	18	10	20	12	60
合计	32	30	35	23	120

班级__________________ 学号__________________ 姓名__________________

练习 9-1

1. 在一个单因子试验中，因子 A 有三个水平，每个水平下各重复 4 次，具体数据如下表所示：

水平	数据			
水平一	8	5	7	4
水平二	6	10	12	9
水平三	0	1	5	2

试计算误差平方和 s_r 、因子 A 的平方和 s_A 、总平方和 s_r ，并指出它们各自的自由度.

2. 在一个单因子试验中，因子 A 有 4 个水平，每个水平下的重复次数分别为 5,7,6,8. 那么误差平方和、A 的平方和及总平方和的自由度各是多少？

3. 在单因子试验中，因子 A 有 4 个水平，每个水平下各重复 3 次试验，现已求得每个水平下试验结果的样本标准差分别为 1.5,2.0,1.6,1.2，则其误差平方和为多少？误差的方差 σ^2 的估计值是多少？

4. 在单因子方差分析中，因子 A 有三个水平，每个水平各做 4 次重复试验，请完成下列方差分析表，并在显著性水平 $\alpha = 0.05$ 下对因子 A 是否显著作出检验.

来源	平方和	自由度	均方	F 比	P 值
因子 A	4.2				
误差 e	2.5				
总和 T	6.7				

班级＿＿＿＿＿＿＿＿ 学号＿＿＿＿＿＿＿＿ 姓名＿＿＿＿＿＿＿＿

5. 用 4 种安眠药在兔子身上进行试验，特选 24 只健康的兔子，随机把它们均分为 4 组，每组各服一种安眠药，安眠时间（单位：h）如下表所示.

安眠药	安眠时间					
A_1	6.2	6.1	6.0	6.3	6.1	5.9
A_2	6.3	6.5	6.7	6.6	7.1	6.4
A_3	6.8	7.1	6.6	6.8	6.9	6.6
A_4	5.4	6.4	6.2	6.3	6.0	5.9

在显著性水平 $\alpha = 0.05$ 下对其进行方差分析，可以得到什么结果？

6. 为研究咖啡因对人体功能的影响，随机选择 30 名体质大致相同的健康男大学生进行手指叩击训练. 咖啡因选三个水平：

$$A_1 = 0 \text{ mg}, \quad A_2 = 100 \text{ mg}, \quad A_3 = 200 \text{ mg}.$$

每个水平下冲泡 10 杯水（外观无差别），并加以编号，然后让 30 名大学生每人从中任选一杯服下，2 小时后请每人做手指叩击，统计员记录其每分钟叩击次数，试验结果统计如下表所示：

咖啡因剂量	叩击次数									
$A_1 = 0$ mg	242	245	244	248	247	248	242	244	246	242
$A_2 = 100$ mg	248	246	245	247	248	250	247	246	243	244
$A_3 = 200$ mg	246	248	250	252	248	250	246	248	245	250

请对上述数据进行方差分析，从中可得到什么结论？

班级__________________ 学号__________________ 姓名__________________

练习 9-2

1. 为了寻找飞机控制板上仪器表的最佳布置，试验了三个方案. 观察领航员在紧急情况的反应时间（以 1/10 秒计），随机地选择 28 名领航员，得到他们对于不同的布置方案的反应时间如下：

方案 1	14	13	9	15	11	13	14	11				
方案 2	10	12	7	11	8	12	9	10	13	9	10	9
方案 3	11	5	9	10	6	8	8	7				

试在显著性水平 $\alpha = 0.05$ 下检验各个方案的反应时间有无显著差异. 若有差异，试求 $\mu_1 - \mu_2, \mu_1 - \mu_3, \mu_2 - \mu_3$ 的置信水平为 0.95 的置信区间.

2. 某防治站对 4 个林场的松毛虫密度进行调查，每个林场调查 5 块地得资料如下：

地点	松毛虫密度（头/标准地）				
A_1	192	189	176	185	190
A_2	190	201	187	196	200
A_3	188	179	191	183	194
A_4	187	180	188	175	182

判断 4 个林场松毛虫密度有无显著差异（取 $\alpha = 0.05$ ）.

班级__________ 学号__________ 姓名__________

3. 一试验用来比较 4 种不同药品解除外科手术后疼痛的延续时间（h），结果如下表所示：

药品	时间长度（h）				
A	8	6	4	2	
B	6	6	4	4	
C	8	10	10	10	12
D	4	4	2		

试在显著性水平 $\alpha = 0.05$ 下检验各种药品对解除疼痛的延续时间有无显著差异.

4. 将抗生素注入人体会产生抗生素与血浆蛋白质结合的现象，以致降低药效. 下表列出 5 种常用的抗生素注入牛的体内时，抗生素与血浆蛋白质结合的百分比.

青霉素	四环素	链霉素	红霉素	氯霉素
29.6	27.3	5.8	21.6	29.2
24.3	32.6	6.2	17.4	32.8
28.5	30.8	11.0	18.3	25
32.0	34.8	8.3	19.0	24.2

试在显著性水平 $\alpha = 0.05$ 下检验这些百分比的均值有无显著的差异.

5. 下表给出某种化工过程在三种浓度、四种温度水平下得率的数据.

浓度（因素 A）	温度（因素 B）							
	10 ℃		24 ℃		38 ℃		52 ℃	
2%	14	10	11	11	13	9	10	12
4%	9	7	10	8	7	11	6	10
6%	5	11	13	14	12	13	14	10

试在显著性水平 $\alpha = 0.05$ 下检验：在不同浓度下得率的均值是否有显著差异？在不同温度下得率的均值是否有显著差异？交互作用的效应是否显著？

班级________________ 学号________________ 姓名________________

练习 9-3

1. 为了研究某种金属管防腐蚀的功能，考虑了 4 种不同的涂料涂层. 将金属管埋设在 3 种不同性质的土壤中，经历了一定时间，测得金属管腐蚀的最大深度如下表所示（单位 mm 计）.

	土壤类型（因素 B）		
	1	**2**	**3**
涂层浓度（因素 A）	1.63	1.35	1.27
	1.34	1.3	1.22
	1.19	1.14	1.27
	1.3	1.09	1.32

设两因素间没有交互作用效应. 试取显著性水平 $\alpha = 0.05$ 检验在不同涂层下腐蚀的最大深度的平均值有无显著差异，在不同土壤下腐蚀的最大深度的平均值有无显著差异.

2. 某粮食加工厂试验 3 种储藏方法对粮食含水率有无显著影响. 现取–批粮食分成若干份，分别用 3 种不同的方法储藏，过一段时间后测得的含水率（单位：%）如下表所示：

储藏方法	含水率数据				
A_1	7.3	8.3	7.6	8.4	8.3
A_2	5.4	7.4	7.1	6.8	5.3
A_3	7.9	9.5	10	9.8	8.4

（1）假定各种方法储藏的粮食的含水率服从正态分布且方差相等，试在 $\alpha = 0.05$ 下检验这三种方法对含水率有无显著影响；

（2）对每种方法的平均含水率给出置信水平为 0.95 的置信区间.

班级＿＿＿＿＿＿＿＿ 学号＿＿＿＿＿＿＿＿ 姓名＿＿＿＿＿＿＿＿

练习 10-1

1. 对小样本（样本容量为 n）的相关系数 r 进行检验所采用的统计量是（　　）.

A. $t=|r|\sqrt{\dfrac{n-2}{1-r^2}}$　　B. $t=|r|\sqrt{\dfrac{n-1}{1-r^2}}$

C. $z=|r|\sqrt{\dfrac{n-2}{1-r^2}}$　　D. $z=|r|\sqrt{\dfrac{n-1}{1+r^2}}$

2. 在回归模型 $y=\beta_0+\beta_1x+\varepsilon$ 中，ε 反映的是（　　）.

A. 由于 x 的变化引起的 y 的线性变化部分

B. 由于 y 的变化引起的 x 的线性变化部分

C. 除 x 和 y 的线性关系之外的随机因素对 y 的影响

D. 由于 x 和 y 的线性关系对 y 的影响

3. 根据某地区 2001~2009 年农作物种植面积（X）与农作物产值（Y），建立一元线性回归模型，估计结果得到判定系数 $R^2=0.9$、回归平方和 SSR=90，则回归模型的均方残差 MSE 为（　　）.

A. 1.429　　B. 1.667　　C. 10.000　　D. 12.857

4. 下列关于判定系数 R^2 的说法，不正确的有（　　）.

A. 残差平方和越小，R^2 越小

B. 残差平方和越小，R^2 越大

C. R^2=1 时，模型与样本观测值完全拟合

D. R^2 越接近于 1，模型的拟合优度越高

5. 为考察某种维尼纶纤维的耐水性能，安排了一组试验，测得其甲醇浓度 x 及相应的"缩醇化度" y 数据如下表所示：

x	18	20	22	24	26	28	30
y	26.86	28.35	28.87	28.75	29.75	30.00	30.36

（1）作散点图；

（2）求样本相关系数；

（3）建立一元线性回归方程；

（4）对建立的回归方程作显著性检验（$\alpha=0.01$）.

班级________________ 学号________________ 姓名________________

练习 10-2

1. 用一组有 15 个观测值的样本估计模型 $y=\beta_0+\beta_1x_i+\mu_i$，在 0.01 的显著性水平下对 β_1 的显著性进行检验，则 β_1 的显著性不等于零的条件是（ ）.

A. $|t|<t_{0.005}(13)$ B. $|t|>t_{0.005}(13)$ C. $|t|<t_{0.005}(14)$ D. $|t|>t_{0.005}(14)$

2. 考察某市城镇居民人均可支配收入和人均消费性支出之间的关系，可以建立一元线性回归模型 $y=\beta_0+\beta_1x_i+\mu_i$（$X$ 表示人均可支配收入、Y 表示人均消费性支出），采用 20 个样本，根据最小二乘估计得 $\hat{\beta}_0=0.39$，对应估计标准误差 $S_{\hat{\beta}_0}=0.03$，那么 β_0 对应的统计量的值为（ ）.

A. z=2.6 B. z=2.8 C. t=3.9 D. t=13.0

3. 已知某一直线回归方程的判定系数为 0.81，则自变量与因变量之间的相关系数为（ ）.

A. ± 0.41 B. ± 0.81 C. ± 0.90 D. ± 0.95

4. 调整的多重判定系数 R_a^2 与多重可决系数 R^2 的关系为（ ）.

A. $R_a^2=R^2\dfrac{n-1}{n-k-1}$ B. $R_a^2=1-R^2\dfrac{n-1}{n-k-1}$

C. $R_a^2=1-(1+R^2)\dfrac{n-1}{n-k-1}$ D. $R_a^2=1-(1-R^2)\dfrac{n-1}{n-k-1}$

5. 多元线性回归模型中修正的判定系数（ ）.

A. 大于或等于 0，小于或等于 1 B. 大于或等于−1，小于或等于 1

C. 可能出现负值 D. 可能大于 1

6. 通达出租汽车公司为确定合理的管理费用，需要了解出租车司机每天的收入 y（元）与其行驶时间 x_1（小时）和行驶里程 x_2（公里）之间的关系，为此随机调查了 20 个出租车司机，根据有关数据进行回归分析，得到数据结果如下表所示：

方程的截距 $\hat{\beta}_0=42.38$	截距的标准差 $S_{\hat{\beta}_0}=36.59$	回归平方和 SSR=29882
回归系数 $\hat{\beta}_1=9.16$	回归系数的标准差 $S_{\hat{\beta}_1}=4.78$	残差平方和 SSE=5205
回归系数 $\hat{\beta}_2=0.46$	回归系数的标准差 $S_{\hat{\beta}_2}=0.14$	

根据以上结果回答下列问题：

（1）试建立每天的收入对行驶时间和行驶里程的线性回归方程，并解释回归系数的实际意义；

（2）计算可决系数 R^2，并说明它的实际意义；

（3）若显著性水平 $\alpha=0.05$，回归方程的线性关系是否显著？（注：$F_\alpha(2,17)=3.59$）

（4）计算回归系数检验的统计量.